线性代数及其应用

刘华珂　主编
徐琛梅　李　娴　副主编

科学出版社
北　京

内 容 简 介

本书是根据普通高等学校非数学专业本科线性代数课程教学大纲的基本要求，结合作者多年的教学实践编写而成. 内容包括：行列式、矩阵、线性方程组、方阵的特征值与特征向量、数值计算初步、应用举例. 在保证课程体系和数学逻辑完整性的基础上，本书更加重视体现出线性代数核心内容是如何在实际问题中出现的，其理论是如何在解决实际问题中发挥作用的，从而反映数学与其他应用学科的内在联系，培养学生高水平的创新创业能力.

本书可作为普通高等院校非数学专业理工类、经管类、农林类等专业的线性代数课程教材或参考书，也可供自学者阅读以及有关人员参考.

图书在版编目(CIP)数据

线性代数及其应用 / 刘华珂主编. —北京：科学出版社，2018.8

ISBN 978-7-03-058391-8

Ⅰ. ①线…　Ⅱ. ①刘…　Ⅲ. ①线性代数-高等学校-教材

Ⅳ. ①O151.2

中国版本图书馆 CIP 数据核字(2018)第 171171 号

责任编辑：胡海霞/责任校对：张凤琴

责任印制：吴兆东/封面设计：迷底书装

科学出版社出版

北京东黄城根北街 16 号

邮政编码：100717

http://www.sciencep.com

北京虎彩文化传播有限公司印刷

科学出版社发行　各地新华书店经销

*

2018 年 8 月第 一 版　开本：720×1000　1/16

2019 年 1 月第二次印刷　印张：14 3/4

字数：300 000

定价：39.00 元

(如有印装质量问题，我社负责调换)

前　言

在大学本科相关专业人才培养方案中，线性代数课程是课程体系和知识体系的重要组成部分，是后续专业课程学习的知识基础和思想基础.

编者在高等院校讲授非数学专业线性代数课程已有多年，根据教学实践和体会，结合大众化高等教育背景和学生需求，编者认为，作为一本要为非数学专业学生提供更好选择的线性代数教材，应该着重凸显其服务应用的方法特性和锻造素质的思想品格. 因此，在编写过程中，突出问题牵引，紧扣方法提供，注重思想展示，锁定问题解决，便是贯穿本书并希望读者认真体会和掌握的核心精神.

线性代数思想方法和基本理论的主要载体是线性方程组的理论及其应用. 线性代数的主要工具是矩阵及其基本理论. 线性方程组理论的实质可以理解为矩阵的初等变换等基本理论. 不管是线性方程组还是矩阵，它们都来源于生产和生活实践，是生产和生活实践中共性问题的总结和提升. 因此，本书从思想、内容、方法等方面，体现出线性代数来源于实际问题，反过来又解决实际问题的特质，这正是线性代数的本质属性和应有之义. 本书在编写上力求体现以上基本要求和基本思路.

在取材上，本书力争做到实用和精简. 一方面，以行列式、矩阵、线性方程组等经典题材为内容，呈现线性代数的核心思想和主要脉络；另一方面，以线性代数数值计算和有关应用等题材为驱动，呈现线性代数与其他应用问题的有机联系和应用方法. 同时，本书几乎每章都给出了可供学生自身延伸阅读的一些材料，希望以此进一步展现线性代数与其他知识体系的广泛联系，开阔读者视野. 但对那些可能冲淡甚至干扰到主要思想和方法表达的细节，或舍去，或只谈大意.

除了一些最基本的数学素质，比如中学时同学们学习的解二元一次方程组的高斯消元法，本书基本上不需要其他预备知识. 个别用到其他知识的内容，一般只是例子. 跳过它们，不会影响任何学习. 在习题安排上，附加题 A 是用来巩固基础知识的，附加题 B 会有体现应用和拓展的考虑.

本书第 1—4 章由刘华珂和李娴执笔，第 5，6 章由徐琛梅执笔. 全书统稿和定稿由刘华珂完成. 限于水平，不当和疏漏之处在所难免，欢迎读者批评指正.

编　者

2016 年 10 月

目　录

第1章 行 列 式

数学家 西尔维斯特

西尔维斯特(Sylvester，1814—1897)是英国著名数学家，曾就读于剑桥大学约翰学院，1838年任伦敦大学教授，1859年成为伦敦皇家学会会员，1868年当选伦敦数学会主席，1876年任美国霍普金斯大学数学教授，1883年返回英国，任牛津大学几何学教授.

西尔维斯特的数学贡献主要在代数学方面. 他同凯莱一起，发展了行列式理论，共同奠定了代数不变量的理论基础. 在数论方面也有突出贡献，特别是在整数分拆和丢番图分析方面. 发表了几百篇论文，著有《椭圆函数论》一书. 创造了许多数学名词，当代数学中常用的术语，如不变式、判别式、雅可比行列式等都是他引入的.

西尔维斯特是《美国数学杂志》的创始人，为发展美国的数学研究作出了贡献，霍普金斯大学有一座学生宿舍是以西尔维斯特的名字命名的. 1880年英国皇家学会授予他科普利奖章，1901年英国为纪念他设立了西尔维斯特奖章，用于奖励数学上取得成就的研究者.

行列式是数学中的一个基本概念，在自然科学和工程技术等领域有广泛应用. 在线性代数中，行列式是矩阵理论和线性方程组理论的重要基础和组成部分. 本章主要介绍行列式的基本概念、性质及其计算.

基本概念　行列式，排列，余子式，代数余子式.

基本运算　行列式的行列运算.

基本要求　牢记行列式的定义和性质，熟练掌握行列式的计算.

1.1　二阶和三阶行列式

1.1.1　二阶行列式

熟知，当 $a_{11}a_{22}-a_{12}a_{21}\neq 0$ 时，以 $x_i(i=1,2)$ 为未知数的二元线性方程组

$$\begin{cases}a_{11}x_1+a_{12}x_2=b_1,\\a_{21}x_1+a_{22}x_2=b_2\end{cases}$$

的解为

$$x_1=\frac{b_1a_{22}-b_2a_{12}}{a_{11}a_{22}-a_{12}a_{21}},\quad x_2=\frac{b_2a_{11}-b_1a_{21}}{a_{11}a_{22}-a_{12}a_{21}}. \tag{1.1}$$

虽然该公式中两个分式的表达式不算复杂，但要准确记忆并不容易. 因此，人们便要寻找比较容易记忆的方法. 很明显，只要记住式(1.1)中两个分式的分子和分母，便记住了式(1.1)，其中关键就是记忆式(1.1)中的分子和分母. 作为这些分子和分母的共同特征，它们均是 4 个数字两两相乘所组成的代数和！经验表明，这种形式的代数和不仅在记忆线性方程组的解时重要，而且在数学及其应用中都经常出现并十分重要. 所以对其赋予适当记号并冠以适当名称就很有必要. 以式(1.1)中的分母为例，按照习惯，把它记为$\begin{vmatrix}a_{11}&a_{12}\\a_{21}&a_{22}\end{vmatrix}$，即定义

$$\begin{vmatrix}a_{11}&a_{12}\\a_{21}&a_{22}\end{vmatrix}=a_{11}a_{22}-a_{12}a_{21}. \tag{1.2}$$

由于式(1.2)左边的记号是由两行两列数字按照一定次序组成的一个表达式，所以被称为**二阶行列式**.

这种记号和定义的好处是，它既能够清楚显示式(1.2)中代数和的形成规律，又能够使行列式概念可以顾名思义.

在二阶行列式(1.2)中，横排称作**行**，纵排称作**列**. a_{ij} 称为行列式的**元素**或**元**，元素 a_{ij} 的第一个下标 i 称为**行标**，表示它位于第 i 行，第二个下标 j 称为**列标**，表示它位于第 j 列. 位于第 i 行第 j 列的元素称为行列式的 (i,j) 元. 二阶行列式(1.2)可以用下图所示的对角线法则来记忆，其中从 a_{11} 到 a_{22} 的实连线称为**主对角线**，从 a_{12} 到 a_{21} 的虚连线称为**副对角线**，二阶行列式就等于其主对角线上元素的乘积减去副对角线上元素的乘积，即

$$\begin{vmatrix} a_{11} & a_{12} \\ a_{21} & a_{22} \end{vmatrix}.$$

使用二阶行列式的概念，公式(1.1)就可以表示为

$$x_1 = \frac{\begin{vmatrix} b_1 & a_{12} \\ b_2 & a_{22} \end{vmatrix}}{\begin{vmatrix} a_{11} & a_{12} \\ a_{21} & a_{22} \end{vmatrix}}, \quad x_2 = \frac{\begin{vmatrix} a_{11} & b_1 \\ a_{21} & b_2 \end{vmatrix}}{\begin{vmatrix} a_{11} & a_{12} \\ a_{21} & a_{22} \end{vmatrix}},$$

其中 x_1 和 x_2 的分子是分别把分母行列式中的第一列和第二列换为 b_1 和 b_2 得到的，这明显降低了记忆的难度.

1.1.2　三阶行列式

与二元线性方程组类似，三元线性方程组

$$\begin{cases} a_{11}x_1 + a_{12}x_2 + a_{13}x_3 = b_1, \\ a_{21}x_1 + a_{22}x_2 + a_{23}x_3 = b_2, \\ a_{31}x_1 + a_{32}x_2 + a_{33}x_3 = b_3 \end{cases}$$

的解的表达式中会出现 9 个数三三相乘的代数和. 所以我们给出如下定义.

定义 1.1　把任意 9 个实数 $a_{ij}(1 \leqslant i, j \leqslant 3)$ 排成下述由三行三列数字组成的数表，并按照

$$\begin{vmatrix} a_{11} & a_{12} & a_{13} \\ a_{21} & a_{22} & a_{23} \\ a_{31} & a_{32} & a_{33} \end{vmatrix} = a_{11}a_{22}a_{33} + a_{12}a_{23}a_{31} + a_{13}a_{21}a_{32} - a_{13}a_{22}a_{31} - a_{12}a_{21}a_{33} - a_{11}a_{23}a_{32} \quad (1.3)$$

赋予其数值意义，则称为**三阶行列式**.

该定义中的代数和由 6 项组成，每一项均为处于式(1.3)左边不同行不同列三个元素的乘积，其规律可以用下图所示的对角线法则来记忆.

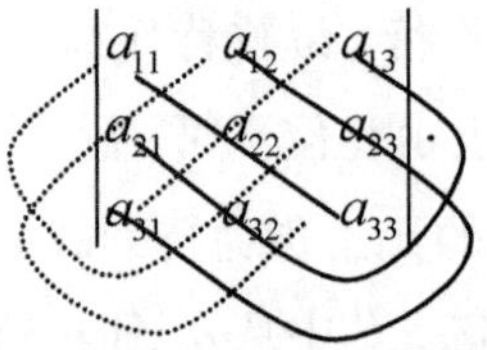

图中三条实线看作平行于主对角线的连线，其上三个元素的乘积冠以正号；三条虚线看作平行于副对角线的连线，其上三个元素的乘积冠以负号. 使用三阶行列式的概念，当式(1.3)不为0时，不难写出三元线性方程组用三阶行列式表示的解.

一般地，给定正整数$n \geqslant 1$，给出n^2个实数$a_{ij}(1 \leqslant i, j \leqslant n)$，可作成下述$n$行$n$列的数表

$$\begin{vmatrix} a_{11} & a_{12} & \cdots & a_{1n} \\ a_{21} & a_{22} & \cdots & a_{2n} \\ \vdots & \vdots & & \vdots \\ a_{n1} & a_{n2} & \cdots & a_{nn} \end{vmatrix}, \tag{1.4}$$

并按照与式(1.2)和式(1.3)类似的办法赋予其数值意义，称为 ***n* 阶行列式**. 可以想见，定义中会出现许多n个数相乘的代数和. 在二阶和三阶行列式的情形中，代数和中每个乘积的符号是用对角线法则给出的，但这种法则很难扩展到$n \geqslant 4$的情形. 为了克服这种困难，进而给出n阶行列式的定义，我们先来介绍全排列的一些基本知识.

习　题　1.1

1. 利用对角线法则计算下列行列式.

(1) $\begin{vmatrix} 1 & -1 & 3 \\ 2 & 0 & 4 \\ 7 & 5 & 3 \end{vmatrix}$;　　(2) $\begin{vmatrix} x & y & x+y \\ y & x+y & x \\ x+y & x & y \end{vmatrix}$.

2. 求解方程$\begin{vmatrix} 1 & 1 & 1 \\ 2 & 3 & x \\ 4 & 9 & x^2 \end{vmatrix} = 0$.

1.2　排　　列

1.2.1　全排列及其逆序数

定义 1.2　由n个自然数$1,2,\cdots,n$所组成的一个有序数组称为一个n级全排列，

简称 **n 级排列**，或**排列**. 一个排列中的数也称为该排列的**元素**. n 级排列的一个特殊情形是$1,2,\cdots,n$按从小到大的自然顺序排起来的排列，称为**自然排列**.

例如，由自然数 1, 2, 3 可以组成 6 个 3 级排列，它们是 123, 132, 213, 231, 312 和 321. 一般地，容易看到n级排列的总数为

$$P_n = n \cdot (n-1) \cdot \cdots \cdot 3 \cdot 2 \cdot 1 = n!.$$

很明显，除了自然排列之外，其他n级排列必然会破坏自然顺序. 为了显示一个排列破坏自然顺序的程度，同时为了以后应用，我们给出如下定义.

定义 1.3 在一个排列中，如果一个较大的数排在一个较小的数的前边，则称这两个数构成该排列的一个**逆序**. 一个排列中，所有逆序的总数称为这个排列的**逆序数**. 逆序数是奇数的排列称为**奇排列**，逆序数是偶数的排列称为**偶排列**.

排列的逆序数可以用下面直接计数的方法来计算. 设

$$p_1 p_2 \cdots p_n$$

为$1,2,\cdots,n$的任意一个排列，对任一 $p_i (i=1,2,\cdots,n)$，设排在 p_i 前面且大于 p_i 的数的个数为 t_i，则该排列的逆序数为

$$t = t_1 + t_2 + \cdots + t_n = \sum_{i=1}^{n} t_i.$$

例 1.2.1 求排列 635214 的逆序数，并说明其奇偶性.

解 这是一个 6 级排列，直接计数易知$t_1 = 0, t_2 = 1, t_3 = 1, t_4 = 3, t_5 = 4, t_6 = 2$，故按照上述计算方法，该排列的逆序数为

$$t = 0 + 1 + 1 + 3 + 4 + 2 = 11.$$

所以此排列为奇排列.

1.2.2 对换

把一个排列中某两个元素对调，其余元素不动，得到一个新的排列，这样一个改变称为一个**对换**，相邻两个元素的对换，称为**相邻对换**.

定理 1.1 对换改变排列的奇偶性.

证 先证相邻对换的情形. 设

$$a_1 \cdots a_l a b b_1 \cdots b_m \tag{1.5}$$

为任一排列，对换 a 与 b，得到排列

$$a_1\cdots a_l bab_1\cdots b_m. \tag{1.6}$$

由排列逆序数的计算方法可以看到，若 $a>b$，则对换之后排列式(1.6)的逆序数比式(1.5)的逆序数减少 1；若 $a<b$，则式(1.6)的逆序数比式(1.5)的逆序数增加 1. 因而相邻对换改变排列的奇偶性.

再证明一般对换的情形. 设排列为 $a_1\cdots a_l ab_1\cdots b_m bc_1\cdots c_n$. 先把 a 依次与 $b_1,\cdots,b_m,b$ 作相邻对换，得到排列 $a_1\cdots a_l b_1\cdots b_m bac_1\cdots c_n$；然后再把 b 依次与 $b_m,\cdots,b_1$ 作相邻对换，得到排列 $a_1\cdots a_l bb_1\cdots b_m ac_1\cdots c_n$. 这样，经过共 $2m+1$ 次相邻对换，排列 $a_1\cdots a_l ab_1\cdots b_m bc_1\cdots c_n$ 就变为 $a_1\cdots a_l bb_1\cdots b_m ac_1\cdots c_n$. 注意到一次相邻对换改变一次排列的奇偶性，故 $2m+1$ 次相邻对换最终仍改变一次排列的奇偶性. 所以，对换改变排列的奇偶性.

注意到自然排列的逆序数为 0，它是偶排列. 所以有如下结论.

推论 1.2.1 奇排列变成自然排列的对换次数为奇数，偶排列变成自然排列的对换次数为偶数.

习　题　1.2

1. 计算下面排列的逆序数.

(1) 45321；　　(2) 627983145；

(3) $135\cdots(2n-1)24\cdots24(2n)$；　　(4) $135\cdots(2n-1)(2n)(2n-2)\cdots42$.

2. 选择 i 和 j，使

(1) $137i624j8$ 成为偶排列；　　(2) $24i5839j6$ 成为奇排列.

3. 设 $t(p_1p_2\cdots p_n)=k$，求 $t(p_n\cdots p_2p_1)$.

1.3　n 阶行列式的定义和性质

1.3.1　n 阶行列式的定义

我们现在来给出 n 阶行列式的定义. 为此，先来回顾分析一下三阶行列式的定义

$$\begin{vmatrix} a_{11} & a_{12} & a_{13} \\ a_{21} & a_{22} & a_{23} \\ a_{31} & a_{32} & a_{33} \end{vmatrix} = a_{11}a_{22}a_{33}+a_{12}a_{23}a_{31}+a_{13}a_{21}a_{32}-a_{13}a_{22}a_{31}-a_{12}a_{21}a_{33}-a_{11}a_{23}a_{32}.$$

可以看出，该定义有以下两个方面的特征.

一方面，式(1.3)右边是一些乘积的代数和，每一乘积项都由其左边表达式中处于不同行不同列的三个元素相乘而得，并且式(1.3)右边的代数和恰好就是由所有可能的这些乘积组成的. 应用1.2节中所讲的知识，除正负号外，我们可以把每一乘积都写成 $a_{1p_1}a_{2p_2}a_{3p_3}$ 的形式，其中它们的第一个下标(即行标)已排成自然顺序，第二个下标(即列标)排成了 $p_1p_2p_3$，它是1, 2, 3的某一排列.

另一方面，每一乘积 $a_{1p_1}a_{2p_2}a_{3p_3}$ 都带有正号或负号，当列标排列 $p_1p_2p_3$ 是偶排列时带正号，当列标排列 $p_1p_2p_3$ 是奇排列时带负号. 若记列标排列 $p_1p_2p_3$ 的逆序数为 t，则乘积 $a_{1p_1}a_{2p_2}a_{3p_3}$ 的符号可以用 $(-1)^t$ 来表示. 这样三阶行列式的定义(1.3)就可以写为

$$\begin{vmatrix} a_{11} & a_{12} & a_{13} \\ a_{21} & a_{22} & a_{23} \\ a_{31} & a_{32} & a_{33} \end{vmatrix} = \sum (-1)^t a_{1p_1}a_{2p_2}a_{3p_3}, \tag{1.7}$$

其中 t 为排列 $p_1p_2p_3$ 的逆序数，$\sum$ 表示对1, 2, 3三个数的所有排列 $p_1p_2p_3$ 求和. 容易验证，二阶行列式的定义满足类似规律. 仿此，我们就可给出 n 阶行列式的定义.

定义 1.4 由 n^2 个数 $a_{ij}(1 \leqslant i, j \leqslant n)$ 排成的 n 行 n 列数表

$$\begin{vmatrix} a_{11} & a_{12} & \cdots & a_{1n} \\ a_{21} & a_{22} & \cdots & a_{2n} \\ \vdots & \vdots & & \vdots \\ a_{n1} & a_{n2} & \cdots & a_{nn} \end{vmatrix} \tag{1.8}$$

所形成的 n **阶行列式**定义为处于式(1.8)中不同行不同列的 n 个元素的所有可能乘积

$$a_{1p_1}a_{2p_2}\cdots a_{np_n} \tag{1.9}$$

的代数和，其中 $p_1p_2\cdots p_n$ 为自然数 $1,2,\cdots,n$ 的一个排列，乘积项(1.9)前面的符号为 $(-1)^t$，t 为排列 $p_1p_2\cdots p_n$ 的逆序数，即定义 $\boldsymbol{n}$ **阶行列式**为

$$\begin{vmatrix} a_{11} & a_{12} & \cdots & a_{1n} \\ a_{21} & a_{22} & \cdots & a_{2n} \\ \vdots & \vdots & & \vdots \\ a_{n1} & a_{n2} & \cdots & a_{nn} \end{vmatrix} = \sum (-1)^t a_{1p_1}a_{2p_2}\cdots a_{np_n}, \tag{1.10}$$

其中 $\sum$ 表示对 $1,2,\cdots,n$ 的所有排列 $p_1p_2\cdots p_n$ 求和. n 阶行列式(1.10)简记为

$$D = \det(a_{ij}).$$

数 a_{ij} 称为行列式(1.10)的**元素**，也称为 (i,j) **元**. 从 a_{11} 到 a_{nn} 的斜线称为行列式的**主对角线**，主对角线以下元素均为零的行列式称为**上三角行列式**，主对角线以上元素均为零的行列式称为**下三角行列式**，既为上三角又为下三角的行列式称为**对角行列式**. 由于 $1,2,\cdots,n$ 的排列 $p_1p_2\cdots p_n$ 共有 $n!$ 个，所以式(1.10)右边的代数和总共有 $n!$ 项.

对于 $n=2$ 和 $n=3$ 的情形，容易验证上述定义与二阶和三阶行列式对角线法则的一致性. 同时，为了逻辑上的完整性，当 $n=1$ 时，一阶行列式定义为 $|a|=a$. 注意，请不要将该记号与绝对值符号相混淆.

在 n 阶行列式的讨论和应用中，经常会出现很多元素都为 0 的情况，为了简化书写，习惯上我们常用一片空白或用一个 0 来表示对应位置的元素全为 0. 这样，上三角行列式和对角行列式就经常写成

$$\begin{vmatrix} a_{11} & a_{12} & \cdots & a_{1n} \\ & a_{22} & \cdots & a_{2n} \\ & & \ddots & \vdots \\ \mathbf{0} & & & a_{nn} \end{vmatrix} \quad 和 \quad \begin{vmatrix} \lambda_1 & & & \\ & \lambda_2 & & \\ & & \ddots & \\ & & & \lambda_n \end{vmatrix}$$

的形式.

例 1.3.1 证明

$$\begin{vmatrix} \lambda_1 & & & \\ & \lambda_2 & & \\ & & \ddots & \\ & & & \lambda_n \end{vmatrix} = \lambda_1\lambda_2\cdots\lambda_n, \qquad \begin{vmatrix} & & & \lambda_1 \\ & & \lambda_2 & \\ & \iddots & & \\ \lambda_n & & & \end{vmatrix} = (-1)^{\frac{n(n-1)}{2}}\lambda_1\lambda_2\cdots\lambda_n.$$

证 由行列式的定义，第一式是显然的. 下证第二式. 记 $\lambda_i = a_{i,n-i+1}$，则由定义，

$$\begin{vmatrix} & & & \lambda_1 \\ & & \lambda_2 & \\ & \iddots & & \\ \lambda_n & & & \end{vmatrix} = \begin{vmatrix} & & & a_{1n} \\ & & a_{2,n-1} & \\ & \iddots & & \\ a_{n1} & & & \end{vmatrix} = (-1)^t a_{1n}a_{2,n-1}\cdots a_{n1} = (-1)^t \lambda_1\lambda_2\cdots\lambda_n,$$

其中 $t = 0+1+2+\cdots+(n-1) = \dfrac{n(n-1)}{2}$ 为排列 $n(n-1)\cdots 321$ 的逆序数，所以

$$\begin{vmatrix} & & & \lambda_1 \\ & & \lambda_2 & \\ & \iddots & & \\ \lambda_n & & & \end{vmatrix} = (-1)^{\frac{n(n-1)}{2}}\lambda_1\lambda_2\cdots\lambda_n.$$

例 1.3.2　对上三角行列式 $D=\begin{vmatrix} a_{11} & a_{12} & \cdots & a_{1n} \\ & a_{22} & \cdots & a_{2n} \\ & & \ddots & \vdots \\ 0 & & & a_{nn} \end{vmatrix}$，证明 $D=a_{11}a_{22}\cdots a_{nn}$.

证　因为当 $j<i$ 时在 D 中有 $a_{ij}=0$，故 D 中可能不为零的元素 a_{ip_i} 的下标必满足 $p_i\geqslant i$，即

$$p_1\geqslant 1,\quad p_2\geqslant 2,\quad \cdots,\quad p_n\geqslant n.$$

由定义，当 $a_{1p_1}a_{2p_2}\cdots a_{np_n}$ 为 D 的代数和中某一项时，$p_1p_2\cdots p_n$ 为 $1,2,\cdots,n$ 的一个排列.

故依次考察 $p_n,p_{n-1},\cdots,p_1$ 可知

$$p_n=n,\quad p_{n-1}=n-1,\quad \cdots,\quad p_1=1.$$

所以由定义可得 $D=a_{11}a_{22}\cdots a_{nn}$.

用同样的方法读者可以验证，对于下三角行列式也有类似结论. 因而上述例子说明，**上(下)三角行列式和对角行列式等于其主对角线上元素的乘积**.

下面给出 n 阶行列式定义的一些其他表示方法. 为此，先来分析式(1.10)右边求和的一般项

$$(-1)^t a_{1p_1}\cdots a_{ip_i}\cdots a_{jp_j}\cdots a_{np_n}, \tag{1.11}$$

其中 $1\cdots i\cdots j\cdots n$ 为自然排列，t 为排列 $p_1\cdots p_i\cdots p_j\cdots p_n$ 的逆序数. 明显，对换式(1.11)中任意两个元素 a_{ip_i} 与 a_{jp_j} 的位置，其值不变，而这些元素的行标排列与列标排列同时作了一次相应的对换. 不断重复这种做法，由推论 1.2.1 知，若 t 为偶数(或奇数)，经过偶数次(或奇数次)对换后，式(1.11)中列标排列 $p_1\cdots p_i\cdots p_j\cdots p_n$ 变为自然排列，同时，式(1.11)中的行标排列 $1\cdots i\cdots j\cdots n$ 变为某个新的排列 $q_1q_2\cdots q_n$，若记其逆序数为 S，则 S 也为偶数(或奇数). 所以有

$$(-1)^t a_{1p_1}\cdots a_{ip_i}\cdots a_{jp_j}\cdots a_{np_n}=(-1)^s a_{q_1 1}\cdots a_{q_i i}\cdots a_{q_j j}\cdots a_{q_n n}.$$

又若 $p_i=j$，则 $q_j=i$（即 $a_{ip_i}=a_{ij}=a_{q_j j}$），所以排列 $q_1q_2\cdots q_n$ 由排列 $p_1p_2\cdots p_n$ 唯一确定，于是当 $p_1p_2\cdots p_n$ 经过 $1,2,\cdots,n$ 的全部 $n!$ 个排列时，$q_1q_2\cdots q_n$ 也经过这全部 $n!$ 个排列. 因此

$$\sum(-1)^t a_{1p_1}a_{2p_2}\cdots a_{np_n}=\sum(-1)^s a_{q_1 1}\cdots a_{q_i i}\cdots a_{q_j j}\cdots a_{q_n n}.$$

这样就得到了 n 阶行列式定义的另外一种表示方法.

定义 1.4′　n 阶行列式也可以定义为

$$D=\sum(-1)^t a_{q_1 1}a_{q_2 2}\cdots a_{q_n n},$$

其中 $\sum$ 表示对 $1,2,\cdots,n$ 的所有排列 $q_1 q_2\cdots q_n$ 求和，t 为排列 $q_1 q_2\cdots q_n$ 的逆序数.

一般地，通过类似的讨论，行列式的定义还可以写为

$$D=\sum(-1)^{t_1+t_2}a_{i_1 j_1}a_{i_2 j_2}\cdots a_{i_n j_n},$$

其中行标排列 $i_1 i_2\cdots i_n$ 与列标排列 $j_1 j_2\cdots j_n$ 中有一个是固定的，另外一个在 $1,2,\cdots,n$ 的所有排列上求和，而 t_1 为 $i_1 i_2\cdots i_n$ 的逆序数，t_2 为 $j_1 j_2\cdots j_n$ 的逆序数.

一般说来，用定义计算高阶行列式是很困难的. 然而，由例 1.3.1 和例 1.3.2 已经知道了关于上(下)三角行列式的计算结果，因此，在计算行列式时，常常借助行列式的性质把它化为上(下)三角行列式进行计算. 下面来列举这些性质. 但考虑到读者对象，本书不再对这些性质进行一一证明. 有兴趣的读者可以自行尝试完成这些性质的证明.

1.3.2　行列式的性质

性质 1.3.1　行列互换，行列式不变. 即，若令

$$D=\begin{vmatrix} a_{11} & a_{12} & \cdots & a_{1n}\\ a_{21} & a_{22} & \cdots & a_{2n}\\ \vdots & \vdots & & \vdots\\ a_{n1} & a_{n2} & \cdots & a_{nn}\end{vmatrix},\quad D^{\mathrm T}=\begin{vmatrix} a_{11} & a_{21} & \cdots & a_{n1}\\ a_{12} & a_{22} & \cdots & a_{n2}\\ \vdots & \vdots & & \vdots\\ a_{1n} & a_{2n} & \cdots & a_{nn}\end{vmatrix},$$

则 $D^{\mathrm T}=D$. 行列式 $D^{\mathrm T}$ 称为 D 的**转置行列式**.

证　记 $D^{\mathrm T}$ 的 (i,j) 元为 b_{ij}，则 $b_{ij}=a_{ji}\ (i,j=1,2,\cdots,n)$，故由定义 1.4 得

$$D^{\mathrm T}=\sum(-1)^t b_{1p_1}b_{2p_2}\cdots b_{np_n}=\sum(-1)^t a_{p_1 1}a_{p_2 2}\cdots a_{p_n n},$$

又由定义 1.4′ 知 $D=\sum(-1)^t a_{p_1 1}a_{p_2 2}\cdots a_{p_n n}$，所以 $D^{\mathrm T}=D$.

由此可知，行列式中的行和列具有同等地位，所以，凡是对行成立的性质，对列同样成立. 反之亦然. 所以，以下性质只对行进行叙述.

性质 1.3.2　任意两行互换位置，其余行保持不变，行列式反号. 即

$$\begin{vmatrix} a_{11} & a_{12} & \cdots & a_{1n} \\ \vdots & \vdots & & \vdots \\ a_{i1} & a_{i2} & \cdots & a_{in} \\ \vdots & \vdots & & \vdots \\ a_{j1} & a_{j2} & \cdots & a_{jn} \\ \vdots & \vdots & & \vdots \\ a_{n1} & a_{n2} & \cdots & a_{nn} \end{vmatrix} = -\begin{vmatrix} a_{11} & a_{12} & \cdots & a_{1n} \\ \vdots & \vdots & & \vdots \\ a_{j1} & a_{j2} & \cdots & a_{jn} \\ \vdots & \vdots & & \vdots \\ a_{i1} & a_{i2} & \cdots & a_{in} \\ \vdots & \vdots & & \vdots \\ a_{n1} & a_{n2} & \cdots & a_{nn} \end{vmatrix}.$$

通常，我们用 r_i 表示行列式的第 i 行，用 c_i 表示行列式的第 i 列，交换 i,j 两行，记作 $r_i \leftrightarrow r_j$，交换 i,j 两列，记作 $c_i \leftrightarrow c_j$.

推论 1.3.1 有两行元素完全相同的行列式为 0.

性质 1.3.3 行列式中任一行元素的公因数可以提到行列式符号外面. 即

$$\begin{vmatrix} a_{11} & a_{12} & \cdots & a_{1n} \\ \vdots & \vdots & & \vdots \\ ka_{i1} & ka_{i2} & \cdots & ka_{in} \\ \vdots & \vdots & & \vdots \\ a_{n1} & a_{n2} & \cdots & a_{nn} \end{vmatrix} = k\begin{vmatrix} a_{11} & a_{12} & \cdots & a_{1n} \\ \vdots & \vdots & & \vdots \\ a_{i1} & a_{i2} & \cdots & a_{in} \\ \vdots & \vdots & & \vdots \\ a_{n1} & a_{n2} & \cdots & a_{nn} \end{vmatrix}.$$

通常，第 i 行(或列)乘以数 k，记作 $r_i \times k$ (或 $c_i \times k$).

推论 1.3.2 有两行元素对应成比例的行列式为 0.

性质 1.3.4 如果行列式中某一行元素都是两个数之和，那么这个行列式可以按这一行分解为两个行列式之和，分解时其余行不变. 即

$$\begin{vmatrix} a_{11} & a_{12} & \cdots & a_{1n} \\ \vdots & \vdots & & \vdots \\ a_{i1}+b_{i1} & a_{i2}+b_{i2} & \cdots & a_{in}+b_{in} \\ \vdots & \vdots & & \vdots \\ a_{n1} & a_{n2} & \cdots & a_{nn} \end{vmatrix} = \begin{vmatrix} a_{11} & a_{12} & \cdots & a_{1n} \\ \vdots & \vdots & & \vdots \\ a_{i1} & a_{i2} & \cdots & a_{in} \\ \vdots & \vdots & & \vdots \\ a_{n1} & a_{n2} & \cdots & a_{nn} \end{vmatrix} + \begin{vmatrix} a_{11} & a_{12} & \cdots & a_{1n} \\ \vdots & \vdots & & \vdots \\ b_{i1} & b_{i2} & \cdots & b_{in} \\ \vdots & \vdots & & \vdots \\ a_{n1} & a_{n2} & \cdots & a_{nn} \end{vmatrix}.$$

注意，该式两端的三个行列式中只有第 i 行元素不同.

性质 1.3.5 某一行的元素加上另一行对应元素的倍数，行列式不变. 即

$$\begin{vmatrix} a_{11} & a_{12} & \cdots & a_{1n} \\ \vdots & \vdots & & \vdots \\ a_{i1} & a_{i2} & \cdots & a_{in} \\ \vdots & \vdots & & \vdots \\ a_{j1} & a_{j2} & \cdots & a_{jn} \\ \vdots & \vdots & & \vdots \\ a_{n1} & a_{n2} & \cdots & a_{nn} \end{vmatrix} = \begin{vmatrix} a_{11} & a_{12} & \cdots & a_{1n} \\ \vdots & \vdots & & \vdots \\ a_{i1} & a_{i2} & \cdots & a_{in} \\ \vdots & \vdots & & \vdots \\ a_{j1}+ka_{i1} & a_{j2}+ka_{i2} & \cdots & a_{jn}+ka_{in} \\ \vdots & \vdots & & \vdots \\ a_{n1} & a_{n2} & \cdots & a_{nn} \end{vmatrix}.$$

通常，第 i 行(或列)加上第 j 行(或列)的 k 倍，记作 r_i+kr_j (或 c_i+kc_j).

性质 1.3.2、性质 1.3.3 和性质 1.3.5，即 $r_i\leftrightarrow r_j$，$r_i\times k$，r_i+kr_j 及 $c_i\leftrightarrow c_j$，$c_i\times k$，c_i+kc_j 是行列式行和列的三种运算，利用它们可以简化行列式的计算. 在具体应用中，有时为了指明从某一步到另外一步所使用的运算，通常把这些运算写在行列式的计算式等号的上面. 下面来看几个例子.

例 1.3.3　计算行列式 $D=\begin{vmatrix}1&-5&2&2\\-1&7&-3&4\\2&-9&5&7\\1&-6&4&2\end{vmatrix}$.

解　用行的运算将 D 化简成上三角行列式得

$$D\xlongequal{r_2+r_1,r_3-2r_1,r_4-r_1}\begin{vmatrix}1&-5&2&2\\0&2&-1&6\\0&1&1&3\\0&-1&2&0\end{vmatrix}=-\begin{vmatrix}1&-5&2&2\\0&1&1&3\\0&0&-3&0\\0&0&3&3\end{vmatrix}=-\begin{vmatrix}1&-5&2&2\\0&1&1&3\\0&0&-3&0\\0&0&0&3\end{vmatrix}=9.$$

例 1.3.4　计算行列式 $D=\begin{vmatrix}3&1&1&1\\1&3&1&1\\1&1&3&1\\1&1&1&3\end{vmatrix}$.

解　由于各行元素之和相等，故先将第 2, 3, 4 列加到第 1 列上，然后再将其化简成上三角行列式，得

$$D=\begin{vmatrix}3&1&1&1\\1&3&1&1\\1&1&3&1\\1&1&1&3\end{vmatrix}=\begin{vmatrix}6&1&1&1\\6&3&1&1\\6&1&3&1\\6&1&1&3\end{vmatrix}=6\begin{vmatrix}1&1&1&1\\1&3&1&1\\1&1&3&1\\1&1&1&3\end{vmatrix}=6\begin{vmatrix}1&1&1&1\\0&2&0&0\\0&0&2&0\\0&0&0&2\end{vmatrix}=48.$$

例 1.3.5　设 $D=\begin{vmatrix}a_{11}&\cdots&a_{1m}&0&\cdots&0\\\vdots&&\vdots&\vdots&&\vdots\\a_{m1}&\cdots&a_{mm}&0&\cdots&0\\c_{11}&\cdots&c_{1m}&b_{11}&\cdots&b_{1n}\\\vdots&&\vdots&\vdots&&\vdots\\c_{n1}&\cdots&c_{nm}&b_{n1}&\cdots&b_{nn}\end{vmatrix}$, 记

$$D_1=\begin{vmatrix} a_{11} & \cdots & a_{1m} \\ \vdots & & \vdots \\ a_{m1} & \cdots & a_{mm} \end{vmatrix}, \quad D_2=\begin{vmatrix} b_{11} & \cdots & b_{1n} \\ \vdots & & \vdots \\ b_{n1} & \cdots & b_{nn} \end{vmatrix},$$

证明 $D=D_1D_2$.

证 对 D_1 进行行的运算可以将它化简为下三角行列式，记为 $\begin{vmatrix} p_{11} & & \\ \vdots & \ddots & \\ p_{m1} & \cdots & p_{mm} \end{vmatrix}$，则

$$D_1=\begin{vmatrix} p_{11} & & \\ \vdots & \ddots & \\ p_{m1} & \cdots & p_{mm} \end{vmatrix}=p_{11}\cdots p_{mm}.$$

对 D_2 进行列的运算也可以将它化简为下三角行列式，记为 $\begin{vmatrix} q_{11} & & \\ \vdots & \ddots & \\ q_{n1} & \cdots & q_{nn} \end{vmatrix}$，则

$$D_2=\begin{vmatrix} q_{11} & & \\ \vdots & \ddots & \\ q_{n1} & \cdots & q_{nn} \end{vmatrix}=q_{11}\cdots q_{nn}.$$

于是，对 D 的前 m 行进行与 D_1 完全相同的行运算，再对其后 n 列进行与 D_2 完全相同的列运算，则 D 就化简为下面的下三角行列式

$$D=\begin{vmatrix} p_{11} & & & & & \\ \vdots & \ddots & & & & \\ p_{m1} & \cdots & p_{mm} & & & \\ c_{11} & \cdots & c_{1m} & q_{11} & & \\ \vdots & & \vdots & \vdots & \ddots & \\ c_{n1} & \cdots & c_{nm} & q_{n1} & \cdots & q_{nn} \end{vmatrix},$$

从而

$$D=p_{11}\cdots p_{mm}q_{11}\cdots q_{nn}=D_1D_2.$$

习 题 1.3

1. 计算下面的行列式.

(1) $\begin{vmatrix} 36197 & 35197 \\ 25251 & 26251 \end{vmatrix}$； (2) $\begin{vmatrix} 102 & 26 & -4 \\ -17 & 13 & 2 \\ 0 & 39 & 3 \end{vmatrix}$；

(3) $\begin{vmatrix} 1 & 2 & 3 \\ 0 & 1 & 2 \\ 1 & 1 & 1 \end{vmatrix}$；　　(4) $\begin{vmatrix} x & y & x+y \\ y & x+y & x \\ x+y & x & y \end{vmatrix}$；

(5) $\begin{vmatrix} 1 & 1 & 1 & 1 \\ -1 & 1 & 1 & 1 \\ -1 & -1 & 1 & 1 \\ -1 & -1 & -1 & 1 \end{vmatrix}$；　　(6) $\begin{vmatrix} 1 & 1 & 1 & 1 \\ 1 & 2 & 3 & 4 \\ 1 & 3 & 6 & 10 \\ 111 & 232 & 363 & 504 \end{vmatrix}$.

2. 用行列式性质证明：

(1) $\begin{vmatrix} 1 & 1 & 1 & 1 \\ a & b & c & d \\ a^2 & b^2 & c^2 & d^2 \\ a^4 & b^4 & c^4 & d^4 \end{vmatrix} = (a-b)(a-c)(a-d)(b-c)(b-d)(c-d)(a+b+c+d)$；

(2) $\begin{vmatrix} a & b & c & d \\ a & a+b & a+b+c & a+b+c+d \\ a & 2a+b & 3a+2b+c & 4a+3b+2c+d \\ a & 3a+b & 6a+3b+c & 10a+6b+3c+d \end{vmatrix} = a^4$；

(3) $\begin{vmatrix} a^2 & (a+1)^2 & (a+2)^2 & (a+3)^2 \\ b^2 & (b+1)^2 & (b+2)^2 & (b+3)^2 \\ c^2 & (c+1)^2 & (c+2)^2 & (c+3)^2 \\ d^2 & (d+1)^2 & (d+2)^2 & (d+3)^2 \end{vmatrix} = 0$；

(4) $\begin{vmatrix} b+c & c+a & a+b \\ b_1+c_1 & c_1+a_1 & a_1+b_1 \\ b_2+c_2 & c_2+a_2 & a_2+b_2 \end{vmatrix} = 2\begin{vmatrix} a & b & c \\ a_1 & b_1 & c_1 \\ a_2 & b_2 & c_2 \end{vmatrix}$.

1.4　n 阶行列式的展开和计算

一般说来，行列式的阶数越低，计算越容易. 这样我们自然会想到，能否把高阶行列式转化为低阶行列式进行计算. 为此，先引入余子式和代数余子式的概念.

定义 1.5　在 n 阶行列式中划去 (i, j) 元所在的第 i 行第 j 列，其他元素保持原来位置不变得到的 $n-1$ 阶行列式，称为元素 a_{ij} 的**余子式**，记为 M_{ij}，并称 $A_{ij}=(-1)^{i+j}M_{ij}$ 为元素 a_{ij} 的**代数余子式**. 具体来说，对 $i, j=1, 2, \cdots, n$，我们定义

$$M_{ij} = \begin{vmatrix} a_{11} & \cdots & a_{1,j-1} & a_{1,j+1} & \cdots & a_{1n} \\ \vdots & & \vdots & \vdots & & \vdots \\ a_{i-1,1} & \cdots & a_{i-1,j-1} & a_{i-1,j+1} & \cdots & a_{i-1,n} \\ a_{i+1,1} & \cdots & a_{i+1,j-1} & a_{i+1,j+1} & \cdots & a_{i+1,n} \\ \vdots & & \vdots & \vdots & & \vdots \\ a_{n1} & \cdots & a_{n,j-1} & a_{n,j+1} & \cdots & a_{nn} \end{vmatrix}, \quad A_{ij} = (-1)^{i+j}M_{ij}.$$

例如，当 $D=\begin{vmatrix}1 & 2 & 0\\3 & -1 & 2\\0 & 1 & -4\end{vmatrix}$ 时，$M_{23}=\begin{vmatrix}1 & 2\\0 & 1\end{vmatrix}=1, A_{23}=(-1)^{2+3}\cdot 1=-1, M_{13}=\begin{vmatrix}3 & -1\\0 & 1\end{vmatrix}=3$，$A_{13}=3$.

引理 1.4.1 如果一个 n 阶行列式中第 i 行所有元素除 (i,j) 元之外都为零，那么该行列式等于 a_{ij} 与它的代数余子式的乘积.

证 先证 (i,j) 元为 $(1,1)$ 元的情形. 此时

$$D=\begin{vmatrix}a_{11} & 0 & \cdots & 0\\a_{21} & a_{22} & \cdots & a_{2n}\\\vdots & \vdots & & \vdots\\a_{n1} & a_{n2} & \cdots & a_{nn}\end{vmatrix},$$

由例 1.3.5 知，$D=a_{11}M_{11}=a_{11}A_{11}$.

再证一般情形. 此时

$$D=\begin{vmatrix}a_{11} & \cdots & a_{1j} & \cdots & a_{1n}\\\vdots & & \vdots & & \vdots\\0 & \cdots & a_{ij} & \cdots & 0\\\vdots & & \vdots & & \vdots\\a_{n1} & \cdots & a_{nj} & \cdots & a_{nn}\end{vmatrix}.$$

我们对 D 进行如下运算. 先把 D 中第 i 行依次与第 $i-1$ 行，第 $i-2$ 行，$\cdots$，第 1 行交换，共进行 $i-1$ 次行交换，就把 (i,j) 元 a_{ij} 变到一个新行列式的第 1 行第 j 列位置. 然后，再把这个新行列式的第 j 列依次与其第 $j-1$ 列，第 $j-2$ 列，$\cdots$，第 1 列交换，共作 $j-1$ 次列交换，就把 a_{ij} 变到另一个新行列式的第 1 行第 1 列位置，记此新行列式为 D_1，则由上面证明的 $(1,1)$ 元的情形知，$D_1=a_{ij}M_{ij}$. 又由于 D_1 是由 D 共经过 $i+j-2$ 次行列对换所得的行列式，所以 $D=(-1)^{i+j-2}D_1$，于是

$$D=(-1)^{i+j}a_{ij}M_{ij}=a_{ij}A_{ij}.$$

定理 1.2 行列式可以按照它的任意一行(列)展开. 确切地说，n 阶行列式 $D=\det(a_{ij})$ 等于其任意一行(列)的元素分别与它们代数余子式的乘积之和，即对任意 $i,j=1,2,\cdots,n$ 有

$$D=a_{i1}A_{i1}+a_{i2}A_{i2}+\cdots+a_{in}A_{in} \quad 及 \quad D=a_{1j}A_{1j}+a_{2j}A_{2j}+\cdots+a_{nj}A_{nj}. \tag{1.12}$$

这一定理称为**行列式按行(列)展开法则**，也称拉普拉斯（Laplace）**定理**. 定理的证明思路是首先将第 i 行(或 j 列)视作 n 个有序 n 元数组的和，其中每个 n 元

数组中仅有一个可能的非 0 元素，然后应用性质 1.3.4 将 D 分拆成 n 个行列式的和，最后由引理给出证明. 这里不再详述.

由定理 1.2 可见，如果一个行列式中有一行(列)元素全为零，则行列式为零.

推论 1.4.1　行列式任一行(列)元素与另一行(列)对应元素代数余子式的乘积之和为零，即当 $i \neq j$ 时有

$$a_{i1}A_{j1} + a_{i2}A_{j2} + \cdots + a_{in}A_{jn} = 0, \quad a_{1i}A_{1j} + a_{2i}A_{2j} + \cdots + a_{ni}A_{nj} = 0. \tag{1.13}$$

证　用 D_1 表示把行列式 $D = \det(a_{ij})$ 中的第 j 行元素用第 i 行元素代替所得的行列式，由推论 1.3.1 知 $D_1 = 0$. 应用定理 1.2 把 D_1 按照第 j 行展开得

$$D_1 = a_{i1}A_{j1} + a_{i2}A_{j2} + \cdots + a_{in}A_{jn}.$$

两者结合证明了式(1.13)中的第一个等式. 同理可证式(1.13)的第二个等式.

将定理 1.2 及其推论结合可得

$$a_{i1}A_{j1} + a_{i2}A_{j2} + \cdots + a_{in}A_{jn} = \sum_{k=1}^{n} a_{ik}A_{jk} = \begin{cases} D, & i = j, \\ 0, & i \neq j, \end{cases} \tag{1.14}$$

以及

$$a_{1i}A_{1j} + a_{2i}A_{2j} + \cdots + a_{ni}A_{nj} = \sum_{k=1}^{n} a_{ki}A_{kj} = \begin{cases} D, & i = j, \\ 0, & i \neq j. \end{cases} \tag{1.15}$$

另外，任给一个有序数组 $b_1, b_2, \cdots, b_n$，由定理 1.2 还可得到

$$\begin{vmatrix} a_{11} & \cdots & a_{1n} \\ \vdots & & \vdots \\ a_{i-1,1} & \cdots & a_{i-1,n} \\ b_1 & \cdots & b_n \\ a_{i+1,1} & \cdots & a_{i+1,n} \\ \vdots & & \vdots \\ a_{n1} & \cdots & a_{nn} \end{vmatrix} = b_1A_{i1} + b_2A_{i2} + \cdots + b_nA_{in}, \tag{1.16}$$

其中上式左端的行列式是把 D 的第 i 行元素分别用 $b_1, b_2, \cdots, b_n$ 代替所得到的，其右端称为 $A_{i1}, A_{i2}, \cdots, A_{in}$ 的一个线性运算. 所以，式(1.16)告诉我们，可以利用其左端的行列式来计算 D 的任一行元素余子式或代数余子式的一些线性运算. 类似地，依次将 D 的第 j 列元素用 $b_1, b_2, \cdots, b_n$ 来代替可得

$$\begin{vmatrix} a_{11} & \cdots & a_{1,j-1} & b_1 & a_{1,j+1} & \cdots & a_{1n} \\ \vdots & & \vdots & \vdots & \vdots & & \vdots \\ a_{n1} & \cdots & a_{n,j-1} & b_n & a_{n,j+1} & \cdots & a_{nn} \end{vmatrix} = b_1A_{1j} + b_2A_{2j} + \cdots + b_nA_{nj}, \tag{1.17}$$

其右端是 D 的第 j 列元素代数余子式的线性运算.

下面通过两个简单例子来看定理 1.2 在行列式计算中的应用.

例 1.4.1 计算行列式 $\begin{vmatrix} 1 & 2 & 3 \\ 2 & 3 & 1 \\ 3 & 1 & 2 \end{vmatrix}$.

解 按第 1 行展开得

$$\begin{aligned} \text{原式} &= 1\times(-1)^{1+1}\begin{vmatrix} 3 & 1 \\ 1 & 2 \end{vmatrix} + 2\times(-1)^{1+2}\begin{vmatrix} 2 & 1 \\ 3 & 2 \end{vmatrix} + 3\times(-1)^{1+3}\begin{vmatrix} 2 & 3 \\ 3 & 1 \end{vmatrix} \\ &= (6-1) - 2(4-3) + 3(2-9) = -18. \end{aligned}$$

例 1.4.2 计算行列式

$$\begin{vmatrix} 3 & 1 & -1 & 2 \\ -5 & 1 & 3 & -4 \\ 2 & 0 & 1 & -1 \\ 1 & -5 & 3 & -3 \end{vmatrix}.$$

解 两次运用性质 1.3.5，第 2 行加上第 1 行的-1 倍，第 4 行加上第 1 行的 5 倍，可将行列式第 2 列化简为只有一个元素非零的情况. 然后按第 2 列展开，将这个 4 阶行列式的计算化简为三阶行列式的计算，即降阶. 沿用同样的思想和做法，再将三阶行列式转化为一个二阶行列式来计算. 具体过程如下.

$$\begin{aligned} \begin{vmatrix} 3 & 1 & -1 & 2 \\ -5 & 1 & 3 & -4 \\ 2 & 0 & 1 & -1 \\ 1 & -5 & 3 & -3 \end{vmatrix} &= \begin{vmatrix} 3 & 1 & -1 & 2 \\ -8 & 0 & 4 & -6 \\ 2 & 0 & 1 & -1 \\ 16 & 0 & -2 & 7 \end{vmatrix} \\ &= (-1)^{1+2}\begin{vmatrix} -8 & 4 & -6 \\ 2 & 1 & -1 \\ 16 & -2 & 7 \end{vmatrix} = -\begin{vmatrix} -16 & 4 & -2 \\ 0 & 1 & 0 \\ 20 & -2 & 5 \end{vmatrix} \\ &= -(-1)^{2+2}\begin{vmatrix} -16 & -2 \\ 20 & 5 \end{vmatrix} = 40. \end{aligned}$$

例 1.4.3　设

$$D=\begin{vmatrix}1 & 2 & -1 & 0\\ 1 & 1 & 0 & -5\\ -1 & 3 & 1 & 3\\ 2 & -4 & -1 & -3\end{vmatrix},$$

计算 $A_{11}+A_{12}+A_{14}$.

解　要计算的表达式可以看作 D 的第 1 行元素的代数余子式的一个线性运算，其中有序数组 $b_1,\cdots,b_4$ 取为 $1,1,0,1$. 于是

$$A_{11}+A_{12}+A_{14}=\begin{vmatrix}1 & 1 & 0 & 1\\ 1 & 1 & 0 & -5\\ -1 & 3 & 1 & 3\\ 2 & -4 & -1 & -3\end{vmatrix}=\begin{vmatrix}1 & 1 & 0 & 1\\ 1 & 1 & 0 & -5\\ -1 & 3 & 1 & 3\\ 1 & -1 & 0 & 0\end{vmatrix}$$

$$=\begin{vmatrix}1 & 1 & 1\\ 1 & 1 & -5\\ 1 & -1 & 0\end{vmatrix}=\begin{vmatrix}1 & 1 & 1\\ 6 & 6 & 0\\ 1 & -1 & 0\end{vmatrix}=\begin{vmatrix}6 & 6\\ 1 & -1\end{vmatrix}=-12.$$

通常在行列式计算中，总是将如下两种常用方法结合起来使用.

(1)化三角形法，即利用行列式性质将行列式化为三角行列式.

(2)降阶法，即利用行列式性质将其某一行(列)化成只有少数个非零元素的情形，再用行列式按行(列)展开的法则，即定理 1.2，将高阶行列式逐步转化为低阶行列式来计算.

例 1.4.4　计算行列式

$$\begin{vmatrix}246 & 427 & 327\\ 1014 & 543 & 443\\ -2 & 1 & 1\end{vmatrix}.$$

解　先将第 2, 3 列都加到第 1 列上，然后将第 3 列的−1 倍加到第 2 列上，按第 3 行展开，将其转化为二阶行列式，得

$$原式=\begin{vmatrix}1000 & 427 & 327\\ 2000 & 543 & 443\\ 0 & 1 & 1\end{vmatrix}=\begin{vmatrix}1000 & 100 & 327\\ 2000 & 100 & 443\\ 0 & 0 & 1\end{vmatrix}$$

$$=10^5\begin{vmatrix}1 & 1\\ 2 & 1\end{vmatrix}=-10^5.$$

对于一般 n 阶行列式，由于其结构往往比低阶行列式复杂得多，所以计算也较低阶行列式复杂很多. 因此在计算时，一般应先找出其构成规律，并利用其构成特点，或将它转化为三角行列式，或利用降阶法找出递归关系，再用归纳法求得结果.

例 1.4.5 计算 $n+1$ 阶行列式

$$D_{n+1}=\begin{vmatrix} -a_1 & a_1 & 0 & \cdots & 0 & 0 \\ 0 & -a_2 & a_2 & \cdots & 0 & 0 \\ \vdots & \vdots & \vdots & & \vdots & \vdots \\ 0 & 0 & 0 & \cdots & -a_n & a_n \\ 1 & 1 & 1 & \cdots & 1 & 1 \end{vmatrix}.$$

解 该 $n+1$ 阶行列式的特点是，除最后一行外，其余各行元素之和均为零. 据此我们先把第 $1, 2, \cdots, n$ 列都加到第 $n+1$ 列上，再按第 $n+1$ 列展开，将原行列式转化为三角行列式. 即

$$D_{n+1}=\begin{vmatrix} -a_1 & a_1 & 0 & \cdots & 0 & 0 \\ 0 & -a_2 & a_2 & \cdots & 0 & 0 \\ \vdots & \vdots & \vdots & & \vdots & \vdots \\ 0 & 0 & 0 & \cdots & -a_n & 0 \\ 1 & 1 & 1 & \cdots & 1 & n+1 \end{vmatrix}$$

$$=(n+1)\begin{vmatrix} -a_1 & a_1 & 0 & \cdots & 0 & 0 \\ 0 & -a_2 & a_2 & \cdots & 0 & 0 \\ \vdots & \vdots & \vdots & & \vdots & \vdots \\ 0 & 0 & 0 & \cdots & -a_{n-1} & a_{n-1} \\ 0 & 0 & 0 & \cdots & 0 & -a_n \end{vmatrix}$$

$$=(-1)^n(n+1)a_1a_2\cdots a_n.$$

例 1.4.6 计算 $2n$ 阶行列式

$$D_{2n}=\begin{vmatrix} a & & & & & b \\ & \ddots & & & \iddots & \\ & & a & b & & \\ & & c & d & & \\ & \iddots & & & \ddots & \\ c & & & & & d \end{vmatrix},$$

其中两个对角线以外的元素都是零，a, b, c, d 的个数都是 n.

解 解法一 按第 1 行展开，将其化为两个 $2n-1$ 阶行列式的和，然后观察降阶的规律并注意 $D_2 = ad - bc$，得

$$
D_{2n} = a\begin{vmatrix} a & & & & b & 0 \\ & \ddots & & \iddots & & \\ & & a & b & & \\ & & c & d & & \\ & \iddots & & & \ddots & \\ c & & & & d & 0 \\ 0 & & \cdots & & 0 & d \end{vmatrix} + b(-1)^{2n+1}\begin{vmatrix} 0 & a & & & & b \\ & & \ddots & & \iddots & \\ & & & a & b & \\ & & & c & d & \\ & & \iddots & & & \ddots \\ 0 & c & & & & d \\ c & 0 & & \cdots & & 0 \end{vmatrix}
$$

$$
= adD_{2(n-1)} - bcD_{2(n-1)} = (ad-bc)D_{2(n-1)} = (ad-bc)^2 D_{2(n-2)} = \cdots
$$

$$
= (ad-bc)^n .
$$

解法二 将第 $2n$ 列分别与第 $2n-1$ 列，第 $2n-2$ 列，…，第 2 列交换，共作了 $2n-2$ 次相邻列交换，再将第 $2n$ 行分别与第 $2n-1$ 行，第 $2n-2$ 行，…，第 2 行交换，共作了 $2n-2$ 次相邻行交换，故由性质 1.3.2 得

$$
D_{2n} = (-1)^{2(2n-2)}\begin{vmatrix} a & b & 0 & & \cdots & \cdots & & 0 \\ c & d & 0 & & \cdots & \cdots & & 0 \\ 0 & 0 & a & & & & & b \\ & & & \ddots & & & \iddots & \\ & & & & a & b & & \\ & & & & c & d & & \\ & & & \iddots & & & \ddots & \\ 0 & 0 & c & & & & & d \end{vmatrix}.
$$

由例 1.3.3 知 $D_{2n} = D_2 D_{2(n-1)}$，依此作递推并注意 $D_2 = ad - bc$，得

$$
D_{2n} = (ad-bc)D_{2(n-1)} = (ad-bc)^2 D_{2(n-2)} = \cdots = (ad-bc)^{n-1} D_2 = (ad-bc)^n .
$$

例 1.4.7 证明范德蒙德行列式

$$
D_n = \begin{vmatrix} 1 & 1 & \cdots & 1 \\ x_1 & x_2 & \cdots & x_n \\ x_1^2 & x_2^2 & \cdots & x_n^2 \\ \vdots & \vdots & & \vdots \\ x_1^{n-1} & x_2^{n-1} & \cdots & x_n^{n-1} \end{vmatrix} = \prod_{1 \leqslant j < i \leqslant n} (x_i - x_j), \tag{1.18}
$$

其中记号$\prod$表示对所有满足$1\leqslant j<i\leqslant n$的因子$x_i-x_j$作乘积.

证 对行列式的阶数n采用数学归纳法. 当$n=2$时,

$$D_2=\begin{vmatrix}1 & 1\\ x_1 & x_2\end{vmatrix}=x_2-x_1=\prod_{1\leqslant j<i\leqslant 2}(x_i-x_j),$$

所以$n=2$时等式(1.19)成立. 假设等式(1.19)对$n-1\,(n\geqslant 3)$阶范德蒙德行列式是成立的. 对于n阶范德蒙德行列式D_n,从最后一行开始,后一行减去前一行的x_1倍,得

$$D_n=\begin{vmatrix}1 & 1 & 1 & \cdots & 1\\ 0 & x_2-x_1 & x_3-x_1 & \cdots & x_n-x_1\\ 0 & x_2(x_2-x_1) & x_3(x_3-x_1) & \cdots & x_n(x_n-x_1)\\ \vdots & \vdots & \vdots & & \vdots\\ 0 & x_2^{n-2}(x_2-x_1) & x_3^{n-2}(x_3-x_1) & \cdots & x_n^{n-2}(x_n-x_1)\end{vmatrix}.$$

按第1列展开后再提取每一列的公因数,得

$$D_n=(x_2-x_1)(x_3-x_1)\cdots(x_n-x_1)\begin{vmatrix}1 & 1 & \cdots & 1\\ x_2 & x_3 & \cdots & x_n\\ \vdots & \vdots & & \vdots\\ x_2^{n-2} & x_3^{n-2} & \cdots & x_n^{n-2}\end{vmatrix}.$$

上式右端行列式是一个$n-1$阶范德蒙德行列式,于是根据归纳假设,可得

$$D_n=(x_2-x_1)(x_3-x_1)\cdots(x_n-x_1)\prod_{2\leqslant j<i\leqslant n}(x_i-x_j)=\prod_{1\leqslant j<i\leqslant n}(x_i-x_j).$$

例 1.4.8 设三对角行列式

$$D_n=\begin{vmatrix}a_1 & b_1 & & & & & \\ c_1 & a_2 & b_2 & & & & \\ & c_2 & a_3 & b_3 & & & \\ & & \ddots & \ddots & \ddots & & \\ & & & c_{n-3} & a_{n-2} & b_{n-2} & \\ & & & & c_{n-2} & a_{n-1} & b_{n-1}\\ & & & & & c_{n-1} & a_n\end{vmatrix},$$

证明递推公式

$$D_n=a_nD_{n-1}-b_{n-1}c_{n-1}D_{n-2},\quad n>2.$$

证 将 D_n 按第 n 列展开得

$$D_n=(-1)^{2n}a_n\begin{vmatrix} a_1 & b_1 & & & & \\ c_1 & a_2 & b_2 & & & \\ & c_2 & a_3 & b_3 & & \\ & & \ddots & \ddots & \ddots & \\ & & & c_{n-3} & a_{n-2} & b_{n-2} \\ & & & & c_{n-2} & a_{n-1} \end{vmatrix}+(-1)^{2n-1}b_{n-1}\begin{vmatrix} a_1 & b_1 & & & & \\ c_1 & a_2 & b_2 & & & \\ & c_2 & a_3 & b_3 & & \\ & & \ddots & \ddots & \ddots & \\ & & & c_{n-3} & a_{n-2} & b_{n-2} \\ & & & & & c_{n-1} \end{vmatrix}.$$

再将上面第二个行列式按最后一行展开，即得

$$D_n=a_nD_{n-1}-b_{n-1}c_{n-1}\begin{vmatrix} a_1 & b_1 & & & \\ c_1 & a_2 & b_2 & & \\ & c_2 & a_3 & b_3 & \\ & & \ddots & \ddots & \ddots \\ & & & c_{n-3} & a_{n-2} \end{vmatrix}=a_nD_{n-1}-b_{n-1}c_{n-1}D_{n-2}，\quad n>2.$$

例 1.4.9 计算 4 阶行列式 $D=\begin{vmatrix} 1+x_1^2 & x_1x_2 & x_1x_3 & x_1x_4 \\ x_2x_1 & 1+x_2^2 & x_2x_3 & x_2x_4 \\ x_3x_1 & x_3x_2 & 1+x_3^2 & x_3x_4 \\ x_4x_1 & x_4x_2 & x_4x_3 & 1+x_4^2 \end{vmatrix}$.

解 先应用定理 1.2 可以把 D 扩张成下述 5 阶行列式

$$D=\begin{vmatrix} 1 & 0 & 0 & 0 & 0 \\ x_1 & 1+x_1^2 & x_1x_2 & x_1x_3 & x_1x_4 \\ x_2 & x_2x_1 & 1+x_2^2 & x_2x_3 & x_2x_4 \\ x_3 & x_3x_1 & x_3x_2 & 1+x_3^2 & x_3x_4 \\ x_4 & x_4x_1 & x_4x_2 & x_4x_3 & 1+x_4^2 \end{vmatrix}.$$

再应用行列式的性质对此 5 阶行列式进行行和列的运算得

$$D=\begin{vmatrix} 1 & -x_1 & -x_2 & -x_3 & -x_4 \\ x_1 & 1 & 0 & 0 & 0 \\ x_2 & 0 & 1 & 0 & 0 \\ x_3 & 0 & 0 & 1 & 0 \\ x_4 & 0 & 0 & 0 & 1 \end{vmatrix}$$

$$=\begin{vmatrix} 1+\sum_{i=1}^{4}x_i^2 & -x_1 & -x_2 & -x_3 & -x_4 \\ 0 & 1 & 0 & 0 & 0 \\ 0 & 0 & 1 & 0 & 0 \\ 0 & 0 & 0 & 1 & 0 \\ 0 & 0 & 0 & 0 & 1 \end{vmatrix} = 1+\sum_{i=1}^{4}x_i^2 .$$

习 题 1.4

1. 在下列行列式中求代数余子式 A_{12}, A_{31}, A_{23}.

(1) $\begin{vmatrix} 3 & -1 & 2 \\ 0 & -5 & -6 \\ 4 & 7 & 11 \end{vmatrix}$;　　(2) $\begin{vmatrix} -5 & 7 & 4 & 2 \\ 11 & 6 & -4 & 3 \\ 0 & 3 & 8 & 0 \\ 1 & -2 & 9 & 0 \end{vmatrix}$.

2. 计算下面的行列式.

(1) $\begin{vmatrix} 7 & 3 & 2 & 6 \\ 8 & -9 & 4 & 9 \\ 7 & -2 & 7 & 3 \\ 5 & -3 & 3 & 4 \end{vmatrix}$;　　(2) $\begin{vmatrix} 1 & 1 & 1 & 1 \\ 5 & 8 & 6 & 2 \\ 5^2 & 8^2 & 6^2 & 2^2 \\ 5^3 & 8^3 & 6^3 & 2^3 \end{vmatrix}$;

(3) $\begin{vmatrix} x & a & \cdots & a \\ a & x & \cdots & a \\ \vdots & \vdots & & \vdots \\ a & a & \cdots & x \end{vmatrix}_n$;　　(4) $\begin{vmatrix} 1+x & 1 & 1 & 1 \\ 1 & 1-x & 1 & 1 \\ 1 & 1 & 1+y & 1 \\ 1 & 1 & 1 & 1-y \end{vmatrix}$;

(5) $\begin{vmatrix} a_0 & 1 & 1 & \cdots & 1 & 1 \\ 1 & a_1 & 0 & \cdots & 0 & 0 \\ 1 & 0 & a_2 & \cdots & 0 & 0 \\ \vdots & \vdots & \vdots & & \vdots & \vdots \\ 1 & 0 & 0 & \cdots & a_{n-1} & 0 \\ 1 & 0 & 0 & \cdots & 0 & a_n \end{vmatrix}$, $a_i \neq 0, i=1,2,\cdots,n$;

(6) $\begin{vmatrix} a & & & 1 \\ & \ddots & & \\ & & & \\ 1 & & & a \end{vmatrix}_n$,其中主对角线元素均为 a，主对角线外未写出的元素均为零;

(7) $D_n=\begin{vmatrix}2 & 1 & & & & \\ 1 & 2 & 1 & & & \\ & 1 & 2 & 1 & & \\ & & \ddots & \ddots & \ddots & \\ & & & 1 & 2 & 1 \\ & & & & 1 & 2\end{vmatrix}$.

3. 求解下列方程.

(1) $\begin{vmatrix}1 & -1 & 1 & x \\ 1 & -1 & x+2 & -1 \\ 1 & x & 1 & -1 \\ x+2 & -1 & 1 & -1\end{vmatrix}=0$;　　(2) $\begin{vmatrix}1 & 1 & 1 & 1 \\ 1 & 2 & 4 & 8 \\ 1 & -2 & 4 & -8 \\ 1 & x & x^2 & x^3\end{vmatrix}=0$.

附 加 题 A

1. 填空.

(1)若 $\begin{vmatrix}a & b & c \\ 3 & 1 & 0 \\ 1 & 2 & 4\end{vmatrix}=5$, $\begin{vmatrix}a & b & c \\ 3 & 2 & 0 \\ 1 & 1 & 4\end{vmatrix}=4$，则 $\begin{vmatrix}a & 2b & c \\ 3 & 3 & 0 \\ 1 & 3 & 4\end{vmatrix}=$____________.

(2)设 $D=\begin{vmatrix}1 & 2 & 3 & 4 & 5 \\ 7 & 7 & 7 & 3 & 3 \\ 3 & 2 & 4 & 5 & 2 \\ 3 & 3 & 3 & 2 & 2 \\ 4 & 6 & 5 & 2 & 3\end{vmatrix}$，则 $A_{31}+A_{32}+A_{33}=$____________，$M_{34}+M_{35}=$____________.

(3)若 $a_{21}a_{12}a_{4i}a_{35}a_{53}$ 是 5 阶行列式的一项，则 $i=$____________.

(4) 排列 $n(n-1)\cdots 321$ 经过相邻两数对换变成自然顺序，相邻两数对换的次数是____________.

2. 选择.

(1)若 $\begin{vmatrix}a_{11} & a_{12} & a_{13} \\ a_{21} & a_{22} & a_{23} \\ a_{31} & a_{32} & a_{33}\end{vmatrix}=2$，则 $\begin{vmatrix}2a_{11} & 2a_{12} & 2a_{13} \\ 2a_{21} & 2a_{22} & 2a_{23} \\ 2a_{31} & 2a_{32} & 2a_{33}\end{vmatrix}=$____________.

(a) 2　　(b) 4　　(c) 8　　(d) 16

(2)已知 5 阶行列式 D，它的第 2 列的元素分别为 $3,-1,4,1,0$, 它们的余子式的值分别为 $1,2,-1,3,4$, 则 $D=$____________.

(a) 3　　(b) 2　　(c) 0　　(d) 1

(3) (2014研) 行列式$\begin{vmatrix} 0 & a & b & 0 \\ a & 0 & 0 & b \\ 0 & c & d & 0 \\ c & 0 & 0 & d \end{vmatrix}=$____________.

(a) $(ad-bc)^2$　(b) $-(ad-bc)^2$　(c) $a^2d^2-b^2c^2$　(d) $b^2c^2-a^2d^2$

(4) 下列各项中，4阶行列式的一项是____________.

(a) $-a_{21}a_{13}a_{34}a_{42}$　(b) $-a_{11}a_{21}a_{33}a_{42}$　(c) $-a_{31}a_{12}a_{13}a_{44}$　(d) $-a_{14}a_{21}a_{32}a_{41}$

附 加 题 B

1. 计算下列行列式.

(1) $\begin{vmatrix} a & b & c \\ a^2 & b^2 & c^2 \\ b+c & c+a & a+b \end{vmatrix}$，其中 a,b,c 是三个不同的实数；

(2) $\begin{vmatrix} a & b & c \\ c & a & b \\ b & c & a \end{vmatrix}$，其中 a,b,c 是方程 $x^3+px+q=0$ 的三个根；

(3) $D_4=\begin{vmatrix} 1 & 1 & 1 & 1 \\ 1+a & 1+b & 1+c & 1+d \\ a+a^2 & b+b^2 & c+c^2 & d+d^2 \\ a^2+a^3 & b^2+b^3 & c^2+c^3 & d^2+d^3 \end{vmatrix}$；

(4) $D_n=\begin{vmatrix} 1 & 2 & 3 & \cdots & n-1 & n \\ -1 & 0 & 3 & \cdots & n-1 & n \\ -1 & -2 & 0 & \cdots & n-1 & n \\ \vdots & \vdots & \vdots & & \vdots & \vdots \\ -1 & -2 & -3 & \cdots & 0 & n \\ -1 & -2 & -3 & \cdots & -(n-1) & 0 \end{vmatrix}$；

(5) $D_n=\begin{vmatrix} 1 & 1 & \cdots & 1 & -n \\ 1 & 1 & \cdots & -n & 1 \\ \vdots & \vdots & & \vdots & \vdots \\ 1 & -n & \cdots & 1 & 1 \\ -n & 1 & \cdots & 1 & 1 \end{vmatrix}$；

(6) $D_n=\begin{vmatrix} 1 & 2 & 3 & \cdots & n \\ 2 & 3 & 4 & \cdots & 1 \\ 3 & 4 & 5 & \cdots & 2 \\ \vdots & \vdots & \vdots & & \vdots \\ n & 1 & 2 & \cdots & n-1 \end{vmatrix}$；

(7) $D_{n+1}=\begin{vmatrix}1 & a_1 & a_2 & \cdots & a_n\\ 1 & a_1+b_1 & a_2 & \cdots & a_n\\ 1 & a_1 & a_2+b_2 & \cdots & a_n\\ \vdots & \vdots & \vdots & & \vdots\\ 1 & a_1 & a_2 & \cdots & a_n+b_n\end{vmatrix}$;

(8) $D_n=\begin{vmatrix}0 & 1 & 2 & 3 & \cdots & n-1\\ 1 & 0 & 1 & 2 & \cdots & n-2\\ 2 & 1 & 0 & 1 & \cdots & n-3\\ 3 & 2 & 1 & 0 & \cdots & n-4\\ \vdots & \vdots & \vdots & \vdots & & \vdots\\ n-1 & n-2 & n-3 & n-4 & \cdots & 0\end{vmatrix}$.

2. 用数学归纳法证明：

(1) $\begin{vmatrix}x & -1 & 0 & \cdots & 0 & 0\\ 0 & x & -1 & \cdots & 0 & 0\\ \vdots & \vdots & \vdots & & \vdots & \vdots\\ 0 & 0 & 0 & \cdots & x & -1\\ a_n & a_{n-1} & a_{n-2} & \cdots & a_2 & x+a_1\end{vmatrix}=x^n+a_1x^{n-1}+\cdots+a_{n-1}x+a_n$;

(2) $\begin{vmatrix}a+b & ab & 0 & \cdots & 0 & 0\\ 1 & a+b & ab & \cdots & 0 & 0\\ \vdots & \vdots & \vdots & & \vdots & \vdots\\ 0 & 0 & 0 & \cdots & a+b & ab\\ 0 & 0 & 0 & \cdots & 1 & a+b\end{vmatrix}_n=\dfrac{a^{n+1}-b^{n+1}}{a-b}$.

3. 试说明当一个 n 阶行列式中零元素个数多于 n^2-n 个时，该行列式的值为零.

4. 求多项式 $f(x)$ 的常数项和二次项系数，其中

$$f(x)=\begin{vmatrix}x-2 & 1 & 3\\ 2 & x-1 & 1\\ 3 & 2 & x+4\end{vmatrix}.$$

延伸阅读　行列式发展简述①

行列式(determinant)出现于线性方程组的求解，它最早是一种速记的表达式，现在已经是数学中一种非常有用的工具. 行列式是由莱布尼茨和日本数学家关孝和发明的. 1693 年 4 月，莱布尼茨在写给洛必达(L' Hospital)的一封信中使用并给出了行列式，且给出方程组的系数行列式为零的条件. 同时代的日本数学家关孝和在其著作《解伏题元法》中也提出了行列式的概念与算法. 1750 年，克拉默在其著

① 本材料参考自网页：https://wenku.baidu.com/view/59d59d2a647d27284b735166.html.

作《线性代数分析导引》中，对行列式的定义和展开法则给出了比较完整明确的阐述，并给出了现在我们所称的解线性方程组的克拉默法则. 稍后，数学家贝祖将确定行列式每一项符号的方法进行了系统化，利用系数行列式概念指出了如何判断一个齐次线性方程组有非零解.

在行列式的发展史上，第一个不仅仅只把行列式作为解线性方程组的一种工具使用，而且在理论上也作出连贯的逻辑阐述的人，是法国数学家范德蒙德(Vandermonde). 他把行列式理论与线性方程组求解相分离，并意识到行列式可以独立于线性方程组之外，单独形成一门理论加以研究. 范德蒙德给出了用二阶子式和它们的余子式来展开行列式的法则. 就这一点来说，他应是这门理论的奠基人. 1772 年，法国数学家拉普拉斯在一篇论文中证明了范德蒙德提出的一些规则，推广了他展开行列式的方法.

继范德蒙德之后，在行列式的理论方面，又一位作出突出贡献的就是法国数学家柯西(Cauchy). 1815 年，柯西在一篇论文中给出了行列式的第一个系统的、几乎是近代的处理. 其中主要结果之一是行列式的乘法定理. 另外，他第一个把行列式的元素排成方阵，采用双足标记法，引进了行列式特征方程的术语，给出了相似行列式概念，改进了拉普拉斯的行列式展开定理并给出了一个证明等.

继柯西之后，在行列式理论方面最多产的人是德国数学家雅可比(Jacobi). 他引进了函数行列式，即“雅可比行列式”，指出函数行列式在多重积分的变量替换中的作用，给出了函数行列式的导数公式. 雅可比的著名论文《论行列式的形成和性质》标志着行列式系统理论的建成. 行列式在数学分析、几何学、线性方程组理论、二次型理论等多方面的应用，促使行列式理论自身在 19 世纪得到了很大发展. 整个 19 世纪都有行列式的新结果. 除了一般行列式的大量定理之外，还有许多有关特殊行列式的其他定理都相继得到.

第2章 矩　　阵

数学家 华罗庚

华罗庚是对我国数学发展和应用作出杰出贡献的伟大数学家之一，蜚声中外，在中国近现代数学历史上有重要影响. 他曾任中国科学院院士、中国科学院副院长、美国国家科学院外籍院士、第三世界科学院院士、德国巴伐利亚科学院院士.

华罗庚把自己的毕生精力和智慧都投入到发展祖国的科学事业中. 享誉国际数学界的研究成果“华氏定理”“布劳威尔-嘉当-华定理”“华-王方法”等，已经成为相关数学理论的重要组成部分，至今仍是有关领域科学研究的基础. 他以对现代数学整体发展趋势的引领性把握和思维，培养了一大批具有国际声誉的新一代中国数学家，并以此对中国现代数学发展产生着积极且重要的影响.

华罗庚有很多至理名言. 他说过，科学的灵感，绝不是坐等可以等来的. 如果说，科学上的发现有什么偶然机遇的话，那么这种“偶然的机遇”只能给那些学有素养的人，给那些善于独立思考的人，给那些具有锲而不舍精神的人，而不是给懒汉. 科学上没有平坦的大道，真理长河中有无数礁石险滩. 只有不畏攀登的采药者，只有不怕巨浪的弄潮儿，才能登上高峰采得仙草，深入水底觅得骊珠. 凡是较有成就的科学工作者，毫无例外地都是利用时间的能手，也都是决心在大量时间中投入大量劳动的人. 人做了书的奴隶，便把活人带死了. 把书作为人的工具，则书本上的知识便活了，有了生命力了.

矩阵是现代数学的主要研究对象和工具，矩阵理论在自然科学、社会科学、工程技术、经济管理等领域中都有广泛应用. 在线性代数课程中，矩阵是贯穿始终的一个基本概念，是该课程的核心组成部分. 本章主要介绍矩阵的概念及其基本运算和基本性质.

基本概念　矩阵，初等变换，初等矩阵，矩阵的秩，可逆矩阵，分块矩阵.

基本运算　矩阵的加法、减法、数乘、乘法运算，求逆矩阵的运算.

基本要求　掌握矩阵运算法则和运算性质，熟练掌握求逆矩阵和求矩阵秩的方法.

2.1　矩阵的概念

2.1.1　几个产生矩阵的例子

在生产和社会实践中，人们经常会遇到各种各样的数字表格，尽管它们所代表的实际意义千差万别，但在形式和性质方面却有着某些共同点. 下面我们来看几个例子.

例 2.1.1　某种物资从 3 个生产地 A_1, A_2, A_3 运往 4 个城市 B_1, B_2, B_3, B_4 销售，其调运方案可用表 2.1 表示.

表 2.1　运输方案表

产地	销地			
	B_1	B_2	B_3	B_4
A_1	a_{11}	a_{12}	a_{13}	a_{14}
A_2	a_{21}	a_{22}	a_{23}	a_{24}
A_3	a_{31}	a_{32}	a_{33}	a_{34}

其中 $a_{ij}(i=1, 2, 3; j=1, 2, 3, 4)$ 表示从生产地 A_i 运往销售地 B_j 的货物数量.

例 2.1.2　5 支球队 A_1, A_2, A_3, A_4, A_5 进行循环比赛，其比赛得分情况可用表 2.2 表示.

表 2.2　比赛得分表

	A_1	A_2	A_3	A_4	A_5
A_1	0	3	2	−2	1
A_2	−3	0	1	2	−1

续表

	A_1	A_2	A_3	A_4	A_5
A_3	−2	−1	0	2	1
A_4	2	−2	−2	0	2
A_5	−1	1	−1	−2	0

表中第 i 行、第 j 列 $(i, j=1, 2, \cdots, 5)$ 的数表示第 i 个球队 A_i 赢第 j 个球队 A_j 的分数.

例 2.1.3　某企业用原料 A, B, C 加工生产甲、乙两种产品，其加工生产产品所需原料、原料供应量以及每种产品的单位利润可以用表 2.3 简明表示.

表 2.3　产品供应量及单位利润表

	甲	乙	供应量/kg
A	2	4	16
B	4	3	18
C	2	5	12
单位利润/百元	3	2	

以上三个例子，人们都用“数表”形式简明地给出了所需要的信息. 如果我们不去关心每一个数表的具体含义，仅就数字表格而言，它们的一个共同特点是：这些数表都具有矩形形状，且不同位置上的数字不能随意调换位置. 像这种排列有序的矩形数表，就是我们将要学习的矩阵. “矩阵”一词是英国著名数学家西尔维斯特于 1850 年首先使用的.

2.1.2　矩阵的定义

定义 2.1　由 $m\times n$ 个实数 $a_{ij}\,(i=1, 2, \cdots, m;\ j=1, 2, \cdots, n)$ 按确定次序排成的一个 m 行 n 列数表

$$\begin{bmatrix} a_{11} & a_{12} & \cdots & a_{1n} \\ a_{21} & a_{22} & \cdots & a_{2n} \\ \vdots & \vdots & & \vdots \\ a_{m1} & a_{m2} & \cdots & a_{mn} \end{bmatrix}$$

称为一个 m 行 n 列**矩阵**，简称为 $m\times n$ 矩阵.

矩阵中的数 a_{ij} 称为矩阵的**元素**，简称**元**，数 a_{ij} 位于矩阵的第 i 行第 j 列，称为矩阵的 (i,j) 元. 通常用缩写符号 (a_{ij}) 或大写英文字母 $\boldsymbol{A}, \boldsymbol{B}, \boldsymbol{C}$ 等表示矩阵. 当需要明确指明矩阵的行数 m 和列数 n 时，我们用符号 $(a_{ij})_{m\times n}$ 或 $\boldsymbol{A}_{m\times n}$ 来表示它.

元素都是实数的矩阵称为**实矩阵**，元素中有虚数的矩阵称为**复矩阵**. 除特别说明外，本书中的矩阵均指实矩阵.

行数和列数都分别相等的两个矩阵称为**同型矩阵**. 如果两个同型矩阵对应位置上的元素全相等，则称这两个矩阵**相等**，即如果 $\boldsymbol{A}=(a_{ij})_{m\times n}$ 和 $\boldsymbol{B}=(b_{ij})_{m\times n}$ 是同型矩阵，则 $\boldsymbol{A}$ 与 $\boldsymbol{B}$ **相等**是指 $a_{ij}=b_{ij}$ $(i=1,2,\cdots,m;\ j=1,2,\cdots,n)$，记作 $\boldsymbol{A}=\boldsymbol{B}$.

例 2.1.4　对于一般的三元一次方程组

$$\begin{cases} a_{11}x_1+a_{12}x_2+a_{13}x_3=b_1, \\ a_{21}x_1+a_{22}x_2+a_{23}x_3=b_2, \\ a_{31}x_1+a_{32}x_2+a_{33}x_3=b_3, \end{cases}$$

其未知量的系数按照它们在方程组中的位置构成一个 3×3 矩阵

$$\begin{bmatrix} a_{11} & a_{12} & a_{13} \\ a_{21} & a_{22} & a_{23} \\ a_{31} & a_{32} & a_{33} \end{bmatrix},$$

称为此方程组的**系数矩阵**；未知量的系数和常数项一起构成一个 3×4 矩阵

$$\begin{bmatrix} a_{11} & a_{12} & a_{13} & b_1 \\ a_{21} & a_{22} & a_{23} & b_2 \\ a_{31} & a_{32} & a_{33} & b_3 \end{bmatrix},$$

称为此方程组的**增广矩阵**.

2.1.3　几类特殊形式的矩阵

(1) **零矩阵**　每个元素都是零的矩阵. 本书中用 $\boldsymbol{O}$ 表示零矩阵.

(2) ***n* 阶方阵**　行数 m 和列数 n 相等的矩阵称为 ***n* 阶方阵**，n 阶方阵 $\boldsymbol{A}$ 有时也可以用符号 $\boldsymbol{A}_n$ 表示.

(3) 在 n 阶方阵中，自左上角至右下角的元素构成的对角线称为该方阵的**主对角线**. 主对角线上(下)侧元素都是零的矩阵称为**下(上)三角矩阵**. 主对角线两侧元素都是零的矩阵称为**对角矩阵**.

例如

$$\begin{bmatrix} 9 & 5 & 4 & 1 \\ 0 & 2 & 5 & 7 \\ 0 & 0 & 1 & 4 \\ 0 & 0 & 0 & 2 \end{bmatrix}, \quad \begin{bmatrix} -1 & 0 & 0 & 0 \\ 0 & 5 & 0 & 0 \\ 2 & 3 & 1 & 0 \\ 4 & 0 & 0 & 1 \end{bmatrix}, \quad \begin{bmatrix} \lambda & 1 & 0 & 0 \\ 0 & \lambda & 1 & 0 \\ 0 & 0 & \lambda & 1 \\ 0 & 0 & 0 & \lambda \end{bmatrix}$$

分别是 4 阶上三角矩阵和 4 阶下三角矩阵，其中第三个矩阵的形式较特殊，称为一个 4 阶的**若尔当块**. 而

$$\begin{bmatrix} a_1 & 0 & \cdots & 0 \\ 0 & a_2 & \cdots & 0 \\ \vdots & \vdots & & \vdots \\ 0 & 0 & \cdots & a_n \end{bmatrix}$$

是 n 阶对角矩阵，这样的对角矩阵可简记为 $\mathrm{diag}(a_1, a_2, \cdots, a_n)$，即

$$\mathrm{diag}(a_1, a_2, \cdots, a_n) = \begin{bmatrix} a_1 & & & \\ & a_2 & & \\ & & \ddots & \\ & & & a_n \end{bmatrix}.$$

(4) 主对角线上元素全相等的矩阵称为**数量矩阵**，也称**纯量阵**. 如

$$\begin{bmatrix} c & & & \\ & c & & \\ & & \ddots & \\ & & & c \end{bmatrix}_n.$$

主对角线上元素都是 1 的 n 阶对角矩阵称为 n 阶**单位矩阵**，用 $\boldsymbol{E}$ 表示，

$$\boldsymbol{E} = \begin{bmatrix} 1 & & & \\ & 1 & & \\ & & \ddots & \\ & & & 1 \end{bmatrix}_n.$$

单位矩阵和零矩阵在矩阵运算中起着特殊作用.

(5) **行 (列) 向量**　只有一行 (一列) 的矩阵称为 n 维行 (列) 向量，其中 n 是这个向量中元素的个数. 显然，一个 m 行、n 列的矩阵中包含 m 个 n 维行向量和 n 个 m 维列向量. 行向量的元素间常用逗号隔开，如 $\boldsymbol{\alpha} = [a_1, a_2, \cdots, a_n]$ 或 $\boldsymbol{\alpha} = (a_1, a_2, \cdots, a_n)$ 表示一个 n 维行向量，称 a_i 为该向量的第 i 个分量. 列向量

$$\boldsymbol{\beta}=\begin{bmatrix}\beta_1\\ \beta_2\\ \vdots\\ \beta_n\end{bmatrix}$$

也可记作$\boldsymbol{\beta}=[\beta_1,\beta_2,\cdots,\beta_n]^{\mathrm{T}}$.

习 题 2.1

1. 写出一个3×4矩阵$\boldsymbol{A}=(a_{ij})_{3\times4}$，其中$a_{ij}=2j-i$($i=1,2,3$; $j=1,2,3,4$).

2. 分别写出一个4阶上三角矩阵和一个4阶下三角矩阵，使其对角线上的元素均不为零.

3. 有6名选手参加乒乓球比赛，成绩如下：选手1胜选手2, 4, 5, 6，负于选手3；选手2胜选手4, 5, 6，负于选手1, 3；选手3胜选手1, 2, 4, 5，负于选手6；选手4负于所有选手；选手5胜选手4, 6，负于选手1, 2, 3；选手6胜选手3, 4，负于选手1, 2, 5. 如果胜一场得1分，负一场得零分，试用矩阵表示这次比赛成绩(主对角线上元素取为0)，观察这个矩阵有什么特点？

4. 据统计，三种食品A_1, A_2, A_3在四家商店B_1, B_2, B_3, B_4中的销售数量如表2.4所示.

表2.4 销售数量表

商店	食品		
	A_1	A_2	A_3
B_1	9	7	18
B_2	30	8	17
B_3	13	14	8
B_4	29	19	10

用矩阵$\boldsymbol{A}=(a_{ij})$形式表示表中的数量信息，其中a_{ij}表示第i种食品A_i在第j个商店B_j的销售量.

5. 分别写出下列方程组的系数矩阵和增广矩阵.

(1) $\begin{cases}x_1+2x_2+3x_3=2,\\ \quad\ x_2+x_3=1,\\ \qquad\quad x_3=5;\end{cases}$ (2) $\begin{cases}3x_1-x_2+x_3-x_4=1,\\ x_1+3x_2+x_4=5,\\ x_2+x_3+5x_4=4.\end{cases}$

6. 已知矩阵

$$\boldsymbol{A}=\begin{bmatrix}3 & a & b\\ c & -2 & 5\end{bmatrix},\quad \boldsymbol{B}=\begin{bmatrix}x & 2 & 5\\ -2 & -2 & y\end{bmatrix},$$

当$\boldsymbol{A}=\boldsymbol{B}$时，求$a, b, c, x, y$.

7. 一些城市间的公路网如图2.1所示. 图中A, B, C代表a省的3个城市，D, E, F代表b省的 3 个城市，两点间的连线代表一条公路. 请在线旁标出数字来表示这条公路的长度，并用矩阵形式表示该图提供的信息.

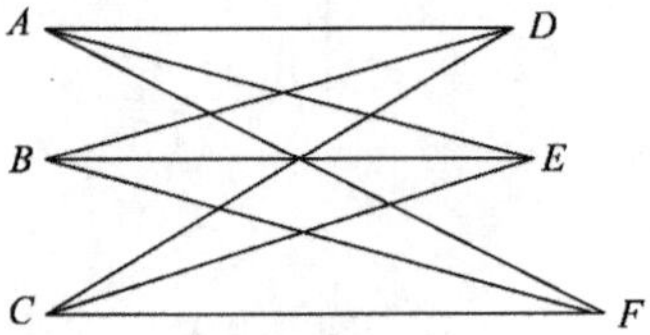

图 2.1

8. 请从你的专业课程中找一个可以用矩阵描述的问题，仿照第 3 题编写一个例子，并列出相应的矩阵.

2.2 矩阵的运算

2.2.1 矩阵的加法运算

定义 2.2 设同型矩阵

$$\boldsymbol{A}=(a_{ij})_{m\times n}=\begin{bmatrix}a_{11}&a_{12}&\cdots&a_{1n}\\a_{21}&a_{22}&\cdots&a_{2n}\\\vdots&\vdots&&\vdots\\a_{m1}&a_{m2}&\cdots&a_{mn}\end{bmatrix},\quad \boldsymbol{B}=(b_{ij})_{m\times n}=\begin{bmatrix}b_{11}&b_{12}&\cdots&b_{1n}\\b_{21}&b_{22}&\cdots&b_{2n}\\\vdots&\vdots&&\vdots\\b_{m1}&b_{m2}&\cdots&b_{mn}\end{bmatrix},$$

则 $\boldsymbol{A}$ 与 $\boldsymbol{B}$ 的和定义为 $m\times n$ 矩阵

$$\boldsymbol{C}=(c_{ij})_{m\times n}=(a_{ij}+b_{ij})_{m\times n}=\begin{bmatrix}a_{11}+b_{11}&a_{12}+b_{12}&\cdots&a_{1n}+b_{1n}\\a_{21}+b_{21}&a_{22}+b_{22}&\cdots&a_{2n}+b_{2n}\\\vdots&\vdots&&\vdots\\a_{m1}+b_{m1}&a_{m2}+b_{m2}&\cdots&a_{mn}+b_{mn}\end{bmatrix},$$

记作 $\boldsymbol{C}=\boldsymbol{A}+\boldsymbol{B}$. 这种由同型矩阵 $\boldsymbol{A}$ 和 $\boldsymbol{B}$ 得到同型矩阵 $\boldsymbol{C}$ 的运算称为矩阵的加法运算.

按照定义，只有同型矩阵才能相加，矩阵的加法就是把矩阵中对应位置的元素相加.

例如，$\begin{bmatrix}1&4&3\\2&3&1\end{bmatrix}+\begin{bmatrix}-1&1&-2\\0&-1&1\end{bmatrix}=\begin{bmatrix}0&5&1\\2&2&2\end{bmatrix}$.

设 $\boldsymbol{A}=(a_{ij})_{m\times n}$，我们称矩阵

$$\begin{bmatrix} -a_{11} & -a_{12} & \cdots & -a_{1n} \\ -a_{21} & -a_{22} & \cdots & -a_{2n} \\ \vdots & \vdots & & \vdots \\ -a_{m1} & -a_{m2} & \cdots & -a_{mn} \end{bmatrix}$$

为矩阵 $\boldsymbol{A}$ 的**负矩阵**，记作 $-\boldsymbol{A}$. 并且，我们用

$$\boldsymbol{A}-\boldsymbol{B}=\boldsymbol{A}+(-\boldsymbol{B})$$

定义**矩阵的减法**. 假设 $\boldsymbol{A}, \boldsymbol{B}, \boldsymbol{C}, \boldsymbol{O}$ 都是 $m \times n$ 矩阵，不难验证，矩阵的加法满足以下性质：

(1) **结合律** $(\boldsymbol{A}+\boldsymbol{B})+\boldsymbol{C}=\boldsymbol{A}+(\boldsymbol{B}+\boldsymbol{C})$;

(2) **交换律** $\boldsymbol{A}+\boldsymbol{B}=\boldsymbol{B}+\boldsymbol{A}$;

(3) $\boldsymbol{A}+\boldsymbol{O}=\boldsymbol{A}$;

(4) 存在唯一 $m \times n$ 矩阵 $\boldsymbol{B}=-\boldsymbol{A}$ 使得 $\boldsymbol{A}+\boldsymbol{B}=\boldsymbol{O}$;

(5) 若 $\boldsymbol{A}+\boldsymbol{B}=\boldsymbol{C}$, 则 $\boldsymbol{B}=\boldsymbol{C}-\boldsymbol{A}$, 即通常的移项规则对矩阵加法成立.

例 2.2.1 设将同一种物资从产地 A_1, A_2, A_3, A_4 运往 5 个城市 B_1, B_2, B_3, B_4, B_5 的两次调运方案可分别表示为矩阵

$$\boldsymbol{A}=\begin{bmatrix} 2 & 8 & 1 & 6 & 3 \\ 5 & 1 & 6 & 2 & 4 \\ 6 & 2 & 4 & 4 & 6 \\ 3 & 4 & 3 & 5 & 2 \end{bmatrix}, \quad \boldsymbol{B}=\begin{bmatrix} 3 & 3 & 2 & 5 & 1 \\ 6 & 4 & 3 & 2 & 5 \\ 5 & 5 & 3 & 1 & 6 \\ 4 & 1 & 2 & 4 & 3 \end{bmatrix},$$

则

$$\boldsymbol{A}+\boldsymbol{B}=\begin{bmatrix} 2+3 & 8+3 & 1+2 & 6+5 & 3+1 \\ 5+6 & 1+4 & 6+3 & 2+2 & 4+5 \\ 6+5 & 2+5 & 4+3 & 4+1 & 6+6 \\ 3+4 & 4+1 & 3+2 & 5+4 & 2+3 \end{bmatrix}=\begin{bmatrix} 5 & 11 & 3 & 11 & 4 \\ 11 & 5 & 9 & 4 & 9 \\ 11 & 7 & 7 & 5 & 12 \\ 7 & 5 & 5 & 9 & 5 \end{bmatrix}.$$

矩阵 $\boldsymbol{A}+\boldsymbol{B}$ 中第 i 行第 j 列处元素表示的是从 A_i 到 B_j 两次调运物资数量之和.

2.2.2 矩阵的数乘运算

定义 2.3 矩阵

$$\begin{bmatrix} ka_{11} & ka_{12} & \cdots & ka_{1n} \\ ka_{21} & ka_{22} & \cdots & ka_{2n} \\ \vdots & \vdots & & \vdots \\ ka_{m1} & ka_{m2} & \cdots & ka_{mn} \end{bmatrix}$$

称为实数 k 与矩阵 $\boldsymbol{A}=(a_{ij})_{m\times n}$ 的**乘积**，记为 $k\boldsymbol{A}$ **或** $\boldsymbol{A}k$. 这种由矩阵 $\boldsymbol{A}$ 和实数 k 得到矩阵 $k\boldsymbol{A}$ 的运算称为矩阵的数乘运算.

数 k 乘矩阵 $\boldsymbol{A}$ 的结果，就是把 $\boldsymbol{A}$ 中每个元素都乘以数 k 后得到的矩阵. 矩阵的数乘运算满足以下运算规律.

(1) $(k+l)\boldsymbol{A}=k\boldsymbol{A}+l\boldsymbol{A}$;

(2) $k(\boldsymbol{A}+\boldsymbol{B})=k\boldsymbol{A}+k\boldsymbol{B}$;

(3) $(kl)\boldsymbol{A}=k(l\boldsymbol{A})$;

(4) $1\boldsymbol{A}=\boldsymbol{A}$,

其中 k, l 是任意实数，$\boldsymbol{A}, \boldsymbol{B}$ 是任意 $m\times n$ 矩阵.

矩阵的加法运算和数乘运算统称为矩阵的**线性运算**.

2.2.3 矩阵的乘法运算

先看一个例子.

假设一定量的某种产品含有 l 种成分，每种成分的含量(克)分别为：$a_1,a_2,\cdots,a_l$, 单位价格(元)分别为：$b_1,b_2,\cdots,b_l$, 则这种产品的总价格(元)应为：$a_1b_1+a_2b_2+\cdots+a_lb_l$. 如果分别用行向量 $[a_1,a_2,\cdots,a_l]$ 和列向量 $[b_1,b_2,\cdots,b_l]^{\mathrm{T}}$ 来表示这种产品的各种成分及对应价格，则其总价格就是该行向量和列向量的对应元素乘积之和. 因此，如果把这种乘积之和定义为行向量 $[a_1,a_2,\cdots,a_l]$ 和列向量 $[b_1,b_2,\cdots,b_l]^{\mathrm{T}}$ 的乘积，则有

$$[a_1,a_2,\cdots,a_l]\begin{bmatrix} b_1 \\ b_2 \\ \vdots \\ b_l \end{bmatrix}=a_1b_1+a_2b_2+\cdots+a_lb_l.$$

进一步，同时考虑 m 种均含有 l 种成分的一定量产品，并考虑其在 n 个不同年份的不同价格. 假设在第 i 种产品中 l 种成分的含量分别为：$a_{i1},a_{i2},\cdots,a_{il}$, $i=1,2,\cdots,m$, 每种成分在 n 个不同年份的单位价格分别为：$b_{1j},b_{2j},\cdots,b_{lj}$, $j=1,2,\cdots,n$. 如果将 m 种产品关于 l 种成分的含量用一个矩阵 $\boldsymbol{A}$ 表示，使其第 i 行表示第 i 种产品各种成分的含量；同时，将 n 个不同年份每种成分的单位价格用一个矩阵 $\boldsymbol{B}$ 表示，使其第 j 列表示第 j 年各成分的价格，则第 i 种产品在第 j 年的总价格就是 $\boldsymbol{A}$ 的第 i 行元素形成的行向量与 $\boldsymbol{B}$ 的第 j 列元素形成的列向量的乘积. 如果再利用这些总价格定义一个 $m\times n$ 矩阵 $\boldsymbol{C}$，使其第 i 行第 j 列元素就是第 i 种产品在第 j 年的总价格，则矩阵 $\boldsymbol{C}$ 便简洁地表示出了我们所考虑价格问题的结果.

实际上，上述现象在很多应用中都会出现. 因此，一般给出如下定义.

定义 2.4 设 $\boldsymbol{A}=(a_{ij})_{m\times l}$ 是一个 $m\times l$ 矩阵，$\boldsymbol{B}=(b_{ij})_{l\times n}$ 是一个 $l\times n$ 矩阵，则 $\boldsymbol{A}$ 与 $\boldsymbol{B}$ 的**乘积**定义为 $m\times n$ 矩阵

$$\boldsymbol{C}=(c_{ij})_{m\times n},$$

其第 i 行第 j 列元素 c_{ij} 是 $\boldsymbol{A}$ 的第 i 行元素与 $\boldsymbol{B}$ 的第 j 列元素对应乘积的和，即

$$c_{ij}=a_{i1}b_{1j}+a_{i2}b_{2j}+\cdots+a_{il}b_{lj}=\sum_{k=1}^{l}a_{ik}b_{kj}\quad(i=1,2,\cdots,m;\ j=1,2,\cdots,n),$$

记为 $\boldsymbol{C}=\boldsymbol{AB}$.

注意 由定义可以看到，当且仅当乘积 $\boldsymbol{AB}$ 左边矩阵 $\boldsymbol{A}$ 的列数与右边矩阵 $\boldsymbol{B}$ 的行数相等时，两个矩阵相乘才有意义. 并且，矩阵 $\boldsymbol{A}$ 与 $\boldsymbol{B}$ 乘积 $\boldsymbol{AB}$ 的 (i,j) 元就是左边矩阵 $\boldsymbol{A}$ 的第 i 行元素形成的行向量与右边矩阵 $\boldsymbol{B}$ 的第 j 列元素形成的列向量的乘积.

例 2.2.2 已知 $\boldsymbol{A}=\begin{bmatrix}1&0&3\\2&1&0\end{bmatrix}$，$\boldsymbol{B}=\begin{bmatrix}4&1&5\\0&2&4\\0&0&1\end{bmatrix}$，求 $\boldsymbol{AB}$.

解 由定义直接计算得

$$\begin{aligned}\boldsymbol{AB}&=\begin{bmatrix}1\times4+0\times0+3\times0&1\times1+0\times2+3\times0&1\times5+0\times4+3\times1\\2\times4+1\times0+0\times0&2\times1+1\times2+0\times0&2\times5+1\times4+0\times1\end{bmatrix}\\&=\begin{bmatrix}4&1&8\\8&4&14\end{bmatrix}.\end{aligned}$$

注意 在这个例子中，$\boldsymbol{AB}$ 有意义，但 $\boldsymbol{BA}$ 没有意义，因为 $\boldsymbol{B}$ 的列数 3 明显不等于 $\boldsymbol{A}$ 的行数 2.

例 2.2.3 已知 $\boldsymbol{A}=\begin{bmatrix}3&2\\1&3\\2&4\end{bmatrix}$，$\boldsymbol{B}=\begin{bmatrix}0&1&2\\4&0&0\end{bmatrix}$，求 $\boldsymbol{AB}$ 和 $\boldsymbol{BA}$.

解 与例 2.2.2 类似，由定义直接计算得

$$\boldsymbol{AB}=\begin{bmatrix}8&3&6\\12&1&2\\16&2&4\end{bmatrix},\qquad \boldsymbol{BA}=\begin{bmatrix}5&11\\12&8\end{bmatrix}.$$

在这个例子中，虽然乘积 $\boldsymbol{AB}$ 和 $\boldsymbol{BA}$ 都有意义，但是它们明显不是同型矩阵，

因而是不相等的.

例 2.2.4　已知 $\boldsymbol{A}=\begin{bmatrix}1 & 1\\-1 & -1\end{bmatrix}$, $\boldsymbol{B}=\begin{bmatrix}2 & 3\\-2 & -3\end{bmatrix}$，求 $\boldsymbol{AB}$ 和 $\boldsymbol{BA}$.

解　由定义直接计算得

$$\boldsymbol{AB}=\begin{bmatrix}0 & 0\\0 & 0\end{bmatrix},\quad \boldsymbol{BA}=\begin{bmatrix}-1 & -1\\1 & 1\end{bmatrix}.$$

在这个例子中，虽然乘积 $\boldsymbol{AB}$ 和 $\boldsymbol{BA}$ 都有意义，并且是同型二阶方阵，但是，$\boldsymbol{AB}$ 与 $\boldsymbol{BA}$ 明显是两个互不相等的矩阵.

以上三个简单例子揭示了矩阵乘法不同于实数乘法法则的下述两个重要特性.

一是矩阵乘法运算一般不适合交换律. 即一般地，

$$\boldsymbol{AB}\neq\boldsymbol{BA},$$

或者说等式 $\boldsymbol{AB}=\boldsymbol{BA}$ 对于一般矩阵 $\boldsymbol{A}$ 和 $\boldsymbol{B}$ 并不都是成立的. 但这并不排除对于一些特殊情况 $\boldsymbol{AB}=\boldsymbol{BA}$ 的可能性. 事实上，直接计算可知，对于任意一个 $m\times n$ 矩阵 $\boldsymbol{A}$，有

$$\boldsymbol{E}_m\boldsymbol{A}=\boldsymbol{A},\quad \boldsymbol{A}\boldsymbol{E}_n=\boldsymbol{A},$$

其中 $\boldsymbol{E}_m,\boldsymbol{E}_n$ 分别是 m 阶和 n 阶单位矩阵. 因此，当 $\boldsymbol{A}$ 是 n 阶方阵时，有

$$\boldsymbol{E}_n\boldsymbol{A}=\boldsymbol{A}\boldsymbol{E}_n=\boldsymbol{A}.$$

一般地，当两个矩阵 $\boldsymbol{A}$ 和 $\boldsymbol{B}$ 满足 $\boldsymbol{AB}=\boldsymbol{BA}$ 时，我们称 $\boldsymbol{A}$ 与 $\boldsymbol{B}$ **可交换**.

二是两个非零矩阵的乘积可能等于零矩阵. 因此由 $\boldsymbol{AB}=\boldsymbol{O}$ 未必能断言 $\boldsymbol{A}=\boldsymbol{O}$ 或 $\boldsymbol{B}=\boldsymbol{O}$; 若 $\boldsymbol{A}\neq\boldsymbol{O}$, $\boldsymbol{A}(\boldsymbol{X}-\boldsymbol{Y})=\boldsymbol{O}$, 也不能得出 $\boldsymbol{X}=\boldsymbol{Y}$ 的结论.

虽然矩阵乘法不具备实数乘法法则的某些特性，但它满足以下**运算规律**:

(1) **结合律**　$(\boldsymbol{AB})\boldsymbol{C}=\boldsymbol{A}(\boldsymbol{BC})$.

(2) **分配律**　**左分配律** $\boldsymbol{A}(\boldsymbol{B}+\boldsymbol{C})=\boldsymbol{AB}+\boldsymbol{AC}$;

　　　　　　右分配律 $(\boldsymbol{B}+\boldsymbol{C})\boldsymbol{A}=\boldsymbol{BA}+\boldsymbol{CA}$.

(3) $k(\boldsymbol{AB})=(k\boldsymbol{A})\boldsymbol{B}=\boldsymbol{A}(k\boldsymbol{B})$, k 是实数.

假设以上运算都有意义.

2.2.4　方阵的幂

由于矩阵的乘法适合结合律，所以只要矩阵的行数和列数满足乘法定义中的条件，任意有限个矩阵均可以相乘. 特别地，对于 n 阶方阵 $\boldsymbol{A}$，我们可以像实数一

样定义非零矩阵 $\boldsymbol{A}$ 的非负整数幂，即定义

$$\boldsymbol{A}^0=\boldsymbol{E}_n,$$

当整数 $k\geqslant 1$ 时，定义

$$\boldsymbol{A}^k=\boldsymbol{A}\boldsymbol{A}^{k-1}.$$

根据定义和结合律，不难验证，对于任意正整数 k，l 和任意 n 阶方阵 $\boldsymbol{A}$，有

$$\boldsymbol{A}^k\boldsymbol{A}^l=\boldsymbol{A}^{k+l},\quad (\boldsymbol{A}^k)^l=\boldsymbol{A}^{k\times l}.$$

但是，由于矩阵乘法不满足交换律，所以，一般不会有 $(\boldsymbol{AB})^k=\boldsymbol{A}^k\boldsymbol{B}^k$. 然而，若 $\boldsymbol{A}$ 与 $\boldsymbol{B}$ 可交换，即若 $\boldsymbol{AB}=\boldsymbol{BA}$，则下述等式对于同阶方阵 $\boldsymbol{A}$ 和 $\boldsymbol{B}$ 成立：

$$(\boldsymbol{AB})^k=\boldsymbol{A}^k\boldsymbol{B}^k,\quad (\boldsymbol{A}+\boldsymbol{B})^2=\boldsymbol{A}^2+2\boldsymbol{AB}+\boldsymbol{B}^2,\quad (\boldsymbol{A}+\boldsymbol{B})(\boldsymbol{A}-\boldsymbol{B})=\boldsymbol{A}^2-\boldsymbol{B}^2,$$

$$(\boldsymbol{A}+\boldsymbol{B})^n=\boldsymbol{A}^n+n\boldsymbol{A}^{n-1}\boldsymbol{B}+\frac{n(n-1)}{2}\boldsymbol{A}^{n-2}\boldsymbol{B}^2+\cdots+\boldsymbol{B}^n.$$

对于 n 阶方阵 $\boldsymbol{A}$，还可以定义**矩阵多项式**. 设

$$f(x)=a_nx^n+a_{n-1}x^{n-1}+\cdots+a_1x+a_0$$

是 x 的多项式，$\boldsymbol{E}$ 为 n 阶单位矩阵，则称

$$f(\boldsymbol{A})=a_n\boldsymbol{A}^n+a_{n-1}\boldsymbol{A}^{n-1}+\cdots+a_1\boldsymbol{A}+a_0\boldsymbol{E}$$

为方阵 $\boldsymbol{A}$ 的矩阵多项式.

例 2.2.5 设

$$\boldsymbol{A}=\begin{bmatrix}1&1&1&1\\1&1&-1&-1\\1&-1&1&-1\\1&-1&-1&1\end{bmatrix},$$

求 $\boldsymbol{A}^4$.

解 直接计算可得 $\boldsymbol{A}^2=4\boldsymbol{E}$，从而 $\boldsymbol{A}^4=\boldsymbol{A}^2\boldsymbol{A}^2=(4\boldsymbol{E})(4\boldsymbol{E})=16\boldsymbol{E}$.

例 2.2.6 设 $f(x)=x^n+2x^2+1,\boldsymbol{A}=\begin{bmatrix}1&1\\0&1\end{bmatrix}$，求 $f(\boldsymbol{A})$.

解 按照定义，$f(\boldsymbol{A})=\boldsymbol{A}^n+2\boldsymbol{A}^2+\boldsymbol{E}$. 直接计算可知

$$\boldsymbol{A}^2=\boldsymbol{AA}=\begin{bmatrix}1&1\\0&1\end{bmatrix}\begin{bmatrix}1&1\\0&1\end{bmatrix}=\begin{bmatrix}1&2\\0&1\end{bmatrix},\quad \boldsymbol{A}^3=\boldsymbol{A}^2\boldsymbol{A}=\begin{bmatrix}1&2\\0&1\end{bmatrix}\begin{bmatrix}1&1\\0&1\end{bmatrix}=\begin{bmatrix}1&3\\0&1\end{bmatrix}.$$

利用归纳法，设 $A^{n-1}=\begin{bmatrix}1 & n-1\\0 & 1\end{bmatrix}$，则

$$A^n=A^{n-1}A=\begin{bmatrix}1 & n-1\\0 & 1\end{bmatrix}\begin{bmatrix}1 & 1\\0 & 1\end{bmatrix}=\begin{bmatrix}1 & n\\0 & 1\end{bmatrix},$$

所以，$f(A)=A^n+2A^2+E=\begin{bmatrix}1 & n\\0 & 1\end{bmatrix}+\begin{bmatrix}2 & 4\\0 & 2\end{bmatrix}+\begin{bmatrix}1 & 0\\0 & 1\end{bmatrix}=\begin{bmatrix}4 & n+4\\0 & 4\end{bmatrix}$.

2.2.5 矩阵的转置

定义 2.5 设

$$A=\begin{bmatrix}a_{11} & a_{12} & \cdots & a_{1n}\\a_{21} & a_{22} & \cdots & a_{2n}\\\vdots & \vdots & & \vdots\\a_{m1} & a_{m2} & \cdots & a_{mn}\end{bmatrix},$$

矩阵

$$\begin{bmatrix}a_{11} & a_{21} & \cdots & a_{m1}\\a_{12} & a_{22} & \cdots & a_{m2}\\\vdots & \vdots & & \vdots\\a_{1n} & a_{2n} & \cdots & a_{mn}\end{bmatrix}$$

称为 A 的**转置矩阵**，记为 A^{T} .

由定义可以看到，A^{T} 是把矩阵 A 的各行依次写为同序数的列所得到的矩阵. 因此，一个 $m\times n$ 矩阵的转置矩阵是 $n\times m$ 矩阵.

当 $A=A^{\mathrm{T}}$ 时，称 A 为**对称矩阵**；当 $A=-A^{\mathrm{T}}$ 时，称 A 为**反对称矩阵**. 从形式上看，对称矩阵的特点是：它的元素以主对角线为对称轴对应相等.

例如，若

$$A=\begin{bmatrix}1 & 3\\2 & 4\\7 & 0\end{bmatrix},\quad B=\begin{bmatrix}3 & 2 & 1\\2 & 1 & 3\\1 & 3 & 4\end{bmatrix},$$

则有

$$A^{\mathrm{T}}=\begin{bmatrix}1 & 2 & 7\\3 & 4 & 0\end{bmatrix}\neq A,\quad B^{\mathrm{T}}=B.$$

所以 B 是对称矩阵，A 不是对称矩阵.

由定义不难验证，矩阵的转置运算满足以下**运算规律**.

(1) $(\boldsymbol{A}^{\mathrm{T}})^{\mathrm{T}}=\boldsymbol{A}$;

(2) $(\boldsymbol{A}+\boldsymbol{B})^{\mathrm{T}}=\boldsymbol{A}^{\mathrm{T}}+\boldsymbol{B}^{\mathrm{T}}$;

(3) $(\boldsymbol{AB})^{\mathrm{T}}=\boldsymbol{B}^{\mathrm{T}}\boldsymbol{A}^{\mathrm{T}}$;

(4) $(k\boldsymbol{A})^{\mathrm{T}}=k\boldsymbol{A}^{\mathrm{T}}$.

假设以上运算均有意义.

例 2.2.7 对于矩阵

$$\boldsymbol{A}=[1,-1,2],\quad \boldsymbol{B}=\begin{bmatrix}2&-1&0\\1&1&3\\4&2&1\end{bmatrix},$$

验证 $(\boldsymbol{AB})^{\mathrm{T}}=\boldsymbol{B}^{\mathrm{T}}\boldsymbol{A}^{\mathrm{T}}$.

解 由定义,

$$\boldsymbol{AB}=[1,-1,2]\begin{bmatrix}2&-1&0\\1&1&3\\4&2&1\end{bmatrix}=[9,2,-1],$$

$$\boldsymbol{B}^{\mathrm{T}}\boldsymbol{A}^{\mathrm{T}}=\begin{bmatrix}2&-1&0\\1&1&3\\4&2&1\end{bmatrix}^{\mathrm{T}}[1,-1,2]^{\mathrm{T}}=\begin{bmatrix}2&1&4\\-1&1&2\\0&3&1\end{bmatrix}\begin{bmatrix}1\\-1\\2\end{bmatrix}=\begin{bmatrix}9\\2\\-1\end{bmatrix},$$

所以

$$(\boldsymbol{AB})^{\mathrm{T}}=\boldsymbol{B}^{\mathrm{T}}\boldsymbol{A}^{\mathrm{T}}.$$

例 2.2.8 若 $\boldsymbol{A},\boldsymbol{B}$ 是两个 n 阶实对称矩阵，则 $\boldsymbol{AB}$ 也是实对称矩阵的充分必要条件是 $\boldsymbol{AB}=\boldsymbol{BA}$.

证 首先，由于 $\boldsymbol{A}$ 和 $\boldsymbol{B}$ 是实矩阵，所以乘积 $\boldsymbol{AB}$ 也是实矩阵. 其次，由于 $\boldsymbol{A}^{\mathrm{T}}=\boldsymbol{A},\ \boldsymbol{B}^{\mathrm{T}}=\boldsymbol{B}$, 所以由运算规律(3)知 $(\boldsymbol{AB})^{\mathrm{T}}=\boldsymbol{B}^{\mathrm{T}}\boldsymbol{A}^{\mathrm{T}}=\boldsymbol{BA}$. 从而

$$(\boldsymbol{AB})^{\mathrm{T}}=\boldsymbol{AB}\ 当且仅当\ \boldsymbol{BA}=\boldsymbol{AB},$$

即 $\boldsymbol{AB}$ 是对称矩阵的充分必要条件是 $\boldsymbol{AB}=\boldsymbol{BA}$.

2.2.6 方阵的行列式

定义 2.6 由 n 阶方阵 $\boldsymbol{A}$ 的 n^2 个元素按照原来的位置关系所组成的行列式,

称为方阵 $\boldsymbol{A}$ 的行列式，记作 $|\boldsymbol{A}|$ 或 $\det \boldsymbol{A}$.

注意　方阵和方阵的行列式是两个完全不同的概念. n 阶方阵是 n^2 个数按一定方式排成的一个数表，n 阶行列式是 n^2 个数按一定法则所确定的一个数.

不难验证，若 $\boldsymbol{A},\boldsymbol{B}$ 为 n 阶方阵，k 为任意实数，则

(1) $|\boldsymbol{A}^{\mathrm{T}}|=|\boldsymbol{A}|$;

(2) $|k\boldsymbol{A}|=k^n|\boldsymbol{A}|$;

(3) $|\boldsymbol{AB}|=|\boldsymbol{A}||\boldsymbol{B}|$.

由公式(3)可以看到，对任意 n 阶方阵 $\boldsymbol{A}$ 和 $\boldsymbol{B}$，有

$$|\boldsymbol{AB}|=|\boldsymbol{BA}|.$$

公式(3)还可以推广到任意有限乘积的形式，即若 $m\geqslant 2$，则对任意 n 阶方阵 $\boldsymbol{A}_1,\boldsymbol{A}_2,\cdots,\boldsymbol{A}_m$ 有

$$|\boldsymbol{A}_1\boldsymbol{A}_2\cdots\boldsymbol{A}_m|=|\boldsymbol{A}_1||\boldsymbol{A}_2|\cdots|\boldsymbol{A}_m|.$$

例 2.2.9　已知 $\boldsymbol{A}=\begin{bmatrix}1&3\\2&5\end{bmatrix},\boldsymbol{B}=\begin{bmatrix}2&-1\\1&4\end{bmatrix}$，求 $|\boldsymbol{AB}|$.

解　解法一　先由矩阵乘法得 $\boldsymbol{AB}=\begin{bmatrix}1&3\\2&5\end{bmatrix}\begin{bmatrix}2&-1\\1&4\end{bmatrix}=\begin{bmatrix}5&11\\9&18\end{bmatrix}$，再由方阵行列式定义得

$$|\boldsymbol{AB}|=\begin{vmatrix}5&11\\9&18\end{vmatrix}=-9.$$

解法二　先用公式(3)，再用方阵行列式定义得

$$|\boldsymbol{AB}|=|\boldsymbol{A}||\boldsymbol{B}|=\begin{vmatrix}1&3\\2&5\end{vmatrix}\begin{vmatrix}2&-1\\1&4\end{vmatrix}=-9.$$

该例子也验证了 $|\boldsymbol{AB}|=|\boldsymbol{A}||\boldsymbol{B}|=|\boldsymbol{BA}|$. 但是，直接计算可知 $\boldsymbol{AB}\neq\boldsymbol{BA}$.

习　题　2.2

1. 计算.

(1) $\begin{bmatrix}4&3&1\\1&-2&3\\5&7&0\end{bmatrix}\begin{bmatrix}7&-1\\2&0\\1&1\end{bmatrix}$;　　(2) $\begin{bmatrix}4&3&2\\1&0&3\\3&0&2\end{bmatrix}\begin{bmatrix}1\\2\\1\end{bmatrix}$;　　(3) $\begin{bmatrix}1&1&1\\0&1&1\\0&0&1\end{bmatrix}^2$;

(4) $\begin{bmatrix}1 & 1\\ 0 & 1\end{bmatrix}^n$，其中 n 是正整数；　　(5) $\begin{bmatrix}\lambda & 1 & 0\\ 0 & \lambda & 1\\ 0 & 0 & \lambda\end{bmatrix}^n$，其中 n 是正整数.

2. 若 $f(x)=a_nx^n+a_{n-1}x^{n-1}+\cdots+a_1x+a_0$ 是一个关于文字 x 的 n 次多项式，$\boldsymbol{A}$ 是任意阶方阵，则称 $f(\boldsymbol{A})=a_n\boldsymbol{A}^n+a_{n-1}\boldsymbol{A}^{n-1}+\cdots+a_1\boldsymbol{A}+a_0\boldsymbol{E}$ 为矩阵 $\boldsymbol{A}$ 的多项式. 取

$$f(x)=3x^2+2x+1,\quad \boldsymbol{A}=\begin{bmatrix}1 & 1 & 1\\ 1 & 1 & -1\\ 1 & -1 & 1\end{bmatrix},\quad \boldsymbol{B}=\begin{bmatrix}1 & 2 & 3\\ -1 & -2 & 4\\ 0 & 5 & 1\end{bmatrix},$$

(1)求 $3\boldsymbol{AB}-2\boldsymbol{A}$，$\boldsymbol{BA}$；(2)写出 $f(\boldsymbol{A})$.

3. 设

$$\boldsymbol{A}=\begin{bmatrix}-3 & 0 & 1 & 5\\ 2 & -1 & 4 & 7\\ 1 & 3 & 0 & 6\end{bmatrix},\quad \boldsymbol{B}=\begin{bmatrix}7 & -2 & 0 & 1\\ -1 & 4 & 5 & -3\\ 2 & 0 & 3 & 8\end{bmatrix},$$

求 $3\boldsymbol{A}-2\boldsymbol{B}$, $\boldsymbol{AB}^{\mathrm{T}}$ 及满足条件 $3\boldsymbol{A}+2\boldsymbol{X}=\boldsymbol{B}$ 的矩阵 $\boldsymbol{X}$.

4. 若

$$\begin{bmatrix}2 & 0 & 0\\ a & 2 & 0\\ 0 & b & 2\end{bmatrix}\begin{bmatrix}c & d & 0\\ 0 & e & f\\ 0 & 0 & 2\end{bmatrix}=\begin{bmatrix}4 & -2 & 0\\ -2 & 5 & -2\\ 0 & -2 & 5\end{bmatrix},$$

求 a, b, c, d, e, f.

5. 写出矩阵等式 $\boldsymbol{AX}=\boldsymbol{b}$ 所对应的四元一次方程组，其中

$$\boldsymbol{A}=\begin{bmatrix}3 & 1 & -1 & 2\\ -5 & 1 & 3 & -4\\ 2 & 0 & 1 & -1\\ 1 & -5 & 3 & -3\end{bmatrix},\quad \boldsymbol{X}=\begin{bmatrix}x_1\\ x_2\\ x_3\\ x_4\end{bmatrix},\quad \boldsymbol{b}=\begin{bmatrix}16\\ -1\\ -3\\ 10\end{bmatrix}.$$

6. 举出反例证明下列命题是错误的.

(1)若 $\boldsymbol{A}^2=\boldsymbol{O}$, 则 $\boldsymbol{A}=\boldsymbol{O}$；

(2)若 $\boldsymbol{A}^2=\boldsymbol{A}$, 则 $\boldsymbol{A}=\boldsymbol{O}$ 或 $\boldsymbol{A}=\boldsymbol{E}$；

(3)若 $\boldsymbol{AB}=\boldsymbol{O}$，则 $\boldsymbol{A}=\boldsymbol{O}$ 或 $\boldsymbol{B}=\boldsymbol{O}$；

(4)若 $\boldsymbol{AX}=\boldsymbol{AY}$，且 $\boldsymbol{A}\neq\boldsymbol{O}$, 则 $\boldsymbol{X}=\boldsymbol{Y}$；

(5) $(\boldsymbol{AB})^2=\boldsymbol{A}^2\boldsymbol{B}^2$.

7. 设

$$A=\begin{bmatrix} a_1 & 0 & 0 \\ 0 & a_2 & 0 \\ 0 & 0 & a_3 \end{bmatrix},\quad a_i \neq a_j \quad (i \neq j;\ i, j = 1, 2, 3),$$

证明与 $\boldsymbol{A}$ 可交换的矩阵只能是对角矩阵.

8. 主对角线上元素相等的对角矩阵称为**数量矩阵**. 证明 n 阶方阵 $\boldsymbol{A}$ 是数量矩阵的充分必要条件是 $\boldsymbol{A}$ 与所有的 n 阶方阵可交换.

9. 试证明:

(1) 两个 n 阶上(下)三角矩阵的和、积仍是上(下)三角矩阵;

(2) 两个 n 阶对角矩阵的和、积仍为 n 阶对角矩阵;

(3) 两个 n 阶分块上(下)三角矩阵的和、积仍为 n 阶上(下)三角矩阵.

10. 设 $\boldsymbol{A}$ 是 n 阶实对称矩阵, 证明对任意实 n 阶方阵 $\boldsymbol{C}$, $\boldsymbol{C}^{\mathrm{T}}\boldsymbol{A}\boldsymbol{C}$ 是实对称矩阵.

11. 如果 $\boldsymbol{A}$ 是实对称矩阵, 并且 $\boldsymbol{A}^2=\boldsymbol{O}$, 那么 $\boldsymbol{A}=\boldsymbol{O}$.

2.3　矩阵的初等变换

初等变换是贯穿矩阵理论始终的一个极其重要的基本概念. 本节将以最简单的实数算术运算为基础, 引入矩阵的初等变换, 给出初等矩阵、阶梯形矩阵的概念. 为便于理解和比较, 先通过下述例子回顾一下由消元法解线性方程组的过程.

2.3.1　引例

例 2.3.1　解方程组

$$\begin{cases} 2x_1 - x_2 + 3x_3 = 1, \\ x_1 + x_3 = 3, \\ 4x_1 + 2x_2 + 5x_3 = 4. \end{cases} \tag{2.1}$$

解　将方程组中第 2 个方程的−2 倍及−4 倍分别加到第 1 个及第 3 个方程上, 再互换第 1 个和第 2 个方程的位置, 方程组(2.1)变形为

$$\begin{cases} x_1 + x_3 = 3, \\ -x_2 + x_3 = -5, \\ 2x_2 + x_3 = -8. \end{cases} \tag{2.2}$$

在式(2.2)中，将第 2 个方程的 2 倍加到第 3 个方程，然后再将第 2 个方程两边同时乘以-1，得

$$\begin{cases} x_1 \quad + x_3 = 3, \\ \quad x_2 - x_3 = 5, \\ \qquad 3x_3 = -18. \end{cases} \tag{2.3}$$

在式(2.3)中，将第 3 个方程两边同时乘以 $\frac{1}{3}$，然后再用第 1 和第 2 个方程分别减去和加上第 3 个方程，得

$$\begin{cases} x_1 = 9, \\ x_2 = -1, \\ x_3 = -6. \end{cases} \tag{2.4}$$

这样，式(2.4)就是方程组(2.1)的解.

在上述过程中，我们对线性方程组(2.1)实施了三种变换：

(1)交换两个方程的位置；

(2)用一个非零常数乘某一方程；

(3)将一个方程的若干倍加到另一个方程上.

很明显，这三种变换是线性方程组的同解变换. 用消元法解线性方程组的过程就是利用这三种同解变换对方程组进行简化的过程，逐步消减每个方程中的“元”，使其转变为一个与原方程同解并能够直接给出未知数结果的方程组.

仔细观察可以发现，在对方程组实施三种同解变换时，只是方程组中未知量的系数和常数项发生了变化，未知数的作用只是限制了它们的系数在方程组中的位置. 在有关矩阵概念的学习中我们已经了解到，线性方程组增广矩阵中的每一行都代表了一个与它对应的方程. 因此，可以认为，给出一个线性方程组就相当于给出一个矩阵，对方程组实施上述三种同解变换就相当于对一个矩阵的行实施上述变换.

比如例 2.3.1 中，方程组(2.1)的增广矩阵是

$$\boldsymbol{B} = \begin{bmatrix} 2 & -1 & 3 & 1 \\ 1 & 0 & 1 & 3 \\ 4 & 2 & 5 & 4 \end{bmatrix},$$

方程组(2.4)的增广矩阵是

$$\tilde{\boldsymbol{B}}=\begin{bmatrix}1&0&0&9\\0&1&0&-1\\0&0&1&-6\end{bmatrix}.$$

用消元法解方程组(2.1)的过程，就是对增广矩阵 $\boldsymbol{B}$ 的行，利用上述三种变换把它逐步化简为 $\tilde{\boldsymbol{B}}$ 的过程.

2.3.2　矩阵的初等变换

定义 2.7　矩阵的**初等变换**是矩阵的**初等行变换**与**初等列变换**的统称. **初等行变换**是指对矩阵的行实施下述三种变换：

(1)互换矩阵某两行的位置，互换 i , j 两行，记作 $r_i \leftrightarrow r_j$;

(2)以一个非零实数乘矩阵的某一行，第 i 行乘以非零实数 k，记作 $r_i \times k$;

(3)矩阵某一行元素加另一行对应元素的倍数，第 j 行加第 i 行的 k 倍，记作 r_j+kr_i, 这里 k 是任意实数.

初等列变换是对矩阵的列所实施的三种类似变换，相应的记号是把上述记号中的 r 换成 c .

习惯上，我们用记号“$\boldsymbol{A}\to\boldsymbol{B}$”表示矩阵 $\boldsymbol{B}$ 是由矩阵 $\boldsymbol{A}$ 经过一种或多种初等变换而得到的，并且有时把由 $\boldsymbol{A}$ 到 $\boldsymbol{B}$ 所实施的初等变换的记号写在箭线“$\to$”的上边. 因此，对矩阵实施三种初等行变换的过程就可以分别表示为

$$\begin{bmatrix}\vdots&\vdots&&\vdots\\a_{i1}&a_{i2}&\cdots&a_{in}\\\vdots&\vdots&&\vdots\\a_{j1}&a_{j2}&\cdots&a_{jn}\\\vdots&\vdots&&\vdots\end{bmatrix}\xrightarrow{r_i\leftrightarrow r_j}\begin{bmatrix}\vdots&\vdots&&\vdots\\a_{j1}&a_{j2}&\cdots&a_{jn}\\\vdots&\vdots&&\vdots\\a_{i1}&a_{i2}&\cdots&a_{in}\\\vdots&\vdots&&\vdots\end{bmatrix},$$

$$\begin{bmatrix}\vdots&\vdots&&\vdots\\a_{i1}&a_{i2}&\cdots&a_{in}\\\vdots&\vdots&&\vdots\end{bmatrix}\xrightarrow{k\times r_i}\begin{bmatrix}\vdots&\vdots&&\vdots\\ka_{i1}&ka_{i2}&\cdots&ka_{in}\\\vdots&\vdots&&\vdots\end{bmatrix},$$

$$\begin{bmatrix}\vdots&\vdots&&\vdots\\a_{i1}&a_{i2}&\cdots&a_{in}\\\vdots&\vdots&&\vdots\\a_{j1}&a_{j2}&\cdots&a_{jn}\\\vdots&\vdots&&\vdots\end{bmatrix}\xrightarrow{r_j+k\times r_i}\begin{bmatrix}\vdots&\vdots&&\vdots\\a_{i1}&a_{i2}&\cdots&a_{in}\\\vdots&\vdots&&\vdots\\a_{j1}+ka_{i1}&a_{j2}+ka_{i2}&\cdots&a_{jn}+ka_{in}\\\vdots&\vdots&&\vdots\end{bmatrix},$$

其中未写出的行均不发生变化.

进一步，如果一个初等变换 $\boldsymbol{T}$ 把矩阵 $\boldsymbol{A}$ 变为矩阵 $\boldsymbol{B}$，则称将 $\boldsymbol{B}$ 还原为 $\boldsymbol{A}$ 的初等变换为 $\boldsymbol{T}$ 的**逆变换**. 不难验证，变换 $r_i \leftrightarrow r_j$ 的逆变换是其本身，变换 $r_i \times k$ 的逆变换是 $r_i \times \frac{1}{k}$，变换 $r_j + k \times r_i$ 的逆变换是 $r_j - k \times r_i$. 因此，三种初等行变换都是**可逆的**，且其逆变换是同一类型的初等行变换. 对于初等列变换，类似结论也成立.

定义 2.8　如果矩阵 $\boldsymbol{B}$ 可由矩阵 $\boldsymbol{A}$ 经有限次初等行变换得到，就称 $\boldsymbol{B}$ 与 $\boldsymbol{A}$ **行等价**，记作 $\boldsymbol{A} \overset{r}{\sim} \boldsymbol{B}$；如果矩阵 $\boldsymbol{B}$ 可由矩阵 $\boldsymbol{A}$ 经有限次初等列变换得到，就称 $\boldsymbol{B}$ 与 $\boldsymbol{A}$ **列等价**，记作 $\boldsymbol{A} \overset{c}{\sim} \boldsymbol{B}$；如果矩阵 $\boldsymbol{B}$ 可由矩阵 $\boldsymbol{A}$ 经有限次初等变换得到，就称 $\boldsymbol{B}$ 与 $\boldsymbol{A}$ **等价**，记作 $\boldsymbol{A} \sim \boldsymbol{B}$.

矩阵间的等价关系具有下述性质.

(1) **反身性**　每一个矩阵都与自身等价，即 $\boldsymbol{A} \sim \boldsymbol{A}$.

(2) **对称性**　如果矩阵 $\boldsymbol{A}$ 与 $\boldsymbol{B}$ 等价，那么 $\boldsymbol{B}$ 与 $\boldsymbol{A}$ 也等价，即若 $\boldsymbol{A} \sim \boldsymbol{B}$，则 $\boldsymbol{B} \sim \boldsymbol{A}$.

(3) **传递性**　如果矩阵 $\boldsymbol{A}$ 与 $\boldsymbol{B}$ 等价，$\boldsymbol{B}$ 与 $\boldsymbol{C}$ 等价，那么 $\boldsymbol{A}$ 与 $\boldsymbol{C}$ 也等价，即若 $\boldsymbol{A} \sim \boldsymbol{B}$，$\boldsymbol{B} \sim \boldsymbol{C}$，则 $\boldsymbol{A} \sim \boldsymbol{C}$.

根据对称性，符号 $\boldsymbol{A} \sim \boldsymbol{B}$ 与 $\boldsymbol{B} \sim \boldsymbol{A}$ 的意义是一样的.

2.3.3　阶梯形矩阵及矩阵的等价标准形

行阶梯形矩阵是指具有以下两个特点的矩阵.

(1) 第 $i+1$ 行的第一个非零元素在第 i 行的第一个非零元素的右边；

(2) 非零行的第一个非零元素下方的元素全为 0.

例如，

$$\begin{bmatrix} 2 & 0 & -1 & 3 & 5 \\ 0 & -5 & 4 & 1 & 2 \\ 0 & 0 & 0 & 7 & -3 \\ 0 & 0 & 0 & 0 & 0 \end{bmatrix}, \quad \begin{bmatrix} 1 & 0 & 1 & 2 \\ 0 & 1 & 1 & 1 \\ 0 & 0 & -4 & -4 \end{bmatrix}$$

都是行阶梯形矩阵.

在行阶梯形矩阵中，如果非零行的第一个非零元素为 1，且其所在列的其他元素均为零，这样的矩阵称作**行最简形矩阵**. 如

$$\begin{bmatrix} 1 & 0 & 0 & 9 \\ 0 & 1 & 0 & -1 \\ 0 & 0 & 1 & -6 \end{bmatrix}, \quad \begin{bmatrix} 1 & 0 & 1 & 2 \\ 0 & 1 & -1 & 1 \\ 0 & 0 & 0 & 0 \end{bmatrix}.$$

可以看到，**利用矩阵的初等行变换，任意一个矩阵总可以变为行阶梯形矩阵和行最简形矩阵，因而任何一个矩阵都和一个阶梯形矩阵等价，也和一个行最简形矩阵等价**. 由例 2.3.1 可知，要解线性方程组只需要把其增广矩阵化为行最简形矩阵.

对一个矩阵 $\boldsymbol{A}$ 的行最简形矩阵再作初等列变换，明显可以得到下述形状更为简单的矩阵 $\boldsymbol{F}$:

$$\boldsymbol{F}=\begin{bmatrix}\boldsymbol{E}_r & \boldsymbol{O}\\ \boldsymbol{O} & \boldsymbol{O}\end{bmatrix},$$

其中 $\boldsymbol{E}_r$ 为 r 阶单位矩阵，此时称 $\boldsymbol{F}$ 为 $\boldsymbol{A}$ 的**等价标准形**，简称**标准形**. **一个矩阵的行最简形和等价标准形都是唯一的**. 任意一个矩阵 $\boldsymbol{A}$ 都与其等价标准形 $\boldsymbol{F}$ 等价. 我们把所有与 $\boldsymbol{A}$ 等价的矩阵组成的集合称为一个**等价类**，$\boldsymbol{F}$ 是这个等价类中形状最简单的矩阵.

例 2.3.2　把矩阵

$$\boldsymbol{A}=\begin{bmatrix}1&1&1&4\\1&1&-1&-2\\2&2&1&5\\3&3&1&6\end{bmatrix}$$

化为等价标准形.

解　$$\boldsymbol{A}=\begin{bmatrix}1&1&1&4\\1&1&-1&-2\\2&2&1&5\\3&3&1&6\end{bmatrix}\xrightarrow[r_4-3r_1]{\substack{r_2-r_1\\r_3-2r_1}}\begin{bmatrix}1&1&1&4\\0&0&-2&-6\\0&0&-1&-3\\0&0&-2&-6\end{bmatrix}\xrightarrow{\substack{r_2-2r_3\\r_4-2r_3}}\begin{bmatrix}1&1&1&4\\0&0&0&0\\0&0&-1&-3\\0&0&0&0\end{bmatrix}$$

$$\xrightarrow{\substack{r_3\times(-1)\\r_2\leftrightarrow r_3}}\begin{bmatrix}1&1&1&4\\0&0&1&3\\0&0&0&0\\0&0&0&0\end{bmatrix}\xrightarrow{r_1-r_2}\begin{bmatrix}1&1&0&1\\0&0&1&3\\0&0&0&0\\0&0&0&0\end{bmatrix}\xrightarrow[c_2\leftrightarrow c_3]{\substack{c_2-c_1\\c_4-c_1-3c_3}}\begin{bmatrix}1&0&0&0\\0&1&0&0\\0&0&0&0\\0&0&0&0\end{bmatrix}.$$

2.3.4　初等矩阵

定义 2.9　由单位矩阵 $\boldsymbol{E}$ 经过一次初等变换得到的矩阵称为**初等矩阵**.

显然，每个初等变换都有一个与之相应的初等矩阵.

(1) 互换 $\boldsymbol{E}$ 的第 i 行与第 j 行，得到的矩阵是

$$\boldsymbol{E}(i,j)=\begin{bmatrix}1 &&&&&&&&\\ &\ddots&&&&&&&\\ &&1&&&&&&\\ &&&0&\cdots&\cdots&\cdots&1&&&\\ &&&\vdots&1&&&\vdots&&&\\ &&&\vdots&&\ddots&&\vdots&&&\\ &&&\vdots&&&1&\vdots&&&\\ &&&1&\cdots&\cdots&\cdots&0&&&\\ &&&&&&&&1&&\\ &&&&&&&&&\ddots&\\ &&&&&&&&&&1\end{bmatrix}\begin{matrix}\\ \\ \\ \text{第}\,i\,\text{行}\\ \\ \\ \\ \text{第}\,j\,\text{行}\\ \\ \\ \\ \end{matrix},$$

这也相当于互换 $\boldsymbol{E}$ 的第 i 列与第 j 列得到的矩阵.

(2) 用非零常数 k 乘 $\boldsymbol{E}$ 的第 i 行或第 i 列，得到的矩阵是

$$\boldsymbol{E}(i(k))=\begin{bmatrix}1&&&&&&\\ &\ddots&&&&&\\ &&1&&&&\\ &&&k&&&\\ &&&&1&&\\ &&&&&\ddots&\\ &&&&&&1\end{bmatrix}\begin{matrix}\\ \\ \\ \text{第}\,i\,\text{行}.\\ \\ \\ \\ \end{matrix}$$

(3) $\boldsymbol{E}$ 中第 j 行加第 i 行的 k 倍，得到的矩阵是

$$\boldsymbol{E}(j,i(k))=\begin{bmatrix}1&&&&&\\ &\ddots&&&&\\ &&1&&&\\ &&\vdots&\ddots&&\\ &&k&\cdots&1&&\\ &&&&&\ddots&\\ &&&&&&1\end{bmatrix}\begin{matrix}\\ \\ \text{第}\,i\,\text{行}\\ \\ \text{第}\,j\,\text{行}\\ \\ \\ \end{matrix}.$$

这也相当于将 $\boldsymbol{E}$ 的第 i 列加上第 j 列的 k 倍得到的矩阵. 因此，对任意正整数 n，以上三类矩阵就是全部的 n 阶初等矩阵.

由矩阵乘法可以验证如下定理.

定理 2.1　对一个 $m\times n$ 矩阵 $\boldsymbol{A}$ 作一次初等行变换，相当于在 $\boldsymbol{A}$ 的左边乘以一

个相应的 m 阶初等矩阵；对 $\boldsymbol{A}$ 作一次初等列变换，相当于在 $\boldsymbol{A}$ 的右边乘以一个相应的 n 阶初等矩阵.

例如，对 4 阶方阵 $\boldsymbol{A}=(a_{ij})_{4\times4}$，

$$\begin{bmatrix}1&0&0&0\\0&1&0&0\\0&0&1&0\\0&k&0&1\end{bmatrix}\begin{bmatrix}a_{11}&a_{12}&a_{13}&a_{14}\\a_{21}&a_{22}&a_{23}&a_{24}\\a_{31}&a_{32}&a_{33}&a_{34}\\a_{41}&a_{42}&a_{43}&a_{44}\end{bmatrix}$$

$$=\begin{bmatrix}a_{11}&a_{12}&a_{13}&a_{14}\\a_{21}&a_{22}&a_{23}&a_{24}\\a_{31}&a_{32}&a_{33}&a_{34}\\a_{41}+ka_{21}&a_{42}+ka_{22}&a_{43}+ka_{23}&a_{44}+ka_{24}\end{bmatrix},$$

而

$$\begin{bmatrix}a_{11}&a_{12}&a_{13}&a_{14}\\a_{21}&a_{22}&a_{23}&a_{24}\\a_{31}&a_{32}&a_{33}&a_{34}\\a_{41}&a_{42}&a_{43}&a_{44}\end{bmatrix}\begin{bmatrix}1&0&0&0\\0&1&0&0\\0&0&1&0\\0&k&0&1\end{bmatrix}=\begin{bmatrix}a_{11}&a_{12}+ka_{14}&a_{13}&a_{14}\\a_{21}&a_{22}+ka_{24}&a_{23}&a_{24}\\a_{31}&a_{32}+ka_{34}&a_{33}&a_{34}\\a_{41}&a_{42}+ka_{44}&a_{43}&a_{44}\end{bmatrix}.$$

习　题　2.3

1. 把下列矩阵化为行最简形矩阵.

(1) $\begin{bmatrix}1&0&2&-1\\2&0&3&1\\3&0&4&3\end{bmatrix}$；　　(2) $\begin{bmatrix}1&-1&3&-4&3\\3&-3&5&-4&1\\2&-2&3&-2&0\\3&-3&4&-2&-1\end{bmatrix}$.

2. 计算下列矩阵之积.

(1) $\begin{bmatrix}a_{11}&a_{12}&a_{13}&a_{14}\\a_{21}&a_{22}&a_{23}&a_{24}\\a_{31}&a_{32}&a_{33}&a_{34}\end{bmatrix}\begin{bmatrix}1&0&0&0\\0&0&1&0\\0&1&0&0\\0&0&0&1\end{bmatrix}$；

(2) $\begin{bmatrix}1&0&0\\0&0&1\\0&1&0\end{bmatrix}\begin{bmatrix}a_{11}&a_{12}&a_{13}&a_{14}\\a_{21}&a_{22}&a_{23}&a_{24}\\a_{31}&a_{32}&a_{33}&a_{34}\end{bmatrix}$；

(3) $\begin{bmatrix}a_{11}&a_{12}&a_{13}&a_{14}\\a_{21}&a_{22}&a_{23}&a_{24}\\a_{31}&a_{32}&a_{33}&a_{34}\end{bmatrix}\begin{bmatrix}1&0&0&0\\0&k&1&0\\0&0&1&0\\0&0&0&1\end{bmatrix}$；

(4) $\begin{bmatrix} 1 & 0 & 0 \\ 0 & 1 & 0 \\ 0 & 0 & k \end{bmatrix}\begin{bmatrix} a_{11} & a_{12} & a_{13} & a_{14} \\ a_{21} & a_{22} & a_{23} & a_{24} \\ a_{31} & a_{32} & a_{33} & a_{34} \end{bmatrix}$.

2.4 可 逆 矩 阵

2.4.1 可逆矩阵的定义

前面讨论了矩阵的加法、减法和乘法运算，读者自然会问，在矩阵中是否也能够合理地定义“除法”运算呢？一般说来，这是不行的. 本节来讨论这一问题. 我们知道，在实数的算术运算中，如果数 $a\neq 0$，那么必有 $a^{-1}=1/a$，并且 $a\times a^{-1}=1$. 受此启发，先来利用 n 阶单位矩阵 $\boldsymbol{E}$，给出可逆矩阵的概念.

定义 2.10 对于 n 阶方阵 $\boldsymbol{A}$，如果存在一个 n 阶方阵 $\boldsymbol{B}$，使

$$\boldsymbol{AB}=\boldsymbol{BA}=\boldsymbol{E},$$

则说 $\boldsymbol{A}$ 是**可逆矩阵**，并称 $\boldsymbol{B}$ 是 $\boldsymbol{A}$ 的**逆矩阵**，简称**逆阵**.

可逆矩阵的逆矩阵是唯一的. 因为如果 $\boldsymbol{B}$ 和 $\boldsymbol{C}$ 都满足定义 2.10，则由 $\boldsymbol{BA}=\boldsymbol{E}$ 和 $\boldsymbol{AC}=\boldsymbol{E}$，可得 $\boldsymbol{B}=\boldsymbol{BE}=\boldsymbol{B}(\boldsymbol{AC})=(\boldsymbol{BA})\boldsymbol{C}=\boldsymbol{EC}=\boldsymbol{C}$. 可逆矩阵 $\boldsymbol{A}$ 的唯一逆矩阵用 $\boldsymbol{A}^{-1}$ 表示.

例 2.4.1 单位矩阵和初等矩阵都是可逆矩阵，并且单位矩阵的逆矩阵是它本身，初等矩阵的逆矩阵还是初等矩阵. 这是因为

$$\boldsymbol{EE}=\boldsymbol{E},\quad \boldsymbol{E}(i,j)\boldsymbol{E}(i,j)=\boldsymbol{E},$$

$$\boldsymbol{E}(i(k))\boldsymbol{E}(i(k^{-1}))=\boldsymbol{E}(i(k^{-1}))\boldsymbol{E}(i(k))=\boldsymbol{E},$$

$$\boldsymbol{E}(j,i(k))\boldsymbol{E}(j,i(-k))=\boldsymbol{E}(j,i(-k))\boldsymbol{E}(j,i(k))=\boldsymbol{E},$$

所以有

$$\boldsymbol{E}^{-1}=\boldsymbol{E},\quad \boldsymbol{E}(i,j)^{-1}=\boldsymbol{E}(i,j),\quad \boldsymbol{E}(i(k))^{-1}=\boldsymbol{E}(i(k^{-1})),\quad \boldsymbol{E}(j,i(k))^{-1}=\boldsymbol{E}(j,i(-k)).$$

2.4.2 可逆矩阵的性质

如果 $\boldsymbol{A},\boldsymbol{B}$ 都是 n 阶可逆矩阵，则它们满足如下**运算规律**.

(1) $\boldsymbol{A}^{-1}$ 可逆且 $(\boldsymbol{A}^{-1})^{-1}=\boldsymbol{A}$;

(2) $\boldsymbol{A}^{\mathrm{T}}$ 可逆且 $(\boldsymbol{A}^{\mathrm{T}})^{-1}=(\boldsymbol{A}^{-1})^{\mathrm{T}}$;

(3) $\boldsymbol{AB}$ 可逆且 $(\boldsymbol{AB})^{-1}=\boldsymbol{B}^{-1}\boldsymbol{A}^{-1}$;

(4) 当数 $k \neq 0$ 时，kA 可逆且 $(kA)^{-1} = \frac{1}{k}A^{-1}$；

(5) $|A| \neq 0$，且 $|A^{-1}| = |A|^{-1}$.

这些性质均可根据定义 2.10 直接验证. 比如由

$$(\boldsymbol{AB})(\boldsymbol{B}^{-1}\boldsymbol{A}^{-1}) = \boldsymbol{A}(\boldsymbol{BB}^{-1})\boldsymbol{A}^{-1} = \boldsymbol{AA}^{-1} = \boldsymbol{E}$$

和

$$(\boldsymbol{B}^{-1}\boldsymbol{A}^{-1})(\boldsymbol{AB}) = \boldsymbol{B}^{-1}(\boldsymbol{A}^{-1}\boldsymbol{A})\boldsymbol{B} = \boldsymbol{B}^{-1}\boldsymbol{B} = \boldsymbol{E}$$

即得性质(3). 性质(3)可进一步推广为

(3)′ 如果 $\boldsymbol{A}_1, \boldsymbol{A}_2, \cdots, \boldsymbol{A}_t$ 都是 n 阶可逆矩阵，则 $\boldsymbol{A}_1\boldsymbol{A}_2\cdots\boldsymbol{A}_t$ 可逆且

$$(\boldsymbol{A}_1\boldsymbol{A}_2\cdots\boldsymbol{A}_t)^{-1} = \boldsymbol{A}_t^{-1}\boldsymbol{A}_{t-1}^{-1}\cdots\boldsymbol{A}_1^{-1}.$$

对于 n 阶可逆矩阵 $\boldsymbol{A}$，负指数次幂定义为

$$\boldsymbol{A}^{-k} = (\boldsymbol{A}^k)^{-1}.$$

2.4.3 逆矩阵的计算方法及可逆的条件

定理 2.2 设有 n 阶方阵 $\boldsymbol{A}$，如果 $|\boldsymbol{A}| \neq 0$，那么 $\boldsymbol{A}$ 可逆，并且

$$\boldsymbol{A}^{-1} = \frac{1}{|\boldsymbol{A}|}\boldsymbol{A}^*,$$

其中

$$\boldsymbol{A}^* = \begin{bmatrix} A_{11} & A_{21} & \cdots & A_{n1} \\ A_{12} & A_{22} & \cdots & A_{n2} \\ \vdots & \vdots & & \vdots \\ A_{1n} & A_{2n} & \cdots & A_{nn} \end{bmatrix}$$

称为 $\boldsymbol{A}$ 的**伴随矩阵**，而 A_{ij} 是 a_{ij} 在 $|\boldsymbol{A}|$ 中的代数余子式.

注意 伴随矩阵 $\boldsymbol{A}^*$ 的第 (j,i) 元是 a_{ij} 在 $|\boldsymbol{A}|$ 中的代数余子式 $A_{ij}\ (i, j = 1, 2, \cdots, n)$.

证 根据行列式性质 1.3.1 和定理 1.2，直接计算可得

$$\boldsymbol{AA}^* = \boldsymbol{A}^*\boldsymbol{A} = \begin{bmatrix} |\boldsymbol{A}| & 0 & \cdots & 0 \\ 0 & |\boldsymbol{A}| & \cdots & 0 \\ \vdots & \vdots & & \vdots \\ 0 & 0 & \cdots & |\boldsymbol{A}| \end{bmatrix} = |\boldsymbol{A}|\boldsymbol{E},$$

因为 $|\boldsymbol{A}| \neq 0$，所以有

$$A\frac{1}{|A|}A^*=\frac{1}{|A|}A^*A=E.$$

由可逆矩阵的定义知，A 是可逆矩阵，且 $A^{-1}=\frac{1}{|A|}A^*$.

性质(5)和定理 2.2 说明，一个 n 阶方阵 A 可逆的充分必要条件是它的行列式不等于零，即 **A 可逆** $\Leftrightarrow |A|\neq 0$. 同时定理 2.2 向我们提供了求逆矩阵的公式. 利用它求逆矩阵的方法称为**公式法**. 这种方法适合比较低阶的方阵.

例 2.4.2　求矩阵

$$A=\begin{bmatrix}\cos\theta & -\sin\theta\\ \sin\theta & \cos\theta\end{bmatrix}$$

的逆矩阵.

解　因为 $|A|=\cos^2\theta+\sin^2\theta=1$, 且

$$A_{11}=(-1)^{1+1}\cos\theta=\cos\theta,\quad A_{21}=(-1)^{2+1}(-\sin\theta)=\sin\theta,$$

$$A_{12}=(-1)^{1+2}\sin\theta=-\sin\theta,\quad A_{22}=(-1)^{2+2}\cos\theta=\cos\theta,$$

所以 A 可逆且

$$A^{-1}=\begin{bmatrix}\cos\theta & \sin\theta\\ -\sin\theta & \cos\theta\end{bmatrix}.$$

例 2.4.3　求矩阵 A 的逆矩阵，其中

$$A=\begin{bmatrix}1&2&3\\2&2&1\\3&4&3\end{bmatrix}.$$

解　因为 $|A|=\begin{vmatrix}1&2&3\\2&2&1\\3&4&3\end{vmatrix}=2$, 且

$$A_{11}=\begin{vmatrix}2&1\\4&3\end{vmatrix}=2,\quad A_{21}=-\begin{vmatrix}2&3\\4&3\end{vmatrix}=6,\quad A_{31}=\begin{vmatrix}2&3\\2&1\end{vmatrix}=-4,$$

$$A_{12}=-\begin{vmatrix}2&1\\3&3\end{vmatrix}=-3,\quad A_{22}=\begin{vmatrix}1&3\\3&3\end{vmatrix}=-6,\quad A_{32}=-\begin{vmatrix}1&3\\2&1\end{vmatrix}=5,$$

$$A_{13}=\begin{vmatrix}2&2\\3&4\end{vmatrix}=2,\qquad A_{23}=-\begin{vmatrix}1&2\\3&4\end{vmatrix}=2,\qquad A_{33}=\begin{vmatrix}1&2\\2&2\end{vmatrix}=-2,$$

所以

$$\boldsymbol{A}^{-1}=\frac{1}{2}\begin{bmatrix}2&6&-4\\-3&-6&5\\2&2&-2\end{bmatrix}=\begin{bmatrix}1&3&-2\\-\frac{3}{2}&-3&\frac{5}{2}\\1&1&-1\end{bmatrix}.$$

例 2.4.4　证明：对 n 阶方阵 $\boldsymbol{A},\boldsymbol{B}$，如果 $\boldsymbol{AB}=\boldsymbol{E}$，那么 $\boldsymbol{A}$ 可逆且 $\boldsymbol{A}^{-1}=\boldsymbol{B}$.

证　因为 $\boldsymbol{AB}=\boldsymbol{E}$ 时，有 $|\boldsymbol{AB}|=|\boldsymbol{A}|\times|\boldsymbol{B}|=|\boldsymbol{E}|=1$，所以 $|\boldsymbol{A}|\neq 0$. 由定理 2.2，$\boldsymbol{A}$ 是可逆矩阵，且

$$\boldsymbol{A}^{-1}=\boldsymbol{A}^{-1}\boldsymbol{E}=\boldsymbol{A}^{-1}(\boldsymbol{AB})=(\boldsymbol{A}^{-1}\boldsymbol{A})\boldsymbol{B}=\boldsymbol{EB}=\boldsymbol{B}.$$

这个结论，在证明 $\boldsymbol{A}$ 可逆，且需验证 $\boldsymbol{B}=\boldsymbol{A}^{-1}$ 时，只需证明 $\boldsymbol{AB}=\boldsymbol{E}$ 或 $\boldsymbol{BA}=\boldsymbol{E}$ 中一个式子成立就可以了.

定理 2.3　n 阶方阵 $\boldsymbol{A}$ 可逆的充分必要条件是 $\boldsymbol{A}$ 可以表示为有限个初等矩阵之积.

证　先证必要性. 若 $\boldsymbol{A}$ 可逆，$\boldsymbol{A}$ 的标准形为 $\boldsymbol{F}$，则存在有限个初等矩阵 $\boldsymbol{P}_1,\boldsymbol{P}_2,\cdots,\boldsymbol{P}_s$ 和 $\boldsymbol{Q}_1,\boldsymbol{Q}_2,\cdots,\boldsymbol{Q}_t$，使

$$\boldsymbol{P}_s\boldsymbol{P}_{s-1}\cdots\boldsymbol{P}_2\boldsymbol{P}_1\boldsymbol{A}\boldsymbol{Q}_1\boldsymbol{Q}_2\cdots\boldsymbol{Q}_{t-1}\boldsymbol{Q}_t=\boldsymbol{F}.$$

因 $\boldsymbol{A},\boldsymbol{P}_i,\boldsymbol{Q}_j\ (i=1,2,\cdots,s;\ j=1,2,\cdots,t)$ 都可逆，所以 $\boldsymbol{F}$ 可逆，故 $|\boldsymbol{F}|\neq 0$，即 $\boldsymbol{F}=\boldsymbol{E}$. 也即

$$\boldsymbol{P}_s\boldsymbol{P}_{s-1}\cdots\boldsymbol{P}_2\boldsymbol{P}_1\boldsymbol{A}\boldsymbol{Q}_1\boldsymbol{Q}_2\cdots\boldsymbol{Q}_{t-1}\boldsymbol{Q}_t=\boldsymbol{E}.$$

从而有

$$\boldsymbol{A}=\boldsymbol{P}_1^{-1}\boldsymbol{P}_2^{-1}\cdots\boldsymbol{P}_s^{-1}\boldsymbol{E}\boldsymbol{Q}_t^{-1}\cdots\boldsymbol{Q}_2^{-1}\boldsymbol{Q}_1^{-1}=\boldsymbol{P}_1^{-1}\boldsymbol{P}_2^{-1}\cdots\boldsymbol{P}_s^{-1}\boldsymbol{Q}_t^{-1}\cdots\boldsymbol{Q}_2^{-1}\boldsymbol{Q}_1^{-1}.$$

根据例 2.4.1，$\boldsymbol{P}_i^{-1}(i=1,2,\cdots,s)$，$\boldsymbol{Q}_j^{-1}(j=1,2,\cdots,t)$ 都是初等矩阵.

再证充分性. 由初等矩阵可逆，且可逆矩阵之积可逆，知 $\boldsymbol{A}$ 可逆.

推论 2.4.1　方阵 $\boldsymbol{A}$ 可逆的充分必要条件是 $\boldsymbol{A}\overset{r}{\sim}\boldsymbol{E}$.

推论 2.4.2　$m\times n$ 矩阵 $\boldsymbol{A}$ 与 $\boldsymbol{B}$ 等价的充分必要条件是存在 m 阶可逆矩阵 $\boldsymbol{P}$ 及 n 阶可逆矩阵 $\boldsymbol{Q}$，使 $\boldsymbol{PAQ}=\boldsymbol{B}$.

上述推论请读者自己证明.

定理 2.3 提供了另一种求逆矩阵的方法——**初等变换法**. 下边通过讨论来说明这一方法. 设 $\boldsymbol{A}$ 是任一 n 阶可逆矩阵，$\boldsymbol{B}$ 是任一 $n\times s$ 矩阵，则根据定理 2.3，不妨设 $\boldsymbol{A}=\boldsymbol{P}_1\boldsymbol{P}_2\cdots\boldsymbol{P}_s$，其中 $\boldsymbol{P}_i(i=1,2,\cdots,s)$ 是初等矩阵，且

$$\boldsymbol{A}^{-1}=(\boldsymbol{P}_1\boldsymbol{P}_2\cdots\boldsymbol{P}_s)^{-1}=\boldsymbol{P}_s^{-1}\cdots\boldsymbol{P}_2^{-1}\boldsymbol{P}_1^{-1}.$$

记 $\boldsymbol{P}_k^{-1}=\boldsymbol{Q}_k$，则 $\boldsymbol{Q}_k$ 也是初等矩阵，且有

$$\boldsymbol{Q}_s\boldsymbol{Q}_{s-1}\cdots\boldsymbol{Q}_1\boldsymbol{A}=\boldsymbol{E} \tag{2.5}$$

和

$$\boldsymbol{Q}_s\boldsymbol{Q}_{s-1}\cdots\boldsymbol{Q}_1\boldsymbol{B}=\boldsymbol{A}^{-1}\boldsymbol{B}. \tag{2.6}$$

根据初等矩阵的性质，式(2.5)和式(2.6)表明，对 $\boldsymbol{A}$ 和 $\boldsymbol{B}$ 实施 s 次同样的初等行变换，把 $\boldsymbol{A}$ 变换为 $\boldsymbol{E}$ 的同时，把 $\boldsymbol{B}$ 变换成了 $\boldsymbol{A}^{-1}\boldsymbol{B}$. 因此当把 $\boldsymbol{A}$, $\boldsymbol{B}$ 并排写成一个 $n\times(n+s)$ 的矩阵$(\boldsymbol{A},\boldsymbol{B})$，并对其实施上述初等行变换后，它的前 n 列就变为单位矩阵，它的后 s 列变为 $\boldsymbol{A}^{-1}\boldsymbol{B}$，即有

$$\boldsymbol{Q}_s\boldsymbol{Q}_{s-1}\cdots\boldsymbol{Q}_1(\boldsymbol{A},\boldsymbol{B})=(\boldsymbol{E},\boldsymbol{A}^{-1}\boldsymbol{B}).$$

于是当 $(\boldsymbol{A},\boldsymbol{B})\overset{r}{\sim}(\boldsymbol{E},\boldsymbol{X})$ 时，则 $\boldsymbol{A}$ 可逆，且 $\boldsymbol{X}=\boldsymbol{A}^{-1}\boldsymbol{B}$. 特别地，当 $\boldsymbol{B}=\boldsymbol{E}$ 时，若 $(\boldsymbol{A},\boldsymbol{E})\overset{r}{\sim}(\boldsymbol{E},\boldsymbol{X})$，则 $\boldsymbol{A}$ 可逆，且 $\boldsymbol{X}=\boldsymbol{A}^{-1}$. 这种方法就是初等变换法，它为求 $\boldsymbol{A}^{-1}$ 和 $\boldsymbol{A}^{-1}\boldsymbol{B}$ 提供了一种简便的方法.

例 2.4.5 用初等变换法求例 2.4.3 中矩阵 $\boldsymbol{A}$ 的逆矩阵.

解 因为

$$(\boldsymbol{A},\boldsymbol{E})=\left[\begin{array}{ccc:ccc}1&2&3&1&0&0\\2&2&1&0&1&0\\3&4&3&0&0&1\end{array}\right]$$

$$\xrightarrow[r_3-3r_1]{r_2-2r_1}\left[\begin{array}{ccc:ccc}1&2&3&1&0&0\\0&-2&-5&-2&1&0\\0&-2&-6&-3&0&1\end{array}\right]$$

$$\xrightarrow[r_3-r_2]{r_1+r_2}\left[\begin{array}{ccc:ccc}1&0&-2&-1&1&0\\0&-2&-5&-2&1&0\\0&0&-1&-1&-1&1\end{array}\right]$$

$$\xrightarrow[r_2-5r_3]{r_1-2r_3}\left[\begin{array}{ccc|ccc}1&0&0&1&3&-2\\0&-2&0&3&6&-5\\0&0&-1&-1&-1&1\end{array}\right]$$

$$\xrightarrow[r_3\times(-1)]{r_2\div(-2)}\left[\begin{array}{ccc|ccc}1&0&0&1&3&-2\\0&1&0&-3/2&-3&5/2\\0&0&1&1&1&-1\end{array}\right],$$

所以

$$A^{-1}=\begin{bmatrix}1&3&-2\\-3/2&-3&5/2\\1&1&-1\end{bmatrix}.$$

例 2.4.6　求解矩阵方程 $AX=A+2X$,其中

$$A=\begin{bmatrix}2&2&0\\2&1&3\\0&1&0\end{bmatrix}.$$

解　因为 $AX=A+2X$，$(A-2E)X=A$,且

$$(A-2E,A)=\left[\begin{array}{ccc|ccc}0&2&0&2&2&0\\2&-1&3&2&1&3\\0&1&-2&0&1&0\end{array}\right]\xrightarrow[r_2+r_3]{r_1-2r_3}\left[\begin{array}{ccc|ccc}0&0&4&2&0&0\\2&0&1&2&2&3\\0&1&-2&0&1&0\end{array}\right]$$

$$\xrightarrow[\substack{r_2\leftrightarrow r_3\\ r_3\div 4}]{r_1\leftrightarrow r_2}\left[\begin{array}{ccc|ccc}2&0&1&2&2&3\\0&1&-2&0&1&0\\0&0&1&1/2&0&0\end{array}\right]\xrightarrow[r_2+2r_3]{r_1-r_3}\left[\begin{array}{ccc|ccc}2&0&0&3/2&2&3\\0&1&0&1&1&0\\0&0&1&1/2&0&0\end{array}\right]$$

$$\xrightarrow{r_1\div 2}\left[\begin{array}{ccc|ccc}1&0&0&3/4&1&3/2\\0&1&0&1&1&0\\0&0&1&1/2&0&0\end{array}\right],$$

所以，$A-2E\xrightarrow{r}E$, $A-2E$ 可逆，且

$$X=(A-2E)^{-1}A=\begin{bmatrix}3/4&1&3/2\\1&1&0\\1/2&0&0\end{bmatrix}.$$

以上介绍了用初等行变换的方法求解矩阵方程 $\boldsymbol{AX}=\boldsymbol{B}$. 类似地，若 $\boldsymbol{YA}=\boldsymbol{C}$，且 $\boldsymbol{A}$ 可逆，则 $\boldsymbol{Y}=\boldsymbol{CA}^{-1}$. 对于 $\boldsymbol{CA}^{-1}$ 的计算，可通过对矩阵作初等列变换使

$$\begin{bmatrix}\boldsymbol{A}\\ \boldsymbol{C}\end{bmatrix}\xrightarrow{c}\begin{bmatrix}\boldsymbol{E}\\ \boldsymbol{CA}^{-1}\end{bmatrix}.$$

但是，通常人们都习惯用初等行变换进行计算. 注意到 $\boldsymbol{YA}=\boldsymbol{C}$ 当且仅当 $\boldsymbol{A}^{\mathrm{T}}\boldsymbol{Y}^{\mathrm{T}}=\boldsymbol{C}^{\mathrm{T}}$，我们可以通过作初等行变换使

$$(\boldsymbol{A}^{\mathrm{T}},\boldsymbol{C}^{\mathrm{T}})\xrightarrow{r}(\boldsymbol{E},(\boldsymbol{A}^{\mathrm{T}})^{-1}\boldsymbol{C}^{\mathrm{T}})$$

来求得 $\boldsymbol{Y}^{\mathrm{T}}=(\boldsymbol{A}^{\mathrm{T}})^{-1}\boldsymbol{C}^{\mathrm{T}}$，进而得到 $\boldsymbol{Y}$.

习　题　2.4

1. 求下列各矩阵的逆矩阵.

(1) $\begin{bmatrix}1&3\\2&5\end{bmatrix}$；　(2) $\begin{bmatrix}1&2&-1\\3&4&-2\\5&-4&1\end{bmatrix}$；

(3) $\begin{bmatrix}1&1&1&1\\1&1&-1&-1\\1&-1&1&-1\\1&-1&-1&1\end{bmatrix}$；　(4) $\begin{bmatrix}1&2&3&4\\2&3&1&2\\1&1&-1&-1\\1&0&2&2\end{bmatrix}$；

(5) $\begin{bmatrix}1&1&1&1&1\\0&1&1&1&1\\0&0&1&1&1\\0&0&0&1&1\\0&0&0&0&1\end{bmatrix}$；　(6) $\begin{bmatrix}2&1&0&0&0\\0&2&1&0&0\\0&0&2&1&0\\0&0&0&2&1\\0&0&0&0&2\end{bmatrix}$；

(7) $\begin{bmatrix}a_1&&&\\&a_2&&\\&&\ddots&\\&&&a_n\end{bmatrix}$，其中 $a_i\neq0\ (i=1,2,\cdots,n)$；　(8) $\begin{bmatrix}0&a_1&0&\cdots&0&0\\0&0&a_2&\cdots&0&0\\\vdots&\vdots&\vdots&&\vdots&\vdots\\0&0&0&\cdots&0&a_{n-1}\\a_n&0&0&\cdots&0&0\end{bmatrix}$.

2. 已知 $\boldsymbol{AXB}=\boldsymbol{C}$，其中

$$\boldsymbol{A}=\begin{bmatrix}1&2&3\\2&2&1\\3&4&3\end{bmatrix},\quad \boldsymbol{B}=\begin{bmatrix}2&1\\5&3\end{bmatrix},\quad \boldsymbol{C}=\begin{bmatrix}1&3\\2&0\\3&1\end{bmatrix}.$$

求矩阵 $\boldsymbol{X}$.

3. 设 $\boldsymbol{A}$ 是 n 阶方阵，$\boldsymbol{A}^m=\boldsymbol{O}$ (m 为自然数)，证明：

(1) $\boldsymbol{A}$ 不是可逆矩阵；

(2) $\boldsymbol{E}-\boldsymbol{A}$ 是可逆矩阵，且 $(\boldsymbol{E}-\boldsymbol{A})^{-1}=\boldsymbol{E}+\boldsymbol{A}+\boldsymbol{A}^2+\cdots+\boldsymbol{A}^{m-1}$.

4. 验证可逆矩阵性质(2)：当 $\boldsymbol{A}$ 可逆时，$\boldsymbol{A}^{\mathrm{T}}$ 也可逆，且 $(\boldsymbol{A}^{\mathrm{T}})^{-1}=(\boldsymbol{A}^{-1})^{\mathrm{T}}$.

5. 设 n 阶方阵 $\boldsymbol{A}$ 与 $\boldsymbol{B}$ 满足 $\boldsymbol{A}+\boldsymbol{B}=\boldsymbol{AB}$，求证 $\boldsymbol{A}-\boldsymbol{E}$ 可逆，并求之.

6. 设方阵 $\boldsymbol{A}$ 满足 $\boldsymbol{A}^2-\boldsymbol{A}-2\boldsymbol{E}=\boldsymbol{O}$, 证明 $\boldsymbol{A}$ 和 $\boldsymbol{A}+2\boldsymbol{E}$ 都可逆，并求 $\boldsymbol{A}^{-1}$ 和 $(\boldsymbol{A}+2\boldsymbol{E})^{-1}$.

7. 设 $\boldsymbol{A}$ 是三阶方阵，$|\boldsymbol{A}|=1/2$ ，求 $|2\boldsymbol{A}^{-1}|$, $|\boldsymbol{A}^*|$, $|(3\boldsymbol{A})^{-1}-2\boldsymbol{A}^*|$.

8. 设

$$\boldsymbol{A}=\begin{bmatrix}-8 & 2 & -2\\ 2 & x & -4\\ -2 & -4 & x\end{bmatrix},$$

判断当 x 为何值时 $\boldsymbol{A}$ 不可逆.

9. (1) 设 $\boldsymbol{A}=\begin{bmatrix}1 & -1 & 0\\ 0 & 1 & -1\\ -1 & 0 & 1\end{bmatrix}$, $\boldsymbol{AX}=2\boldsymbol{X}+\boldsymbol{A}$, 求 $\boldsymbol{X}$.

(2) 设 $\boldsymbol{A}=\begin{bmatrix}0 & 2 & 1\\ 2 & -1 & 3\\ -3 & 3 & -4\end{bmatrix}$, $\boldsymbol{B}=\begin{bmatrix}1 & 2 & 3\\ 2 & -3 & 1\end{bmatrix}$, 求 $\boldsymbol{X}$，使 $\boldsymbol{XA}=\boldsymbol{B}$.

2.5 矩阵的分块运算

2.5.1 矩阵分块的概念

矩阵的分块是处理行数和列数较多的“大矩阵”运算时采用的一种手段. 所谓“分块”就是用贯穿行的若干条纵直线和贯穿列的若干条横直线，把一个大矩阵分成若干小“块”，每一块都是一个行数和列数较少的“小矩阵”，称为原矩阵的**子块**，也称作**子矩阵**，从而可以将原矩阵看作以这些子块为元素的矩阵，称为**分块矩阵**. 例如

$$\boldsymbol{A}=\left[\begin{array}{cc:ccc}1 & 0 & 3 & 2 & 5\\ -1 & 2 & 0 & 1 & 2\\ \hdashline -2 & 4 & 1 & 1 & 0\\ -1 & 1 & 5 & 3 & 2\end{array}\right]=\begin{bmatrix}\boldsymbol{A}_{11} & \boldsymbol{A}_{12}\\ \boldsymbol{A}_{21} & \boldsymbol{A}_{22}\end{bmatrix},$$

其中 $\boldsymbol{A}_{11}=\begin{bmatrix}1 & 0\\ -1 & 2\end{bmatrix}$，$\boldsymbol{A}_{12}=\begin{bmatrix}3 & 2 & 5\\ 0 & 1 & 2\end{bmatrix}$，$\boldsymbol{A}_{21}=\begin{bmatrix}-2 & 4\\ -1 & 1\end{bmatrix}$，$\boldsymbol{A}_{22}=\begin{bmatrix}1 & 1 & 0\\ 5 & 3 & 2\end{bmatrix}$.

矩阵分块的方法有很多，在应用时，可以根据需要及矩阵特点而分块. 分块矩阵的运算法则和一般矩阵的运算法则类似.

2.5.2 分块矩阵的运算

1. 分块矩阵的加法

设矩阵 $\boldsymbol{A}$ 和 $\boldsymbol{B}$ 是同型矩阵，采用相同的分块法，分别记为

$$\boldsymbol{A}=\begin{bmatrix}\boldsymbol{A}_{11} & \boldsymbol{A}_{12} & \cdots & \boldsymbol{A}_{1r}\\ \boldsymbol{A}_{21} & \boldsymbol{A}_{22} & \cdots & \boldsymbol{A}_{2r}\\ \vdots & \vdots & & \vdots\\ \boldsymbol{A}_{s1} & \boldsymbol{A}_{s2} & \cdots & \boldsymbol{A}_{sr}\end{bmatrix},\quad \boldsymbol{B}=\begin{bmatrix}\boldsymbol{B}_{11} & \boldsymbol{B}_{12} & \cdots & \boldsymbol{B}_{1r}\\ \boldsymbol{B}_{21} & \boldsymbol{B}_{22} & \cdots & \boldsymbol{B}_{2r}\\ \vdots & \vdots & & \vdots\\ \boldsymbol{B}_{s1} & \boldsymbol{B}_{s2} & \cdots & \boldsymbol{B}_{sr}\end{bmatrix},$$

则

$$\boldsymbol{A}+\boldsymbol{B}=\begin{bmatrix}\boldsymbol{A}_{11}+\boldsymbol{B}_{11} & \boldsymbol{A}_{12}+\boldsymbol{B}_{12} & \cdots & \boldsymbol{A}_{1r}+\boldsymbol{B}_{1r}\\ \boldsymbol{A}_{21}+\boldsymbol{B}_{21} & \boldsymbol{A}_{22}+\boldsymbol{B}_{22} & \cdots & \boldsymbol{A}_{2r}+\boldsymbol{B}_{2r}\\ \vdots & \vdots & & \vdots\\ \boldsymbol{A}_{s1}+\boldsymbol{B}_{s1} & \boldsymbol{A}_{s2}+\boldsymbol{B}_{s2} & \cdots & \boldsymbol{A}_{sr}+\boldsymbol{B}_{sr}\end{bmatrix}.$$

2. 分块矩阵的数乘

设 $\boldsymbol{A}$ 是如上形式的一个分块矩阵，k 是一个常数，则

$$k\boldsymbol{A}=\begin{bmatrix}k\boldsymbol{A}_{11} & k\boldsymbol{A}_{12} & \cdots & k\boldsymbol{A}_{1r}\\ k\boldsymbol{A}_{21} & k\boldsymbol{A}_{22} & \cdots & k\boldsymbol{A}_{2r}\\ \vdots & \vdots & & \vdots\\ k\boldsymbol{A}_{s1} & k\boldsymbol{A}_{s2} & \cdots & k\boldsymbol{A}_{sr}\end{bmatrix},\quad \boldsymbol{A}^{\mathrm{T}}=\begin{bmatrix}\boldsymbol{A}_{11}^{\mathrm{T}} & \boldsymbol{A}_{21}^{\mathrm{T}} & \cdots & \boldsymbol{A}_{s1}^{\mathrm{T}}\\ \boldsymbol{A}_{12}^{\mathrm{T}} & \boldsymbol{A}_{22}^{\mathrm{T}} & \cdots & \boldsymbol{A}_{s2}^{\mathrm{T}}\\ \vdots & \vdots & & \vdots\\ \boldsymbol{A}_{1r}^{\mathrm{T}} & \boldsymbol{A}_{2r}^{\mathrm{T}} & \cdots & \boldsymbol{A}_{sr}^{\mathrm{T}}\end{bmatrix}.$$

3. 分块矩阵的乘法

设 $\boldsymbol{A}$ 为 $m\times l$ 矩阵，$\boldsymbol{B}$ 为 $l\times n$ 矩阵，分块后分别记为

$$\boldsymbol{A}=\begin{bmatrix}\boldsymbol{A}_{11} & \boldsymbol{A}_{12} & \cdots & \boldsymbol{A}_{1r}\\ \boldsymbol{A}_{21} & \boldsymbol{A}_{22} & \cdots & \boldsymbol{A}_{2r}\\ \vdots & \vdots & & \vdots\\ \boldsymbol{A}_{s1} & \boldsymbol{A}_{s2} & \cdots & \boldsymbol{A}_{sr}\end{bmatrix},\quad \boldsymbol{B}=\begin{bmatrix}\boldsymbol{B}_{11} & \boldsymbol{B}_{12} & \cdots & \boldsymbol{B}_{1t}\\ \boldsymbol{B}_{21} & \boldsymbol{B}_{22} & \cdots & \boldsymbol{B}_{2t}\\ \vdots & \vdots & & \vdots\\ \boldsymbol{B}_{r1} & \boldsymbol{B}_{r2} & \cdots & \boldsymbol{B}_{rt}\end{bmatrix},$$

其中 $A_{i1}, A_{i2}, \cdots, A_{ir}(i=1,2,\cdots,s)$ 的列数分别等于 $B_{1j}, B_{2j}, \cdots, B_{rj}(j=1,2,\cdots,t)$ 的行数，则 A 与 B 的乘积是一个 s 行 t 列的分块矩阵

$$AB=(C_{ij})_{s\times t},$$

其中

$$C_{ij}=A_{i1}B_{1j}+A_{i2}B_{2j}+\cdots+A_{ir}B_{rj}=\sum_{k=1}^{r}A_{ik}B_{kj},\quad i=1,2,\cdots,s;\quad j=1,2,\cdots,t.$$

例 2.5.1　用矩阵的分块运算方法求 AB，其中

$$A=\begin{bmatrix}1&0&0&0\\0&1&0&0\\-1&2&1&0\\1&1&0&1\end{bmatrix},\quad B=\begin{bmatrix}1&0&1&0\\-1&2&0&1\\1&0&4&1\\-1&-1&2&0\end{bmatrix}.$$

解　首先对 A, B 分别作如下分块：

$$A=\left[\begin{array}{cc:cc}1&0&0&0\\0&1&0&0\\\hdashline -1&2&1&0\\1&1&0&1\end{array}\right]=\begin{bmatrix}E&O\\A_{21}&E\end{bmatrix},\quad B=\left[\begin{array}{cc:cc}1&0&1&0\\-1&2&0&1\\\hdashline 1&0&4&1\\-1&-1&2&0\end{array}\right]=\begin{bmatrix}B_{11}&E\\B_{21}&B_{22}\end{bmatrix},$$

其中 $A_{21}=\begin{bmatrix}-1&2\\1&1\end{bmatrix}$, $B_{11}=\begin{bmatrix}1&0\\-1&2\end{bmatrix}$, $B_{21}=\begin{bmatrix}1&0\\-1&-1\end{bmatrix}$, $B_{22}=\begin{bmatrix}4&1\\2&0\end{bmatrix}$, O 为二阶零矩阵, E 为二阶单位矩阵，则

$$AB=\begin{bmatrix}B_{11}&E\\A_{21}B_{11}+B_{21}&A_{21}+B_{22}\end{bmatrix},$$

$$A_{21}B_{11}+B_{21}=\begin{bmatrix}-1&2\\1&1\end{bmatrix}\begin{bmatrix}1&0\\-1&2\end{bmatrix}+\begin{bmatrix}1&0\\-1&-1\end{bmatrix}=\begin{bmatrix}-2&4\\-1&1\end{bmatrix},$$

$$A_{21}+B_{22}=\begin{bmatrix}-1&2\\1&1\end{bmatrix}+\begin{bmatrix}4&1\\2&0\end{bmatrix}=\begin{bmatrix}3&3\\3&1\end{bmatrix},$$

于是有

$$AB=\begin{bmatrix}1&0&1&0\\-1&2&0&1\\-2&4&3&3\\-1&1&3&1\end{bmatrix}.$$

在使用矩阵分块时，通常要注意以下两点.

首先，矩阵分块的原则，是要保持分块后的各种运算有意义. 因此在进行加法分块运算时，加号前后两个矩阵的分块需保持一致；在进行乘法分块运算时，左因子的列分法和右因子的行分法需保持一致.

其次，对矩阵进行分块，将高阶矩阵运算转化为低阶矩阵运算，其目的是简化运算. 这就要求分块时，要突出矩阵的结构特点. 例如，将其分为分块三角形、对角形或突出零矩阵、单位矩阵的作用，这样才能达到简化运算的目的.

2.5.3 准对角矩阵

设 $\boldsymbol{A}$ 为 n 阶矩阵. 若 $\boldsymbol{A}$ 能够分成只在对角线上有非零子块，且这些子块都是方阵，而其余子块都为零矩阵的分块矩阵，则称 $\boldsymbol{A}$ 为**准对角矩阵**，其一般形式为

$$\boldsymbol{A}=\begin{bmatrix}\boldsymbol{A}_1 & & & \\ & \boldsymbol{A}_2 & & \\ & & \ddots & \\ & & & \boldsymbol{A}_s\end{bmatrix},$$

其中 $\boldsymbol{A}_i$ 是 $n_i\ (i=1,2,\cdots,s)$阶方阵，对角线以外未写出的元素均为零. 显然对角矩阵是特殊的准对角矩阵. 不难验证，具有同样分法的同阶分块准对角矩阵的和、差、积仍是同类型的同阶分块准对角矩阵.

对于上述的准对角矩阵，有

$$|\boldsymbol{A}|=|\boldsymbol{A}_1|\times|\boldsymbol{A}_2|\times\cdots\times|\boldsymbol{A}_s|.$$

$\boldsymbol{A}$ 可逆当且仅当每一个 $\boldsymbol{A}_i\ (i=1,2,\cdots,s)$可逆，且当 $\boldsymbol{A}$ 可逆时

$$\boldsymbol{A}^{-1}=\begin{bmatrix}\boldsymbol{A}_1^{-1} & & & \\ & \boldsymbol{A}_2^{-1} & & \\ & & \ddots & \\ & & & \boldsymbol{A}_s^{-1}\end{bmatrix}.$$

例 2.5.2 设

$$\boldsymbol{A}=\begin{bmatrix}1&2&0&0&0\\2&3&0&0&0\\0&0&4&1&0\\0&0&0&1&4\\0&0&0&0&1\end{bmatrix},$$

求 $\boldsymbol{A}^{-1}$.

解 对 $\boldsymbol{A}$ 用下述虚线分块可以看出它是准对角矩阵.

$$\boldsymbol{A}=\left[\begin{array}{cc:ccc}1&2&0&0&0\\2&3&0&0&0\\\hdashline 0&0&4&1&0\\0&0&0&1&4\\0&0&0&0&1\end{array}\right]=\begin{bmatrix}\boldsymbol{A}_1&\boldsymbol{O}\\\boldsymbol{O}&\boldsymbol{A}_2\end{bmatrix},$$

其中

$$\boldsymbol{A}_1=\begin{bmatrix}1&2\\2&3\end{bmatrix},\quad \boldsymbol{A}_2=\begin{bmatrix}4&1&0\\0&1&4\\0&0&1\end{bmatrix}$$

均为可逆矩阵，且

$$\boldsymbol{A}_1^{-1}=\begin{bmatrix}-3&2\\2&-1\end{bmatrix},\quad \boldsymbol{A}_2^{-1}=\begin{bmatrix}1/4&-1/4&1\\0&1&-4\\0&0&1\end{bmatrix},$$

从而有

$$\boldsymbol{A}^{-1}=\begin{bmatrix}\boldsymbol{A}_1^{-1}&\\&\boldsymbol{A}_2^{-1}\end{bmatrix}=\begin{bmatrix}-3&2&0&0&0\\2&-1&0&0&0\\0&0&1/4&-1/4&1\\0&0&0&1&-4\\0&0&0&0&1\end{bmatrix}.$$

进一步，形如

$$\boldsymbol{J}=\begin{bmatrix}\boldsymbol{J}_1&&&\\&\boldsymbol{J}_2&&\\&&\ddots&\\&&&\boldsymbol{J}_s\end{bmatrix}$$

的准对角矩阵，称为一个**若尔当矩阵**，其中

$$\boldsymbol{J}_i=\begin{bmatrix}\lambda_i&1&&&\\&\lambda_i&1&&\\&&\ddots&\ddots&\\&&&\lambda_i&1\\&&&&\lambda_i\end{bmatrix}_{n_i},\quad i=1,2,\cdots,s.$$

例 2.5.3 设 $\boldsymbol{A}^{\mathrm{T}}\boldsymbol{A}=\boldsymbol{O}$, 证明 $\boldsymbol{A}=\boldsymbol{O}$.

证 设 $\boldsymbol{A}=(a_{ij})_{m\times n}$，把 $\boldsymbol{A}$ 按列分块，记 $\boldsymbol{A}=[\boldsymbol{a}_1,\boldsymbol{a}_2,\cdots,\boldsymbol{a}_n]$, 则

$$\boldsymbol{A}^{\mathrm{T}}\boldsymbol{A}=\begin{bmatrix}\boldsymbol{a}_1^{\mathrm{T}}\\ \boldsymbol{a}_2^{\mathrm{T}}\\ \vdots\\ \boldsymbol{a}_n^{\mathrm{T}}\end{bmatrix}[\boldsymbol{a}_1,\boldsymbol{a}_2,\cdots,\boldsymbol{a}_n]=\begin{bmatrix}\boldsymbol{a}_1^{\mathrm{T}}\boldsymbol{a}_1 & \boldsymbol{a}_1^{\mathrm{T}}\boldsymbol{a}_2 & \cdots & \boldsymbol{a}_1^{\mathrm{T}}\boldsymbol{a}_n\\ \boldsymbol{a}_2^{\mathrm{T}}\boldsymbol{a}_1 & \boldsymbol{a}_2^{\mathrm{T}}\boldsymbol{a}_2 & \cdots & \boldsymbol{a}_2^{\mathrm{T}}\boldsymbol{a}_n\\ \vdots & \vdots & & \vdots\\ \boldsymbol{a}_n^{\mathrm{T}}\boldsymbol{a}_1 & \boldsymbol{a}_n^{\mathrm{T}}\boldsymbol{a}_2 & \cdots & \boldsymbol{a}_n^{\mathrm{T}}\boldsymbol{a}_n\end{bmatrix},$$

因 $\boldsymbol{A}^{\mathrm{T}}\boldsymbol{A}=\boldsymbol{O}$, 所以,

$$\boldsymbol{a}_i^{\mathrm{T}}\boldsymbol{a}_j=0 \quad (i,j=1,2,\cdots,n).$$

特别地，$\boldsymbol{a}_i^{\mathrm{T}}\boldsymbol{a}_i=0\ (i=1,2,\cdots,n)$，即

$$\boldsymbol{a}_i^{\mathrm{T}}\boldsymbol{a}_i=[a_{1i},a_{2i},\cdots,a_{mi}]\begin{bmatrix}a_{1i}\\ a_{2i}\\ \vdots\\ a_{mi}\end{bmatrix}=a_{1i}^2+a_{2i}^2+\cdots+a_{mi}^2=0,$$

故 $a_{1i}=a_{2i}=\cdots=a_{mi}=0\ (i=1,2,\cdots,n)$，即 $\boldsymbol{A}=\boldsymbol{O}$.

习 题 2.5

1. 设

$$\boldsymbol{A}=\begin{bmatrix}3 & 1 & -1 & 0 & 0\\ 2 & 0 & 4 & 0 & 0\\ -1 & 0 & 2 & 0 & 0\\ 0 & 0 & 0 & 1 & 0\\ 0 & 0 & 0 & 0 & 1\end{bmatrix},\quad \boldsymbol{B}=\begin{bmatrix}2 & -1 & 1 & 0 & 0\\ 1 & -1 & 2 & 0 & 0\\ 1 & 1 & 3 & 0 & 0\\ -1 & 3 & 0 & 1 & 2\\ 0 & 1 & 3 & 2 & 1\end{bmatrix},$$

对 $\boldsymbol{A}, \boldsymbol{B}$ 作适当分块后求 $\boldsymbol{AB}$.

2. 某村村民为发展经济，准备开发培育三种水果新品种. 为此他们请教了有关专家并做了广泛的市场调查，在了解到未来一段时间，这些新品种在不同地区可能达到的销售单价以及不同地区各类人群的需要量、不同地区各类人群的消费数量，将所了解到的数据用表 2.5～表 2.7 表示.

表 2.5 不同地区的销售单价 （单位：元/千克）

	地区 1	地区 2
品种 1	1.5	1.7
品种 2	2.0	1.9
品种 3	1.3	1.0

表 2.6　不同地区各类人群的需要量　　　　（单位：元/千克）

	品种 1	品种 2	品种 3
人群甲	5	10	3
人群乙	4	5	5

表 2.7　不同地区各类人群消费数量预测值　　　　（单位：元/千克）

	人群甲	人群乙
地区 1	1000	500
地区 2	1000	1000

将三个表中的数字构成的矩阵依次记为 $\boldsymbol{A}, \boldsymbol{B}, \boldsymbol{C}$.

(1) 求出一个矩阵，它能给出每个地区每类人群购买新品种水果的费用是多少；

(2) 求出一个矩阵，它能确定在每个地区每种水果的消费数量是多少.

2.6　矩阵的秩

2.6.1　秩的概念

矩阵的秩是反映矩阵性质的一个十分重要的数量指标，它与矩阵的初等变换以及以后将要学习的向量组的秩有密切关系.

定义 2.11　在一个 $m\times n$ 矩阵 $\boldsymbol{A}=(a_{ij})_{m\times n}$ 中，任取 k 行 k 列 $(1\leqslant k\leqslant \min\{m,n\})$，位于这些行列交叉点处的 k^2 个元素，不改变它们在 $\boldsymbol{A}$ 中的位置关系，构成一个 k 阶行列式，称为矩阵 $\boldsymbol{A}$ 的一个 **k 阶子式**.

例如，设矩阵

$$\boldsymbol{A}=\begin{bmatrix}2 & 0 & -1 & 3 & 5\\ 0 & -5 & 4 & 1 & 2\\ 0 & 0 & 0 & 7 & -3\\ 0 & 0 & 0 & 0 & 0\end{bmatrix},$$

先取它的第 1, 3 两行，然后再分别取它的第 1, 2 两列和第 1, 5 两列，可以分别得到 $\boldsymbol{A}$ 的两个二阶子式，它们是

$$D_1=\begin{vmatrix}2 & 0\\ 0 & 0\end{vmatrix},\quad D_2=\begin{vmatrix}2 & 5\\ 0 & -3\end{vmatrix}.$$

又如，先取它的第 1, 3, 5 列，再分别取它的第 1, 2, 4 行和第 1, 2, 3 行，可以分别构成 $\boldsymbol{A}$ 的两个三阶子式，它们是

$$D_3=\begin{vmatrix}2&-1&5\\0&4&2\\0&0&0\end{vmatrix},\quad D_4=\begin{vmatrix}2&-1&5\\0&4&2\\0&0&-3\end{vmatrix}.$$

不难看出，对任意矩阵 $\boldsymbol{A}_{m\times n}$，它的 k $(1\leqslant k\leqslant\min\{m,n\})$ 阶子式的个数是 $\mathrm{C}_m^k\mathrm{C}_n^k$，容易看到，$\boldsymbol{A}$ 的子式可以为 0，也可以不为 0. 比如，在上面例子中，其 4 阶子式明显都是零，但其三阶子式 $D_4=-24$ 就不是零. 这样数字“3”对矩阵 $\boldsymbol{A}$ 就有一个特殊意义：它是 $\boldsymbol{A}$ **中不为 0 的子式的最高阶数**，这就是我们将要学习的矩阵 $\boldsymbol{A}$ 的“秩”.

定义 2.12 设非零矩阵 $\boldsymbol{A}$ 中有一个 r 阶子式 D_r 不为零，且 $\boldsymbol{A}$ 中所有 $r+1$ 阶子式(如果还有的话)均为零，则 D_r 为矩阵 $\boldsymbol{A}$ 的一个最高阶非零子式，D_r 的阶数 r 称为矩阵 $\boldsymbol{A}$ 的**秩**，记作 $R(\boldsymbol{A})=r$. 零矩阵的秩定义为 0.

2.6.2 基本性质

由定义可知，矩阵 $\boldsymbol{A}_{m\times n}$ 的秩具有如下性质.

(1) $0\leqslant R(\boldsymbol{A})\leqslant\min\{m,n\}$，并且 $\boldsymbol{A}$ 为零矩阵当且仅当 $R(\boldsymbol{A})=0$.

(2) 矩阵 $\boldsymbol{A}$ 的任意一个子块的秩不超过 $\boldsymbol{A}$ 的秩.

(3) $R(\boldsymbol{A}^{\mathrm{T}})=R(\boldsymbol{A})$. 这是因为 $\boldsymbol{A}^{\mathrm{T}}$ 的子式与 $\boldsymbol{A}$ 的对应子式相等.

(4) 行阶梯形矩阵的秩等于其非零行的个数.

设 $\boldsymbol{A}$ 是一个 n 阶方阵，其最高阶子式，即 n 阶子式只有一个，就是 $|\boldsymbol{A}|$. 当 $|\boldsymbol{A}|\neq 0$ 时，$R(\boldsymbol{A})=n$，此时称可逆矩阵 $\boldsymbol{A}$ 为**满秩矩阵**或**非奇异矩阵**；当 $|\boldsymbol{A}|=0$ 时，称 $\boldsymbol{A}$ 为**降秩矩阵**或**奇异矩阵**.

n 阶矩阵 $\boldsymbol{A}$ 可逆 $\Leftrightarrow\boldsymbol{A}$ 的等价标准形为 $\boldsymbol{E}\Leftrightarrow\boldsymbol{A}$ 的秩为 n.

由定义可以看出，要求矩阵的秩，必须从其最高阶子式算起，直至找到第一个非零子式，这显然是相当麻烦的. 下面给出一种简单的计算方法.

由初等变换的定义及行列式的性质可知，初等变换不改变矩阵的秩. 因此一个矩阵的秩与其等价标准形的秩是一样的，所以矩阵的秩恰好就是它的等价标准形中 1 的个数，亦即与它等价的阶梯形矩阵中非零行的个数. 这一事实可表述如下.

定理 2.4 等价矩阵的秩相等，即若 $\boldsymbol{A}\sim\boldsymbol{B}\Rightarrow R(\boldsymbol{A})=R(\boldsymbol{B})$.

根据此定理，求矩阵的秩时，只需要通过初等变换将矩阵变换为行阶梯形矩阵，其非零行数即为矩阵的秩.

例 2.6.1 用定理 2.4 求矩阵 $\boldsymbol{A}$ 的秩，其中

$$A=\begin{bmatrix}0&1&2&-2\\2&-1&5&3\\2&0&7&1\end{bmatrix}.$$

解
$$A=\begin{bmatrix}0&1&2&-2\\2&-1&5&3\\2&0&7&1\end{bmatrix}\xrightarrow{r_1\leftrightarrow r_3}\begin{bmatrix}2&0&7&1\\2&-1&5&3\\0&1&2&-2\end{bmatrix}$$

$$\xrightarrow{r_2-r_1}\begin{bmatrix}2&0&7&1\\0&-1&-2&2\\0&1&2&-2\end{bmatrix}\xrightarrow{r_3+r_2}\begin{bmatrix}2&0&7&1\\0&-1&-2&2\\0&0&0&0\end{bmatrix}=B.$$

由于与A等价的行阶梯形矩阵B中有两行不为零，所以$R(A)=2$.

为了便于应用，下面再列出关于矩阵秩的一些性质.

(5) $R(PAQ)=R(A)$，其中A为$m\times n$矩阵，P为m阶可逆矩阵，Q为n阶可逆矩阵；

(6) $\max\{R(A),R(B)\}\leqslant R(A,B)\leqslant R(A)+R(B)$；

(7) $R(A+B)\leqslant R(A)+R(B)$；

(8) $R(AB)\leqslant \min\{R(A),R(B)\}$；

(9)若$A_{m\times n}B_{n\times l}=O$，则$R(A)+R(B)\leqslant n$.

习　题　2.6

1. 已知$A=(a_{ij})_{3\times 5}$, $R(A)=2$, 试写出A的等价标准形.

2. 求下列各矩阵的秩.

(1) $\begin{bmatrix}1&3\\2&4\\5&6\end{bmatrix}$；　(2) $\begin{bmatrix}3&2&4\\2&5&1\\2&0&1\end{bmatrix}$；

(3) $\begin{bmatrix}1&7&9&4\\2&0&1&0\\0&1&0&2\end{bmatrix}$；　(4) $\begin{bmatrix}1&1&2&5&7\\1&2&3&7&10\\1&3&4&9&13\\1&4&5&11&16\end{bmatrix}$.

2.7　MATLAB 软件应用

MATLAB 是一个十分有用的数学软件，对于很多数学问题，运用该软件可以比较迅速地直接给出答案. 因此，学会使用该软件将会对数学的实际应用和计算产生很大帮助. 本节将通过两个例子，简单介绍一些最基本的 MATLAB 命令，同时介绍使用 MATLAB 软件解答关于矩阵问题的基本方法，使读者对该软件有初步了解.

2.7.1　矩阵基本命令举例

下面列出的是一些关于矩阵问题的常用基本 MATLAB 命令.

(1) 给出一个矩阵 $\boldsymbol{A}$ 的行数和列数最大值的命令是：`n=length(A)`，即对于一个给定的矩阵 $\boldsymbol{A}$，当在 MATLAB 数学软件环境下输入命令 `n=length(A)` 时，该软件的输出结果就是矩阵 $\boldsymbol{A}$ 的行数和列数的最大值；

(2) 同时给出一个矩阵 $\boldsymbol{A}$ 的行数 m 和列数 n 的命令是：`[m, n]=size(A)`；

(3) 对给定的正整数 n，生成 n 阶单位矩阵的命令是：`eye(n)`；对给定的正整数 m, n，生成 $m\times n$ 单位矩阵的命令是：`eye(m, n)`；其中，$m\times n$ 单位矩阵是指左上角为单位矩阵而其他元素全为 0 的 $m\times n$ 型矩阵；

(4) 对给定的正整数 n，生成 $n\times n$ 型零矩阵的命令是：`zeros(n)`；对给定的正整数 m, n，生成 $m\times n$ 型零矩阵的命令是：`zeros(m, n)`；

(5) 对给定的正整数 n，生成元素全为 1 的 n 阶方阵的命令是：`ones(n)`；

(6) 对一个给定的方阵 $\boldsymbol{A}$，给出 $\boldsymbol{A}$ 的行列式值的命令是：`det(A)`；

(7) 对一个给定的矩阵 $\boldsymbol{A}$，给出 $\boldsymbol{A}$ 的秩的命令是：`rank(A)`；

(8) 对一个给定的可逆矩阵 $\boldsymbol{A}$，生成 $\boldsymbol{A}$ 的逆矩阵 $\boldsymbol{A}^{-1}$ 的命令是：`inv(A)`.

例 2.7.1　如果 $\boldsymbol{A}=\begin{bmatrix}1&2&3\\4&5&6\\7&8&9\end{bmatrix}$，则

输入命令：`n=length(A)`，得到的结果是：$n=3$；

输入命令：`[m, n]=size(A)`，得到的结果是：$m=3$，$n=3$；

输入命令：`eye(n)`，得到的结果是：$\text{ans}=\begin{bmatrix}1&0&0\\0&1&0\\0&0&1\end{bmatrix}$；

输入命令：`eye(m, n)`，得到的结果是：$\text{ans}=\begin{bmatrix}1&0&0\\0&1&0\\0&0&1\end{bmatrix}$；

输入命令：`zeros(n)`，得到的结果是：$\text{ans}=\begin{bmatrix}0&0&0\\0&0&0\\0&0&0\end{bmatrix}$；

输入命令：`zeros(m, n)`，得到的结果是：$ans=\begin{bmatrix}0&0&0\\0&0&0\\0&0&0\end{bmatrix}$；

输入命令：`ones(n)`，得到的结果是：$ans=\begin{bmatrix}1&1&1\\1&1&1\\1&1&1\end{bmatrix}$；

输入命令：`det(A)`，得到的结果是：$ans=0$；

输入命令：`rank(A)`，得到的结果是：$ans=2$.

此外，因为 $\boldsymbol{A}$ 的行列式为 0，所以它没有逆矩阵. 当矩阵 $\boldsymbol{B}$ 有逆矩阵时，输入命令：`inv(B)`，即可得到 $\boldsymbol{B}$ 的逆矩阵.

2.7.2　矩阵运算命令举例

(1)矩阵转置：在 MATLAB 中，矩阵的转置用“'”来生成.

(2)矩阵的加法和减法：对于两个同型矩阵，其加法和减法在 MATLAB 中仍用符号“+”和“-”来给出.

(3)矩阵的数乘和乘法：在 MATLAB 中，数乘和乘法运算都是用符号“*”来给出的.

(4)矩阵的左除和右除：设 $\boldsymbol{A}$ 是可逆矩阵，方程 $\boldsymbol{AX}=\boldsymbol{B}$ 的解是用 $\boldsymbol{A}$ 去左除 $\boldsymbol{B}$，在 MATLAB 中，用 $\boldsymbol{X}=\boldsymbol{A}/\boldsymbol{B}$ 来生成；方程 $\boldsymbol{XA}=\boldsymbol{B}$ 的解是用 $\boldsymbol{A}$ 去右除 $\boldsymbol{B}$，在 MATLAB 中，用 $\boldsymbol{X}=\boldsymbol{B}/\boldsymbol{A}$ 来生成. 注意，如果矩阵 $\boldsymbol{A}$ 和 $\boldsymbol{B}$ 的行列数不符合运算条件，将会产生错误信息.

(5)方阵的乘方：当 k 是整数时，方阵 $\boldsymbol{A}$ 的 k 次幂在 MATLAB 中用 `A^k` 来生成.

例 2.7.2　如果 $\boldsymbol{A}=\begin{bmatrix}1&2&3\\4&4&6\\7&8&9\end{bmatrix}$，$\boldsymbol{B}=\begin{bmatrix}1&0&0\\1&1&0\\0&0&1\end{bmatrix}$，则

输入命令：`A'`，得到 $ans=\begin{bmatrix}1&4&7\\2&4&8\\3&6&9\end{bmatrix}$；

输入命令：`A+B`，得到 $ans=\begin{bmatrix}2&2&3\\5&5&6\\7&8&10\end{bmatrix}$；

输入命令：A-B，得到 $ans=\begin{bmatrix}0&2&3\\3&3&6\\7&8&8\end{bmatrix}$；

输入命令：A*B，得到 $ans=\begin{bmatrix}3&2&3\\8&4&6\\15&8&9\end{bmatrix}$；

输入命令：A\B，得到 $ans=\begin{bmatrix}-0.5000&0.5000&0\\-0.5000&-1.0000&0.5000\\0.8333&0.5000&-0.3333\end{bmatrix}$；

输入命令：B/A，得到 $ans=\begin{bmatrix}-1.0000&0.5000&0\\-0.5000&-0.5000&0.5000\\0.3333&0.5000&-0.3333\end{bmatrix}$；

输入命令：A^2，得到 $ans=\begin{bmatrix}30&34&42\\62&72&90\\102&118&150\end{bmatrix}$.

习 题 2.7

用 MATLAB 软件完成下列矩阵运算.

(1) 已知

$$\boldsymbol{A}=\begin{bmatrix}1&2&4\\3&1&2\\4&1&3\end{bmatrix},\quad \boldsymbol{B}=\begin{bmatrix}7&3&1\\2&3&5\\8&1&6\end{bmatrix},$$

求 $\boldsymbol{AB}-2\boldsymbol{A}$ 及 $\boldsymbol{A}^{\mathrm{T}}\boldsymbol{B}$.

(2) 计算行列式

$$D=\begin{vmatrix}2&-1&0\\1&1&3\\4&2&1\end{vmatrix}.$$

(3) 已知

$$\boldsymbol{A}=\begin{bmatrix}1&1&1&1\\1&1&-1&-1\\1&-1&1&-1\\1&-1&-1&1\end{bmatrix},$$

求 $\boldsymbol{A}^3$，并判断它的逆矩阵是否存在. 如果存在，求出它的逆矩阵.

(4) 已知

$$\boldsymbol{A}=\begin{bmatrix}1&2&3&4\\2&3&1&2\\1&1&1&-1\\1&0&-2&-6\end{bmatrix},$$

求由 $\boldsymbol{A}$ 的第 2 行与第 1, 3, 4 列组成的子矩阵和 $\boldsymbol{A}$ 的第 4 列与第 2, 3, 4 行组成的子矩阵的乘积.

(5) 已知

$$\boldsymbol{A}=\begin{bmatrix}3&1&-1&0&0\\2&4&4&0&0\\-1&2&2&0&0\\0&0&0&5&3\\0&0&0&2&6\end{bmatrix},\quad \boldsymbol{B}=\begin{bmatrix}2&-1&1&0&0\\1&-1&2&0&0\\1&1&3&0&0\\6&3&0&1&2\\0&1&3&2&1\end{bmatrix},$$

求 $(\boldsymbol{A}^{-1}\boldsymbol{B})^{\mathrm{T}}-\boldsymbol{A}$ 和 $|\boldsymbol{A}^{-2}\boldsymbol{B}|$.

(6) 设

$$\boldsymbol{A}=\begin{bmatrix}a&b\\c&d\end{bmatrix},$$

求 $\boldsymbol{A}^{-1}$ 的行列式，并验证 $\left|\boldsymbol{A}^{-1}\right|=\left|\boldsymbol{A}\right|^{-1}$.

(7) 已知

$$\boldsymbol{A}=\begin{bmatrix}a&b\\c&d\end{bmatrix},\quad \boldsymbol{B}=\begin{bmatrix}m&n\\h&t\end{bmatrix},$$

计算 $\boldsymbol{AB}$, $\det(\boldsymbol{AB})$, $\det(\boldsymbol{A})\det(\boldsymbol{B})$，并验证 $\det(\boldsymbol{AB})=\det(\boldsymbol{A})\det(\boldsymbol{B})$.

附 加 题 A

1. 下列结论是否正确，为什么?

(1) 若 $\boldsymbol{A}$ 有两列相等，则 $|\boldsymbol{A}|=0$;

(2) 若 $\boldsymbol{A}^3=\boldsymbol{O}$, 则 $|\boldsymbol{A}|=0$;

(3) 若 $\boldsymbol{A}^3=\boldsymbol{E}$, 则 $|\boldsymbol{A}|=1$;

(4) 若 $\boldsymbol{A}^3=\boldsymbol{A}$, 则 $|\boldsymbol{A}|=0$ 或 $|\boldsymbol{A}|=1$;

(5) 若 $\boldsymbol{AB}\neq\boldsymbol{O}$, 则 $\det\boldsymbol{A}\neq0$ 或 $\det\boldsymbol{B}\neq0$;

(6) 若 $\det(\boldsymbol{AB})=0$, 则 $\det\boldsymbol{A}=0$ 或 $\det\boldsymbol{B}=0$;

(7) 若 $\boldsymbol{P}$ 是初等方阵且 $\boldsymbol{PA}=\boldsymbol{PB}$，则 $\boldsymbol{A}=\boldsymbol{B}$.

2. 请将下列句子补充完整.

(1) 若 $\boldsymbol{X}=[3,1,2]$，则 $\boldsymbol{XX}^{\mathrm{T}}=$______，而 $\boldsymbol{X}^{\mathrm{T}}\boldsymbol{X}=$______.

(2) 若 5 阶方阵 $\boldsymbol{A}$ 能表示成 9 个初等方阵的积，则 $R(\boldsymbol{A})=$______.

(3) 若 $\boldsymbol{A}^6=\boldsymbol{E}$，则 $\boldsymbol{A}^{-1}=$______.

(4) 设 $\boldsymbol{A}$ 是三阶方阵且 $|\boldsymbol{A}|=1$，则 $|3\boldsymbol{A}|=$______.

(5) 若 n 阶方阵满足 $\boldsymbol{A}^{\mathrm{T}}\boldsymbol{A}=\boldsymbol{E}$，则 $\boldsymbol{A}^{-1}=$______.

(6) 将三阶方阵 $\boldsymbol{A}$ 按列分块，记为 $\boldsymbol{A}=(\boldsymbol{\alpha}_1,\boldsymbol{\alpha}_2,\boldsymbol{\alpha}_3)$，$\boldsymbol{B}=(\boldsymbol{\alpha}_1+2\boldsymbol{\alpha}_2,\boldsymbol{\alpha}_2+6\boldsymbol{\alpha}_3,2\boldsymbol{\alpha}_3)$. 若 $\det\boldsymbol{A}=2$，则 $\det\boldsymbol{B}=$______.

3. 请从每个小题的四个选项中选择适当的选项填空.

(1) 下列矩阵一定是方阵的是______.

(a) 非零矩阵　　(b) 可逆矩阵

(c) 阶梯形矩阵　　(d) 方程组的系数矩阵

(2) 若分块矩阵 $\boldsymbol{A}=\begin{bmatrix}\boldsymbol{A}_1 & \boldsymbol{A}_2\\ \boldsymbol{A}_3 & \boldsymbol{A}_4\end{bmatrix}$，则 $\boldsymbol{A}^{\mathrm{T}}=$______.

(a) $\begin{bmatrix}\boldsymbol{A}_1^{\mathrm{T}} & \boldsymbol{A}_2^{\mathrm{T}}\\ \boldsymbol{A}_3^{\mathrm{T}} & \boldsymbol{A}_4^{\mathrm{T}}\end{bmatrix}$　　(b) $\begin{bmatrix}\boldsymbol{A}_1 & \boldsymbol{A}_3\\ \boldsymbol{A}_2 & \boldsymbol{A}_4\end{bmatrix}$

(c) $\begin{bmatrix}\boldsymbol{A}_1^{\mathrm{T}} & \boldsymbol{A}_3\\ \boldsymbol{A}_2 & \boldsymbol{A}_4^{\mathrm{T}}\end{bmatrix}$　　(d) $\begin{bmatrix}\boldsymbol{A}_1^{\mathrm{T}} & \boldsymbol{A}_3^{\mathrm{T}}\\ \boldsymbol{A}_2^{\mathrm{T}} & \boldsymbol{A}_4^{\mathrm{T}}\end{bmatrix}$

(3) 下列矩阵是初等矩阵的是______.

(a) $\begin{bmatrix}1&0&0\\0&1&1\\0&1&0\end{bmatrix}$　　(b) $\begin{bmatrix}1&0&0\\0&0&1\\0&1&0\end{bmatrix}$

(c) $\begin{bmatrix}1&0&1\\0&0&1\\0&1&0\end{bmatrix}$　　(d) $\begin{bmatrix}0&1&0\\0&0&1\\1&1&0\end{bmatrix}$

(4) 设 $\boldsymbol{A},\boldsymbol{B}$ 为同阶方阵，下列等式成立的是______.

(a) $(\boldsymbol{AB})^{-1}=\boldsymbol{B}^{-1}\boldsymbol{A}^{-1}$　　(b) $(\boldsymbol{A}+\boldsymbol{B})^{-1}=\boldsymbol{A}^{-1}+\boldsymbol{B}^{-1}$

(c) $(\boldsymbol{A}+\boldsymbol{B})^{\mathrm{T}}=\boldsymbol{A}^{\mathrm{T}}+\boldsymbol{B}^{\mathrm{T}}$　　(d) $(\boldsymbol{AB})^{\mathrm{T}}=\boldsymbol{A}^{\mathrm{T}}\boldsymbol{B}^{\mathrm{T}}$

附加题 B

1. 设 $\boldsymbol{\alpha}=[1,2,3]$，$\boldsymbol{\beta}=[1,1/2,1/3]$，$\boldsymbol{A}=\boldsymbol{\alpha}^{\mathrm{T}}\boldsymbol{\beta}$，求 $\boldsymbol{A}^n$.

2. 证明：任意 n 阶方阵都可以表示成一个对称矩阵和一个反对称矩阵的和.

3. 已知 $\boldsymbol{AP}=\boldsymbol{PB}$, 其中

$$\boldsymbol{B}=\begin{bmatrix}1&0&0\\0&0&0\\0&0&-1\end{bmatrix},\quad \boldsymbol{P}=\begin{bmatrix}1&0&0\\2&-1&0\\2&1&1\end{bmatrix}.$$

求 $\boldsymbol{A}$ 和 $\boldsymbol{A}^5$.

4. 在三阶实方阵 $\boldsymbol{A}=(a_{ij})_3$ 中，$a_{11}\neq 0$ 且 $a_{ij}=A_{ij}$，这里 A_{ij} 为 $a_{ij}(i,j=1,2,3)$ 在 $|\boldsymbol{A}|$ 中的代数余子式，求 $|\boldsymbol{A}|$.

5. 设 $\boldsymbol{A}=(\boldsymbol{A}_1,\boldsymbol{A}_2,\boldsymbol{A}_3,\boldsymbol{A}_4),\boldsymbol{B}=(\boldsymbol{B}_1,\boldsymbol{B}_2,\boldsymbol{B}_3,\boldsymbol{B}_4)$ 均为4阶按列分块的方阵,其中 $\boldsymbol{A}_1\neq\boldsymbol{B}_1,\boldsymbol{A}_i=\boldsymbol{B}_i\ (i=2,3,4)$, $|\boldsymbol{A}|=4$, $|\boldsymbol{B}|=1$. 求 $|\boldsymbol{A}+\boldsymbol{B}|$.

6. 设 $b\neq 0, a$ 是任意常数，求矩阵 $\boldsymbol{A}=\begin{bmatrix}a&b&b\\b&a&b\\b&b&a\end{bmatrix}$ 的秩.

7. 设 $\boldsymbol{A}$ 是 n 阶方阵, $\boldsymbol{A}^2=2\boldsymbol{E}$, $\boldsymbol{B}=\boldsymbol{A}^2-2\boldsymbol{A}+\boldsymbol{E}$, 证明 $\boldsymbol{B}$ 可逆，并求 $\boldsymbol{B}^{-1}$.

8. 利用可逆矩阵的乘积仍是可逆矩阵，证明：当 $\boldsymbol{A},\boldsymbol{B},\boldsymbol{A}^{-1}+\boldsymbol{B}^{-1}$ 均为可逆方阵时，$\boldsymbol{A}+\boldsymbol{B}$ 亦可逆，并求 $(\boldsymbol{A}+\boldsymbol{B})^{-1}$.

9. 证明：对于 n 阶可逆方阵 $\boldsymbol{A}$,

(1) $|\boldsymbol{A}^*|=|\boldsymbol{A}|^{n-1}$；　　(2) $(\boldsymbol{A}^*)^{-1}=(\boldsymbol{A}^{-1})^*$；

(3) $(\boldsymbol{A}^*)^*=|\boldsymbol{A}|^{n-2}\boldsymbol{A}$；　　(4) 当 $\boldsymbol{A}^k=\boldsymbol{E}$ 时，$(\boldsymbol{A}^*)^k=\boldsymbol{E}$.

10. 设矩阵 $\boldsymbol{A}$ 的伴随矩阵为

$$\boldsymbol{A}^*=\begin{bmatrix}1&0&0&0\\0&1&0&0\\1&0&1&0\\0&-3&0&8\end{bmatrix},$$

且满足 $\boldsymbol{ABA}^{-1}=\boldsymbol{BA}^{-1}+3\boldsymbol{E}$, 求矩阵 $\boldsymbol{B}$.

11. 设 $\boldsymbol{A},\boldsymbol{B}$ 分别是 n_1,n_2 阶可逆矩阵，求

(1) $\begin{bmatrix}\boldsymbol{A}&\boldsymbol{O}\\\boldsymbol{C}&\boldsymbol{B}\end{bmatrix}^{-1}$；　　(2) $\begin{bmatrix}\boldsymbol{O}&\boldsymbol{A}\\\boldsymbol{B}&\boldsymbol{O}\end{bmatrix}^{-1}$.

12. 设 $\boldsymbol{A}$ 是 n 阶方阵，证明存在一个 n 阶可逆矩阵 $\boldsymbol{P}$，使 $\boldsymbol{P}^{-1}\boldsymbol{AP}$ 的后 $n-r$ 行元素全为零.

13. 已知

$$A=\begin{bmatrix}3&1&0&0\\2&1&0&0\\0&0&-1&-3\\0&0&1&0\end{bmatrix},\quad B=\begin{bmatrix}1&1&0&0\\0&1&0&0\\0&0&0&1\\0&0&1&1\end{bmatrix},$$

用分块方法求 $\boldsymbol{AB},\boldsymbol{A}^{-1},\boldsymbol{B}^{-1}$.

14. 证明：对任意同型矩阵 $\boldsymbol{A},\boldsymbol{B}$, $R(\boldsymbol{A}+\boldsymbol{B})\leqslant R(\boldsymbol{A})+R(\boldsymbol{B})$.

15. 设 n 阶矩阵 $\boldsymbol{A}$ 的伴随矩阵为 $\boldsymbol{A}^*$, 证明：当 $|\boldsymbol{A}|=0$ 时，$|\boldsymbol{A}^*|=0$.

延伸阅读　正 n 边形的对称变换

几何学中的旋转变换公式告诉我们，把一个正 n 边形变为自身的对称变换，一定对应一个三阶方阵. 下面以中心在原点，底边与 x 轴平行的 xOy 平面上的正 $\triangle ABC$ 为例，来具体说明这一对应关系(图 2.2).

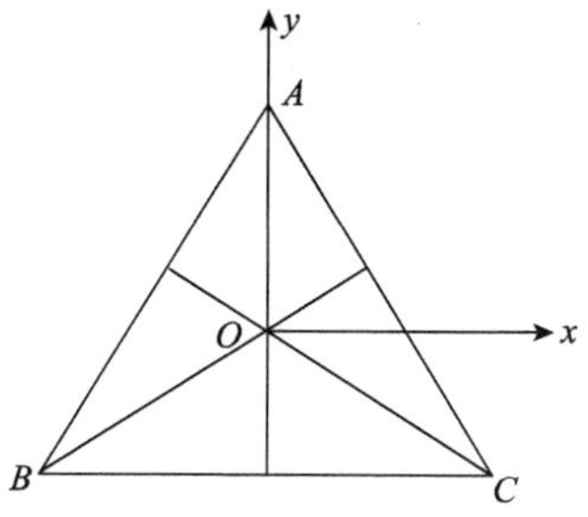

图 2.2

首先，从几何上可以看出，把正 $\triangle ABC$ 变为自身的变换总共有六个，它们分别是绕三个角平分线 OA, OB 和 OC 旋转 180°,以及绕 z 轴沿逆时针方向旋转 120°, 240°和 360°的旋转变换，把它们分别记为 $\boldsymbol{A}_1,\boldsymbol{A}_2,\boldsymbol{A}_3,\boldsymbol{A}_4,\boldsymbol{A}_5$ 和 $\boldsymbol{A}_6$. 其次，利用三维空间的坐标变换可以具体写出这些旋转变换的变换公式. 不难验证它们对应的矩阵依次为

$$\boldsymbol{A}_1=\begin{bmatrix}-1&0&0\\0&1&0\\0&0&1\end{bmatrix},\quad \boldsymbol{A}_2=\begin{bmatrix}1/2&\sqrt{3}/2&0\\\sqrt{3}/2&-1/2&0\\0&0&1\end{bmatrix},\quad \boldsymbol{A}_3=\begin{bmatrix}1/2&-\sqrt{3}/2&0\\-\sqrt{3}/2&-1/2&0\\0&0&1\end{bmatrix},$$

$$\boldsymbol{A}_4=\begin{bmatrix}-1/2&-\sqrt{3}/2&0\\\sqrt{3}/2&-1/2&0\\0&0&1\end{bmatrix},\quad \boldsymbol{A}_5=\begin{bmatrix}-1/2&\sqrt{3}/2&0\\-\sqrt{3}/2&-1/2&0\\0&0&1\end{bmatrix},\quad \boldsymbol{A}_6=\begin{bmatrix}1&0&0\\0&1&0\\0&0&1\end{bmatrix}.$$

进一步，关于这样的变换，还可以做下述简单实验：拿一个正三角形形状的纸片，对它连续作两次上述变换，可以发现其结果还是这样的变换. 从几何理论上看，这也不难理解. 比如，对$\triangle ABC$实施变换$\boldsymbol{A}_1$后再实施变换$\boldsymbol{A}_4$，即先把三角形绕OA轴旋转180°，再绕z轴沿逆时针方向旋转120°，其结果相当于把三角形绕OC轴旋转180°. 继续验证其对应矩阵的乘积，还可看到

$$\boldsymbol{A}_4\boldsymbol{A}_1 = \boldsymbol{A}_3.$$

一般地，有如下普遍成立的事实：把一个正多边形变为自身的对称变换对应一个三阶方阵，对其连续实施两次变换的结果仍是这样的变换，并且，连续实施两次变换的结果对应的矩阵，恰是这两次变换的矩阵之积. 但要注意，先实施的变换，其对应的矩阵在矩阵乘积中必须作为右边的因子.

人们常常通过物质的对称性来研究分子结构，其方法一定程度地依赖于上例中的变换和矩阵间的对应关系. 因此，这一例子在研究分子结构时十分有用.

第 3 章　线性方程组

数学家　克拉默

克拉默(Cramer，1704—1752)是瑞士数学家，早年在日内瓦读书，1724 年在日内瓦加尔文学院任教，1734 年任几何学教授，1750 年任哲学教授. 他专心治学，平易近人，德高望重，先后被选为伦敦皇家学会、柏林研究院，以及法国和意大利等学会的成员.

自1727年起克拉默进行过为期两年的旅行访学. 在巴塞尔同约翰·伯努利和欧拉等交流学习，结为挚友. 后又到英国、荷兰、法国等地拜见许多著名数学家. 回国后，在与这些数学家的长期通信中，克拉默继续加强与他们之间的联系，这为数学宝库留下大量有价值的文献.

克拉默主要著作是在 1750 年出版的《代数曲线的分析引论》. 该著作第一次正式定义了正则、非正则、超越曲线和无理曲线等概念，引入了坐标系的纵轴(y 轴)，然后讨论曲线变换，并依据曲线方程的阶数将曲线进行分类. 为了确定经过 5 个点的一般二次曲线的系数，使用了著名的“克拉默法则”，即由线性方程组的系数确定方程组解的表达式. 该法则虽然是由英国数学家麦克劳林于 1729 年得到并于 1748 年发表的，但正是克拉默的优越符号才使之顺利传承和应用.

线性方程组常常出现在生产实践和科学研究的各个领域，是线性代数课程的基本内容. 本章首先介绍线性方程组的概念，给出线性方程组的解法. 然后，以向量间线性关系的初步讨论为基础，研究线性方程组解的结构. 最后，通过简单介绍向量空间的基本概念，加深对线性方程组及其解的结构的认识和理解.

基本概念 线性方程组及其通解、一般解、基础解系；向量组的线性相关、线性无关、极大线性无关组和秩；向量空间及其基和维数，向量的坐标.

基本运算 求线性方程组解的公式法和初等变换法；求向量组的极大线性无关组和秩；判断一个向量集合是否为向量空间.

基本要求 熟练掌握解线性方程组、求向量组的极大线性无关组和秩的方法；会判断向量间的线性关系；了解向量空间、基、维数、坐标等概念.

3.1 线性方程组的解法

3.1.1 线性方程组的基本概念

设 m 和 n 为正整数，一般地，m 个含有 n 个未知数 $x_1, x_2, \cdots, x_n$ 的线性方程联立

$$\begin{cases} a_{11}x_1 + a_{12}x_2 + \cdots + a_{1n}x_n = b_1, \\ a_{21}x_1 + a_{22}x_2 + \cdots + a_{2n}x_n = b_2, \\ \qquad\cdots\cdots \\ a_{m1}x_1 + a_{m2}x_2 + \cdots + a_{mn}x_n = b_m \end{cases} \tag{3.1}$$

称为**线性方程组**，其中 a_{ij} $(i=1, 2, \cdots, m; j=1, 2, \cdots, n)$ 是第 i 个方程中第 j 个未知数的系数，b_i $(i=1, 2, \cdots, m)$ 是第 i 个方程的常数项. 常数项全部是零的线性方程组称为**齐次线性方程组**，否则称为**非齐次线性方程组**.

如果用常数 $c_1, c_2, \cdots, c_n$ 依次代替线性方程组(3.1)中的未知数 $x_1, x_2, \cdots, x_n$，式(3.1)中的 m 个方程均成为恒等式，则称 $\boldsymbol{X}=[c_1, c_2, \cdots, c_n]^{\mathrm{T}}$ 为方程组(3.1)的一个**解向量**，简称**解**. 方程组(3.1)的全体解向量构成的集合称为它的**解集合**. 解集合相等的两个方程组称为**同解方程组**. 所谓**解线性方程组**就是要确定线性方程组的解集合. 如果一个线性方程组有解，称它是**相容的**；如果无解，称它是**不相容的**. 对于一个齐次线性方程组，$\boldsymbol{X}=\mathbf{0}$ 总是它的一个解，我们称它为方程组的**零解**；齐次线性方程组的分量不全为零的解向量称为它的**非零解**.

根据矩阵乘法和相等的定义，线性方程组(3.1)可以写成矩阵形式

$$\begin{bmatrix} a_{11} & a_{12} & \cdots & a_{1n} \\ a_{21} & a_{22} & \cdots & a_{2n} \\ \vdots & \vdots & & \vdots \\ a_{m1} & a_{m2} & \cdots & a_{mn} \end{bmatrix}\begin{bmatrix} x_1 \\ x_2 \\ \vdots \\ x_n \end{bmatrix}=\begin{bmatrix} b_1 \\ b_2 \\ \vdots \\ b_m \end{bmatrix}$$

或

$$\boldsymbol{AX}=\boldsymbol{b}, \tag{3.2}$$

其中

$$\boldsymbol{A}=\begin{bmatrix} a_{11} & a_{12} & \cdots & a_{1n} \\ a_{21} & a_{22} & \cdots & a_{2n} \\ \vdots & \vdots & & \vdots \\ a_{m1} & a_{m2} & \cdots & a_{mn} \end{bmatrix},\quad \boldsymbol{b}=\begin{bmatrix} b_1 \\ b_2 \\ \vdots \\ b_m \end{bmatrix},\quad \boldsymbol{X}=\begin{bmatrix} x_1 \\ x_2 \\ \vdots \\ x_n \end{bmatrix}.$$

我们称 $\boldsymbol{A}$ 为方程组(3.1)(或(3.2))的**系数矩阵**，$\boldsymbol{B}=(\boldsymbol{A},\boldsymbol{b})$ 为其**增广矩阵**. 将系数矩阵 $\boldsymbol{A}$ 按列分块，记 $\boldsymbol{A}=(\boldsymbol{\alpha}_1,\boldsymbol{\alpha}_2,\cdots,\boldsymbol{\alpha}_n)$，线性方程组(3.1)可以写成向量形式

$$\begin{bmatrix} a_{11} \\ a_{21} \\ \vdots \\ a_{m1} \end{bmatrix}x_1+\begin{bmatrix} a_{12} \\ a_{22} \\ \vdots \\ a_{m2} \end{bmatrix}x_2+\cdots+\begin{bmatrix} a_{1n} \\ a_{2n} \\ \vdots \\ a_{mn} \end{bmatrix}x_n=\begin{bmatrix} b_1 \\ b_2 \\ \vdots \\ b_m \end{bmatrix},$$

即

$$x_1\boldsymbol{\alpha}_1+x_2\boldsymbol{\alpha}_2+\cdots+x_n\boldsymbol{\alpha}_n=\boldsymbol{b}, \tag{3.3}$$

其中 $\boldsymbol{\alpha}_j=[a_{1j},a_{2j},\cdots,a_{mj}]^{\mathrm{T}}, j=1,2,\cdots,n.$ 将系数矩阵按行分块，记

$$\boldsymbol{A}=(\boldsymbol{\alpha}_1',\boldsymbol{\alpha}_2',\cdots,\boldsymbol{\alpha}_m')^{\mathrm{T}}.$$

线性方程组(3.1)还可以写成矩阵方程组

$$\boldsymbol{\alpha}_i'\boldsymbol{X}=b_i,\quad i=1,2,\cdots,m \tag{3.4}$$

的形式，其中 $\boldsymbol{\alpha}_i'=[a_{i1},a_{i2},\cdots,a_{in}],\ i=1,2,\cdots,m$.

可以看到，式(3.2)，式(3.3)和式(3.4)都是线性方程组(3.1)的变形. 以后，它们将等同使用而不加区分，并都称为线性方程组或简称线性方程. 显然，线性方程组和它的增广矩阵是一一对应的. 因此可以用矩阵工具来研究线性方程组.

研究线性方程组，主要是解决以下三个问题.

(1) 如何判断一个线性方程组有没有解?

(2)对于有解的方程组，即相容方程组，如何求它的解？

(3)当方程组不止一个解时，它的解与解之间有怎样的关系？

下面逐一来解决这些问题.

3.1.2 克拉默法则——线性方程组的公式解法

在线性方程组(3.1)中，当 $m=n$ 且 $\boldsymbol{A}$ 可逆时，对 $\boldsymbol{AX}=\boldsymbol{b}$ 的两边同时左乘 $\boldsymbol{A}^{-1}$ 可以看到，式(3.1)有且仅有一个解

$$\boldsymbol{X}=\boldsymbol{A}^{-1}\boldsymbol{b}=\frac{1}{|\boldsymbol{A}|}\begin{bmatrix} A_{11} & A_{21} & \cdots & A_{n1} \\ A_{12} & A_{22} & \cdots & A_{n2} \\ \vdots & \vdots & & \vdots \\ A_{1n} & A_{2n} & \cdots & A_{nn} \end{bmatrix}\begin{bmatrix} b_1 \\ b_2 \\ \vdots \\ b_n \end{bmatrix}=\frac{1}{|\boldsymbol{A}|}\begin{bmatrix} A_{11}b_1+A_{21}b_2+\cdots+A_{n1}b_n \\ A_{12}b_1+A_{22}b_2+\cdots+A_{n2}b_n \\ \vdots \\ A_{1n}b_1+A_{2n}b_2+\cdots+A_{nn}b_n \end{bmatrix}. \quad (3.5)$$

用 D_j 表示以 $\boldsymbol{b}$ 代替 $|\boldsymbol{A}|$ 的第 j 列元素得到的行列式，即令

$$D_j=\begin{vmatrix} a_{11} & \cdots & a_{1,j-1} & b_1 & a_{1,j+1} & \cdots & a_{1n} \\ a_{21} & \cdots & a_{2,j-1} & b_2 & a_{2,j+1} & \cdots & a_{2n} \\ \vdots & & \vdots & \vdots & \vdots & & \vdots \\ a_{n1} & \cdots & a_{n,j-1} & b_n & a_{n,j+1} & \cdots & a_{nn} \end{vmatrix}, \quad j=1,2,\cdots,n.$$

将 D_j 按照其第 j 列展开可得

$$D_j=b_1A_{1j}+b_2A_{2j}+\cdots+b_nA_{nj}, \quad j=1,2,\cdots,n.$$

比较式(3.5)最左边和最右边的两个向量可得

$$x_j=\frac{D_j}{|\boldsymbol{A}|}, \quad j=1,2,\cdots,n.$$

这就是著名的**克拉默法则**，我们将其完整叙述为如下定理.

定理 3.1 含 n 个方程 n 个未知数的线性方程组 $\boldsymbol{AX}=\boldsymbol{b}$，当其系数矩阵的行列式 $|\boldsymbol{A}|\neq 0$ 时有唯一解，且其唯一解可由公式

$$x_j=\frac{D_j}{|\boldsymbol{A}|}, \quad j=1,2,\cdots,n$$

给出，其中 D_j 是以 $\boldsymbol{b}$ 代替 $|\boldsymbol{A}|$ 的第 j 列得到的行列式.

推论 3.1.1 如果一个含有 n 个方程 n 个未知数的齐次线性方程组 $\boldsymbol{AX}=\boldsymbol{0}$ 有非零解，那么它的系数矩阵的行列式等于零.

因为当 $|\boldsymbol{A}| \neq 0$ 时，由克拉默法则，方程组 $\boldsymbol{AX}=\boldsymbol{0}$ 有唯一解，并且显然 $\boldsymbol{X}=\boldsymbol{0}$ 是它的解，故当 $|\boldsymbol{A}| \neq 0$ 时，该方程组只有零解. 换言之，若 $\boldsymbol{AX}=\boldsymbol{0}$ 有非零解，则必有 $|\boldsymbol{A}|=0$.

例 3.1.1　解线性方程组

$$\begin{cases} 2x_1 + x_2 - 5x_3 + x_4 = 8, \\ x_1 - 3x_2 - 6x_4 = 9, \\ 2x_2 - x_3 + 2x_4 = -5, \\ x_1 + 4x_2 - 7x_3 + 6x_4 = 0. \end{cases}$$

解　该方程组系数矩阵的行列式为

$$|\boldsymbol{A}| = \begin{vmatrix} 2 & 1 & -5 & 1 \\ 1 & -3 & 0 & -6 \\ 0 & 2 & -1 & 2 \\ 1 & 4 & -7 & 6 \end{vmatrix} = \begin{vmatrix} 0 & 7 & -5 & 13 \\ 1 & -3 & 0 & -6 \\ 0 & 2 & -1 & 2 \\ 0 & 7 & -7 & 12 \end{vmatrix} = -\begin{vmatrix} 7 & -5 & 13 \\ 2 & -1 & 2 \\ 7 & -7 & 12 \end{vmatrix}$$

$$= -\begin{vmatrix} -3 & -5 & 3 \\ 0 & -1 & 0 \\ -7 & -7 & -2 \end{vmatrix} = -(-1)\begin{vmatrix} -3 & 3 \\ -7 & -2 \end{vmatrix} = 27.$$

直接计算可得

$$D_1 = \begin{vmatrix} 8 & 1 & -5 & 1 \\ 9 & -3 & 0 & -6 \\ -5 & 2 & -1 & 2 \\ 0 & 4 & -7 & 6 \end{vmatrix} = 81, \quad D_2 = \begin{vmatrix} 2 & 8 & -5 & 1 \\ 1 & 9 & 0 & -6 \\ 0 & -5 & -1 & 2 \\ 1 & 0 & -7 & 6 \end{vmatrix} = -108,$$

$$D_3 = \begin{vmatrix} 2 & 1 & 8 & 1 \\ 1 & -3 & 9 & -6 \\ 0 & 2 & -5 & 2 \\ 1 & 4 & 0 & 6 \end{vmatrix} = -27, \quad D_4 = \begin{vmatrix} 2 & 1 & -5 & 8 \\ 1 & -3 & 0 & 9 \\ 0 & 2 & -1 & -5 \\ 1 & 4 & -7 & 0 \end{vmatrix} = 27.$$

故由克拉默法则得该方程组的解为

$$x_1 = 3, \quad x_2 = -4, \quad x_3 = -1, \quad x_4 = 1.$$

例 3.1.2　对于方程组

$$\begin{cases} \lambda x_1 + x_2 + x_3 = 0, \\ x_1 + \lambda x_2 + x_3 = 0, \\ x_1 + x_2 + \lambda x_3 = 0. \end{cases}$$

(1) 当 λ 取什么值时，方程组有非零解？

(2) 在有非零解的情况下，给出它的一个非零解.

解 (1) 该方程组系数矩阵的行列式为

$$D=\begin{vmatrix}\lambda & 1 & 1\\ 1 & \lambda & 1\\ 1 & 1 & \lambda\end{vmatrix}=(\lambda-1)^2(\lambda+2),$$

所以 $D=0 \Leftrightarrow \lambda=1$ 或 $\lambda=-2$，因此当 $\lambda=1$ 或 $\lambda=-2$ 时，该方程组有非零解.

(2) 直接验证可知，当 $\lambda=1$ 时，$x_1=x_2=1, x_3=-2$ 是方程组的一个非零解；当 $\lambda=-2$ 时，$x_1=x_2=x_3=1$ 是方程组的一个非零解.

3.1.3 线性方程组的消元解法

2.3 节曾用例子说明，用消元法解线性方程组的过程，实际上就是对它的增广矩阵实施初等行变换的过程. 下面，就来学习利用矩阵初等行变换，解线性方程组的基本理论和方法，并对其解与解之间的联系进行分析. 先看以下两个例子.

例 3.1.3 解方程组

$$\begin{cases}2x_1-x_2+3x_3=1,\\ 4x_1-2x_2+5x_3=4,\\ 2x_1-x_2+4x_3=-1.\end{cases}$$

解 分别用(1),(2),(3)代表该方程组中的第 1, 2, 3 个方程，则用消元法解该方程的过程可叙述如下：$(2)-2\times(1),(3)-(1)$ 得

$$\begin{cases}2x_1-x_2+3x_3=1,\\ \qquad\quad -x_3=2,\\ \qquad\qquad x_3=-2.\end{cases}$$

$(1)-3\times(3),(3)+(2),(2)\times(-1)$ 得

$$\begin{cases}2x_1-x_2=7,\\ \qquad\quad x_3=-2,\\ \qquad\quad 0=0,\end{cases}$$

由此得

$$\begin{cases}x_1=\dfrac{1}{2}x_2+\dfrac{7}{2},\\ x_3=-2.\end{cases}$$

从以上求解过程可以看到两个事实：一是原方程组中第 3 个方程经过一系列同解变换后转化为 $0=0$，这当然是一个恒等式，因而说明原方程组中第 3 个方程代表的未知数间的关系可以由第 1, 2 两个方程联立代替，于是，从求解的角度来说，它是“多余”的. 以后称这样的方程为多余方程，即在原方程组中去掉这个方程不改变方程组的解. 二是化简后的同解方程组对 x_2 没有限制，所以表明 x_2 可以任意取值. 并且根据克拉默法则，对于 x_2 每一个取定的值，可以唯一确定 x_1 和 x_3 的值，进而得到原方程组的一个解. 比如，设 c 为任一常数，取 $x_2=c$，则原方程组的解就可以写为如下一般形式

$$\begin{cases} x_1 = \dfrac{7}{2} + \dfrac{1}{2}c, \\ x_2 = \quad c, \\ x_3 = -\ 2. \end{cases}$$

由 c 是任意常数可知原方程组有无穷多解.

上述消元过程用矩阵初等行变换的形式实现可描述如下. 对原方程组的增广矩阵实施初等行变换得

$$\boldsymbol{B}=\begin{bmatrix} 2 & -1 & 3 & 1 \\ 4 & -2 & 5 & 4 \\ 2 & -1 & 4 & -1 \end{bmatrix} \xrightarrow[r_3-r_1]{r_2-2r_1} \begin{bmatrix} 2 & -1 & 3 & 1 \\ 0 & 0 & -1 & 2 \\ 0 & 0 & 1 & -2 \end{bmatrix}$$

$$\xrightarrow[r_3+r_2]{r_1-3r_3} \begin{bmatrix} 2 & -1 & 0 & 7 \\ 0 & 0 & -1 & 2 \\ 0 & 0 & 0 & 0 \end{bmatrix} \xrightarrow[r_2\times(-1)]{r_1\div 2} \begin{bmatrix} 1 & -1/2 & 0 & 7/2 \\ 0 & 0 & 1 & -2 \\ 0 & 0 & 0 & 0 \end{bmatrix} = \widetilde{\boldsymbol{B}}.$$

记化简后的矩阵 $\widetilde{\boldsymbol{B}}=(\boldsymbol{C},\boldsymbol{d})$. 可以看出，该方程组**系数矩阵的秩 2 等于增广矩阵的秩 2，该数值小于未知数的个数 3**. 并且，以 $\widetilde{\boldsymbol{B}}$ 为增广矩阵的线性方程组是

$$\begin{cases} x_1 - \dfrac{1}{2}x_2 \qquad = \dfrac{7}{2}, \\ \qquad\qquad\quad x_3 = -2. \end{cases}$$

取 $x_2=c$，其中 c 是任意常数，同样可得上述方程组解的一般形式.

例 3.1.4　解方程组

$$\begin{cases} 2x_1 - \ \ x_2 + 3x_3 = 1, \\ 4x_1 - 2x_2 + 5x_3 = 4, \\ 2x_1 - \ \ x_2 + 4x_3 = 0. \end{cases}$$

解　直接对方程组逐步消元，得

$$\begin{cases}2x_1 - x_2 + 3x_3 = 1, \\ \qquad\quad -\ x_3 = 2, \\ \qquad\qquad x_3 = -1.\end{cases}$$

$$\begin{cases}2x_1 - x_2 + 3x_3 = 1, \\ \qquad\qquad x_3 = -2, \\ \qquad\quad 0x_3 = 1.\end{cases}$$

显然后一方程组中第 3 个方程，即 $0x_1 + 0x_2 + 0x_3 = 1$，是一个矛盾方程，因此原方程组无解.

再用矩阵初等行变换的形式描述，得

$$\boldsymbol{B} = \begin{bmatrix}2 & -1 & 3 & 1 \\ 4 & -2 & 5 & 4 \\ 2 & -1 & 4 & 0\end{bmatrix} \xrightarrow[r_3 - r_1]{r_2 - 2\times r_1} \left[\begin{array}{ccc|c}2 & -1 & 3 & 1 \\ 0 & 0 & -1 & 2 \\ 0 & 0 & 1 & -1\end{array}\right]$$

$$\xrightarrow{r_3 + r_2} \begin{bmatrix}2 & -1 & 3 & 1 \\ 0 & 0 & -1 & 2 \\ 0 & 0 & 0 & 1\end{bmatrix} = \widetilde{\boldsymbol{B}}.$$

与 $\widetilde{\boldsymbol{B}}$ 相应的线性方程组是上述第二个方程组. 在原方程组无解的这种情形下，可以看到，方程组**系数矩阵的秩 2 小于增广矩阵的秩 3**.

在 3.1.2 节中，方程组(3.1)有唯一解. 再次同样结合矩阵语言描述发现，在方程组有唯一解的这种情形，**系数矩阵的秩 3 等于增广矩阵的秩 3，并且都等于未知数的个数 3**.

总结以上例子，可以看到，用消元法解线性方程组的过程，本质上就是对它的增广矩阵实施初等行变换的过程. 一般地，如果方程组 $\boldsymbol{AX} = \boldsymbol{b}$ 的增广矩阵 $\boldsymbol{B} = (\boldsymbol{A}, \boldsymbol{b})$ 经过初等行变换化简为 $\widetilde{\boldsymbol{B}} = (\boldsymbol{C}, \boldsymbol{d})$，那么方程组 $\boldsymbol{AX} = \boldsymbol{b}$ 与方程组 $\boldsymbol{CX} = \boldsymbol{d}$ 同解. 当 $\widetilde{\boldsymbol{B}}$ 为行最简形矩阵时，便可以由方程组 $\boldsymbol{CX} = \boldsymbol{d}$ 的解得到方程组 $\boldsymbol{AX} = \boldsymbol{b}$ 的解. 线性方程组的可解性可归结为：有唯一解，有无穷多解和无解三种情况. 这三种情况的判定与线性方程组的系数矩阵的秩和增广矩阵的秩密切相关. 下面来进行细致的讨论.

3.1.4　线性方程组解的讨论

考虑一般形式的 n 元线性方程组(3.1). 假定 $R(\boldsymbol{A}) = r$. 先将增广矩阵 $\boldsymbol{B}$ 经初

等行变换化简为行最简形，然后，在必要时交换该最简形前 n 列的顺序，这相当于对未知数的顺序作相应调整，显然不会影响方程组的可解性，并且可得到矩阵 $\boldsymbol{B}$ 的下述等价形式

$$\widetilde{\boldsymbol{B}}=\left[\begin{array}{cccccccc|c} 1 & 0 & \cdots & 0 & c_{1,r+1} & \cdots & c_{1n} & d_1 \\ 0 & 1 & \cdots & 0 & c_{2,r+1} & \cdots & c_{2n} & d_2 \\ \vdots & \vdots & & \vdots & \vdots & & \vdots & \vdots \\ 0 & 0 & \cdots & 1 & c_{r,r+1} & \cdots & c_{rn} & d_r \\ 0 & 0 & \cdots & 0 & 0 & \cdots & 0 & d_{r+1} \\ 0 & 0 & \cdots & 0 & 0 & \cdots & 0 & 0 \\ \vdots & \vdots & & \vdots & \vdots & & \vdots & \vdots \\ 0 & 0 & \cdots & 0 & 0 & \cdots & 0 & 0 \end{array}\right]=(\boldsymbol{C},\boldsymbol{d}).$$

明显，以矩阵 $\widetilde{\boldsymbol{B}}$ 为增广矩阵的方程组为

$$\begin{cases} x_1 + \quad \cdots \quad + c_{11}x_{r+1} + \cdots + c_{1,n-r}x_n = d_1, \\ \quad x_2 + \quad \cdots \quad + c_{21}x_{r+1} + \cdots + c_{2,n-r}x_n = d_2, \\ \qquad \cdots\cdots \\ \qquad\qquad x_r + c_{r1}x_{r+1} + \cdots + c_{r,n-r}x_n = d_r, \\ \qquad\qquad 0x_{r+1} + \cdots + 0x_n = d_{r+1}, \\ \qquad\qquad\qquad 0=0, \\ \qquad \cdots\cdots \\ \qquad\qquad\qquad 0=0, \end{cases} \tag{3.6}$$

在不考虑未知数的顺序时，它与方程组(3.1)同解，并且

$$R(\boldsymbol{A})=R(\boldsymbol{C})=r, \quad R(\widetilde{\boldsymbol{B}})=\begin{cases} r, & d_{r+1}=0, \\ r+1, & d_{r+1}\neq 0. \end{cases}$$

观察方程组(3.6)，可以看到，如果 $d_{r+1}\neq 0$，那么无论未知数取什么值都不能满足其第 $r+1$ 个方程，故式(3.6)无解，从而方程组(3.1)无解. 如果 $d_{r+1}=0$，则式(3.6)有解，从而方程组(3.1)有解. 此时，解有两种情况：

当 $r=n$ 时，d_{r+1},c_{ij} 均不出现，方程组(3.1)有唯一解：$x_j=d_j, j=1,2,\cdots,n$.

当 $r<n$ 时，方程组(3.1)有无穷多解. 由于式(3.6)对未知数 $x_{r+1},x_{r+2},\cdots,x_n$ 没有限制，因此它们可以任意取值，并且对它们任意取定的值，式(3.6)的解是唯一确定的. 把这样可以任意取值的未知数 $x_{r+1},x_{r+2},\cdots,x_n$ 称为**自由未知量**. 为得到式(3.1)的解的具体表达式，把式(3.6)中含自由未知量的项移到等号右端，将式(3.6)改写为

$$\begin{cases} x_1 = d_1 - c_{11}x_{r+1} - \cdots - c_{1,n-r}x_n, \\ x_2 = d_2 - c_{21}x_{r+1} - \cdots - c_{2,n-r}x_n, \\ \qquad\cdots\cdots \\ x_r = d_r - c_{r1}x_{r+1} - \cdots - c_{r,n-r}x_n. \end{cases} \tag{3.7}$$

任取 $x_{r+1} = k_1, x_{r+2} = k_2, \cdots, x_n = k_{n-r}$，其中 $k_1, k_2, \cdots, k_{n-r}$ 为任意常数，并代入式(3.7)，可以唯一地确定 $x_1, x_2, \cdots, x_r$ 的值，这些 $x_j\,(j=1, 2, \cdots, n)$ 构成了方程组(3.1)的一个解：

$$\begin{cases} x_1 = d_1 - c_{11}k_1 - c_{12}k_2 - \cdots - c_{1,n-r}k_{n-r}, \\ x_2 = d_2 - c_{21}k_1 - c_{22}k_2 - \cdots - c_{2,n-r}k_{n-r}, \\ \qquad\cdots\cdots \\ x_r = d_r - c_{r1}k_1 - c_{r2}k_2 - \cdots - c_{r,n-r}k_{n-r}, \\ x_{r+1} = \qquad k_1, \\ \qquad\cdots\cdots \\ x_n = \qquad\qquad k_{n-r}, \end{cases} \tag{*}$$

即

$$\begin{bmatrix} x_1 \\ \vdots \\ x_r \\ x_{r+1} \\ \vdots \\ x_n \end{bmatrix} = \begin{bmatrix} -c_{11}k_1 - \cdots - c_{1,n-r}k_{n-r} + d_1 \\ \vdots \\ -c_{r1}k_1 - \cdots - c_{r,n-r}k_{n-r} + d_r \\ k_1 \\ \vdots \\ k_{n-r} \end{bmatrix}$$

$$= k_1 \begin{bmatrix} -c_{11} \\ \vdots \\ -c_{r1} \\ 1 \\ \vdots \\ 0 \end{bmatrix} + \cdots + k_{n-r} \begin{bmatrix} -c_{1,n-r} \\ \vdots \\ -c_{r,n-r} \\ 0 \\ \vdots \\ 1 \end{bmatrix} + \begin{bmatrix} d_1 \\ \vdots \\ d_r \\ 0 \\ \vdots \\ 0 \end{bmatrix}. \tag{3.8}$$

因为 $k_1, k_2, \cdots, k_{n-r}$ 可以任意取值，所以，方程组(3.1)有无穷多解. 表达式(3.8)是含有 $n-r$ 个参数的解，称为方程组(3.1)的**通解**.

综上所述，我们得出了如下结论.

定理 3.2　n 元线性方程组 $\boldsymbol{AX} = \boldsymbol{b}$,

(1) 有唯一解的充分必要条件是 $R(\boldsymbol{A})=R(\boldsymbol{B})=n$;

(2) 有无穷多解的充分必要条件是 $R(\boldsymbol{A})=R(\boldsymbol{B})<n$;

(3) 无解的充分必要条件是 $R(\boldsymbol{A})<R(\boldsymbol{B})$.

此外，上面过程还给出了求解线性方程组的步骤，归纳如下：

(i) 把线性方程组的增广矩阵 $\boldsymbol{B}$ 化成行阶梯形，由此可以同时得到 $R(\boldsymbol{A})$ 和 $R(\boldsymbol{B})$. 若 $R(\boldsymbol{A})<R(\boldsymbol{B})$，则方程组无解.

(ii) 若 $R(\boldsymbol{A})=R(\boldsymbol{B})=r$，进一步把 $\boldsymbol{B}$ 化成行最简形. 把行最简形中 r 个非零行的非零首元所对应的未知数取作非自由未知量，其余 $n-r$ 个未知数取作自由未知量，并令自由未知量分别为 $k_1,k_2,\cdots,k_{n-r}$，由它的行最简形，即可写出线性方程组含 $n-r$ 个参数的通解.

特别地，对于齐次线性方程组，有如下推论.

推论 3.1.2　含 m 个方程 n 个未知量的齐次线性方程组有非零解的充分必要条件是它的系数矩阵的秩小于 n.

推论 3.1.3　方程个数小于未知量个数的齐次线性方程组必有非零解.

例 3.1.5　求解线性方程组

$$\begin{cases} x_1+5x_2-x_3-x_4=0,\\ x_1-2x_2+x_3+3x_4=0,\\ 3x_1+8x_2-x_3+x_4=0. \end{cases}$$

解　对该方程的系数矩阵作初等行变换得

$$\boldsymbol{A}=\begin{bmatrix}1&5&-1&-1\\1&-2&1&3\\3&8&-1&1\end{bmatrix}\xrightarrow[r_3-3r_1]{r_2-r_1}\begin{bmatrix}1&5&-1&-1\\0&-7&2&4\\0&-7&2&4\end{bmatrix}$$

$$\xrightarrow[r_2\div 2]{r_3-r_2}\begin{bmatrix}1&5&-1&-1\\0&-7/2&1&2\\0&0&0&0\end{bmatrix}\to\begin{bmatrix}1&3/2&0&1\\0&-7/2&1&2\\0&0&0&0\end{bmatrix}.$$

所以，$R(\boldsymbol{A})=2<4$, 故方程组有无穷多解，且原方程组同解于方程组

$$\begin{cases} x_1+\dfrac{3}{2}x_2\qquad+x_4=0,\\ \quad-\dfrac{7}{2}x_2+x_3+2x_4=0, \end{cases}$$

移项得

$$\begin{cases} x_1 = -\dfrac{3}{2}x_2 - x_4, \\ x_3 = \dfrac{7}{2}x_2 - 2x_4, \end{cases}$$

其中x_2, x_4为自由未知量. 取$x_2 = c_1, x_4 = c_2$, 其中c_1, c_2为任意常数, 得原方程组的通解为

$$\begin{cases} x_1 = -\dfrac{3}{2}c_1 - c_2, \\ x_2 = c_1, \\ x_3 = \dfrac{7}{2}c_1 - 2c_2, \\ x_4 = c_2, \end{cases}$$

即

$$\begin{bmatrix} x_1 \\ x_2 \\ x_3 \\ x_4 \end{bmatrix} = c_1 \begin{bmatrix} -3/2 \\ 1 \\ 7/2 \\ 0 \end{bmatrix} + c_2 \begin{bmatrix} -1 \\ 0 \\ -2 \\ 1 \end{bmatrix}.$$

例 3.1.6　求解线性方程组

$$\begin{cases} x_1 + 2x_2 + x_4 - 3x_5 = 2, \\ x_1 + 3x_2 - 3x_3 + 2x_4 + x_5 = -3, \\ 3x_1 + 4x_2 + 2x_3 + 2x_4 - 15x_5 = 12, \\ 2x_1 + 3x_2 + 4x_3 + 5x_4 - 36x_5 = 10. \end{cases}$$

解　对该方程的增广矩阵作初等行变换得

$$\boldsymbol{B} = \begin{bmatrix} 1 & 2 & 0 & 1 & -3 & 2 \\ 1 & 3 & -3 & 2 & 1 & -3 \\ 3 & 4 & 2 & 2 & -15 & 12 \\ 2 & 3 & 4 & 5 & -36 & 10 \end{bmatrix} \xrightarrow[r_4-2r_1]{\substack{r_2-r_1 \\ r_3-3r_1}} \begin{bmatrix} 1 & 2 & 0 & 1 & -3 & 2 \\ 0 & 1 & -3 & 1 & 4 & -5 \\ 0 & -2 & 2 & -1 & -6 & 6 \\ 0 & -1 & 4 & 3 & -30 & 6 \end{bmatrix}$$

$$\xrightarrow[r_4+r_2]{\substack{r_1-2r_2 \\ r_3+2r_2}} \begin{bmatrix} 1 & 0 & 6 & -1 & -11 & 12 \\ 0 & 1 & -3 & 1 & 4 & -5 \\ 0 & 0 & -4 & 1 & 2 & -4 \\ 0 & 0 & 1 & 4 & -26 & 1 \end{bmatrix} \xrightarrow[r_4-4r_3]{\substack{r_1+r_3 \\ r_2-r_3}} \begin{bmatrix} 1 & 0 & 2 & 0 & -9 & 8 \\ 0 & 1 & 1 & 0 & 2 & -1 \\ 0 & 0 & -4 & 1 & 2 & -4 \\ 0 & 0 & 17 & 0 & -34 & 17 \end{bmatrix}$$

$$\xrightarrow{r_4+17}\begin{bmatrix}1&0&2&0&-9&8\\0&1&1&0&2&-1\\0&0&-4&1&2&-4\\0&0&1&0&-2&1\end{bmatrix}\xrightarrow[r_3-4r_4]{\substack{r_1-2r_4\\r_2-r_4}}\left[\begin{array}{ccccc:c}1&0&0&0&-5&6\\0&1&0&0&4&-2\\0&0&0&1&-6&0\\0&0&1&0&-2&1\end{array}\right],$$

所以 $R(\boldsymbol{A})=R(\boldsymbol{B})=4<5$，故方程组有无穷多解，且原方程组同解于方程组

$$\begin{cases}x_1 \qquad\qquad -5x_5=6,\\ \quad x_2 \qquad\quad +4x_5=-2,\\ \qquad x_3 \quad -2x_5=1,\\ \qquad\quad x_4-6x_5=0,\end{cases}$$

即

$$\begin{cases}x_1=\ \ 6+5x_5,\\ x_2=-2-4x_5,\\ x_3=\ \ 1+2x_5,\\ x_4=\qquad 6x_5,\end{cases}$$

其中 x_5 为自由未知量. 取 $x_5=c$, c 为任意常数，可得原方程组的通解为

$$\begin{bmatrix}x_1\\x_2\\x_3\\x_4\\x_5\end{bmatrix}=c\begin{bmatrix}5\\-4\\2\\6\\1\end{bmatrix}+\begin{bmatrix}6\\-2\\1\\0\\0\end{bmatrix}.$$

例 3.1.7　求解方程组

$$\begin{cases}x_1-2x_2+3x_3-x_4=1,\\3x_1-x_2+5x_3-3x_4=2,\\2x_1+x_2+2x_3-2x_4=3.\end{cases}$$

解　对该方程的增广矩阵作初等行变换得

$$\boldsymbol{B}=\begin{bmatrix}1&-2&3&-1&1\\3&-1&5&-3&2\\2&1&2&-2&3\end{bmatrix}\xrightarrow[r_3-2r_1]{r_2-3r_1}\begin{bmatrix}1&-2&3&-1&1\\0&5&-4&0&-1\\0&5&-4&0&1\end{bmatrix}$$

$$\xrightarrow{r_3-r_2}\left[\begin{array}{cccc:c}1&-2&3&-1&1\\0&5&-4&0&-1\\0&0&0&0&2\end{array}\right].$$

由此可见$R(A)=2<R(\boldsymbol{B})=3$，从而原方程组无解.

定理3.2还可以推广到下述矩阵方程的情形.

定理 3.3 矩阵方程$\boldsymbol{AX}=\boldsymbol{B}$有解的充分必要条件是$R(\boldsymbol{A})=R(\boldsymbol{A},\boldsymbol{B})$.

证 设$\boldsymbol{A}$为$m\times n$矩阵，$\boldsymbol{B}$为$m\times l$矩阵，$\boldsymbol{X}$为$n\times l$矩阵. 把$\boldsymbol{X}$和$\boldsymbol{B}$按列分块，记为

$$\boldsymbol{X}=[\boldsymbol{x}_1,\boldsymbol{x}_2,\cdots,\boldsymbol{x}_l],\quad \boldsymbol{B}=[\boldsymbol{b}_1,\boldsymbol{b}_2,\cdots,\boldsymbol{b}_l],$$

则矩阵方程$\boldsymbol{AX}=\boldsymbol{B}$等价于$l$个向量方程$\boldsymbol{Ax}_i=\boldsymbol{b}_i(i=1,2,\cdots,l)$.

充分性 设$R(\boldsymbol{A})=R(\boldsymbol{A},\boldsymbol{B})$，则由$R(\boldsymbol{A})\leqslant R(\boldsymbol{A},\boldsymbol{b}_i)\leqslant R(\boldsymbol{A},\boldsymbol{B})$知$R(\boldsymbol{A})=R(\boldsymbol{A},\boldsymbol{b}_i)$，故由定理3.2知，$l$个向量方程$\boldsymbol{Ax}_i=\boldsymbol{b}_i(i=1,2,\cdots,l)$均有解，从而矩阵方程$\boldsymbol{AX}=\boldsymbol{B}$有解.

必要性 设矩阵方程$\boldsymbol{AX}=\boldsymbol{B}$有解，从而$l$个向量方程$\boldsymbol{Ax}_i=\boldsymbol{b}_i(i=1,2,\cdots,l)$都有解，设

$$\boldsymbol{x}_i=\begin{bmatrix}k_{1i}\\k_{2i}\\\vdots\\k_{ni}\end{bmatrix}\quad(i=1,2,\cdots,l)$$

为解，记$\boldsymbol{A}=[\boldsymbol{\alpha}_1,\boldsymbol{\alpha}_2,\cdots,\boldsymbol{\alpha}_n]$，则有$k_{1i}\boldsymbol{\alpha}_1+k_{2i}\boldsymbol{\alpha}_2+\cdots+k_{ni}\boldsymbol{\alpha}_n=\boldsymbol{b}_i$. 所以，对矩阵$(\boldsymbol{A},\boldsymbol{B})=(\boldsymbol{\alpha}_1,\cdots,\boldsymbol{\alpha}_n,\boldsymbol{b}_1,\cdots,\boldsymbol{b}_l)$作初等列的变换$\boldsymbol{c}_{n+i}-k_{1i}\boldsymbol{c}_1-k_{2i}\boldsymbol{c}_2-\cdots-k_{ni}\boldsymbol{c}_n$，其第$n+1$列,$n+2$列,$\cdots$,$n+l$列就都变成零，即有

$$(\boldsymbol{A},\boldsymbol{B})\xrightarrow{c}(\boldsymbol{A},\boldsymbol{O}),$$

所以，$R(\boldsymbol{A})=R(\boldsymbol{A},\boldsymbol{B})$.

例 3.1.8 证明$R(\boldsymbol{AB})\leqslant\min\{R(\boldsymbol{A}),R(\boldsymbol{B})\}$.

证 设$\boldsymbol{AB}=\boldsymbol{C}$,则矩阵方程$\boldsymbol{AX}=\boldsymbol{C}$有解$\boldsymbol{B}$,于是有$R(\boldsymbol{A})=R(\boldsymbol{A},\boldsymbol{C})$,故$R(\boldsymbol{C})\leqslant R(\boldsymbol{A})$；同理，$R(\boldsymbol{C})\leqslant R(\boldsymbol{B})$, 即$R(\boldsymbol{AB})\leqslant\min\{R(\boldsymbol{A}),R(\boldsymbol{B})\}$.

习 题 3.1

1. 解下列方程组.

(1) $\begin{cases}x_1+x_2+x_3+x_4=5,\\x_1+2x_2-x_3+4x_4=-2,\\2x_1-3x_2-x_3-5x_4=-2,\\3x_1+x_2+2x_3+11x_4=0.\end{cases}$

(2) $\begin{cases}x_1-2x_2+3x_3-4x_4=4,\\x_2-x_3+4x_4=-3,\\x_1+3x_2+x_4=1,\\-7x_2+3x_3+x_4=3.\end{cases}$

(3) $\begin{cases} 5x_1+6x_2 = 1, \\ x_1+5x_2+6x_3 = 0, \\ x_2+5x_3+6x_4 = 0, \\ x_3+5x_4+6x_5=0, \\ x_4+5x_5=0. \end{cases}$　(4) $\begin{cases} x_1+x_2+2x_3-x_4=0, \\ 2x_1+x_2+x_3-x_4=0, \\ 2x_1+2x_2+x_3+2x_4=0. \end{cases}$

(5) $\begin{cases} x_1+x_2+x_3+x_4+x_5=0, \\ 3x_1+2x_2+x_3-x_4=0, \\ x_2+2x_3+2x_4+6x_5=0, \\ 5x_1+4x_2+3x_3+4x_4-x_5=0. \end{cases}$　(6) $\begin{cases} x_1+3x_2+5x_3-4x_4=1, \\ x_1+3x_2+2x_3-2x_4+x_5=-1, \\ x_1-2x_2+x_3-x_4-x_5=3, \\ x_1+2x_2+x_3-x_4+x_5=-1. \end{cases}$

2. 问 λ 取何值时，非齐次线性方程组

$$\begin{cases} \lambda x_1+x_2+x_3=1, \\ x_1+\lambda x_2+x_3=\lambda, \\ x_1+x_2+\lambda x_3=\lambda^2 \end{cases}$$

(1)有唯一解；(2)无解；(3)有无穷多解？

3.2　向量间的线性关系

在 3.1 节中，我们已经利用向量加法、数乘和相等定义，将线性方程组(3.1)写成了式(3.3)的向量形式

$$x_1\boldsymbol{\alpha}_1+x_2\boldsymbol{\alpha}_2+\cdots+x_n\boldsymbol{\alpha}_n=\boldsymbol{b},$$

其中

$$\boldsymbol{\alpha}_1=\begin{bmatrix} a_{11} \\ a_{21} \\ \vdots \\ a_{m1} \end{bmatrix}, \boldsymbol{\alpha}_2=\begin{bmatrix} a_{12} \\ a_{22} \\ \vdots \\ a_{m2} \end{bmatrix}, \cdots, \boldsymbol{\alpha}_n=\begin{bmatrix} a_{1n} \\ a_{2n} \\ \vdots \\ a_{mn} \end{bmatrix}, \boldsymbol{b}=\begin{bmatrix} b_1 \\ b_2 \\ \vdots \\ b_m \end{bmatrix}$$

都是 m 维列向量. 如果该方程组有解，则说明上述 $n+1$ 个 m 维列向量之间有互相依赖的关系，这就是本节将要学习的向量间的线性关系.

3.2.1　线性组合

定义 3.1　对于实数域 $\mathbb{R}$ 上的 n 维向量 $\boldsymbol{\beta}$ 和向量组 $A:\boldsymbol{\alpha}_1,\boldsymbol{\alpha}_2,\cdots,\boldsymbol{\alpha}_r$，如果存在 $\mathbb{R}$ 中 r 个数 $k_1,k_2,\cdots,k_r$，使得 $\boldsymbol{\beta}=k_1\boldsymbol{\alpha}_1+k_2\boldsymbol{\alpha}_2+\cdots+k_r\boldsymbol{\alpha}_r$，则说 $\boldsymbol{\beta}$ 可以由向量组 $\boldsymbol{\alpha}_1,\boldsymbol{\alpha}_2,\cdots,\boldsymbol{\alpha}_r$ **线性表出**，或说 $\boldsymbol{\beta}$ 是向量组 $\boldsymbol{\alpha}_1,\boldsymbol{\alpha}_2,\cdots,\boldsymbol{\alpha}_r$ 的**线性组合**.

零向量是任意向量组的线性组合，这是因为：$\mathbf{0}=0\boldsymbol{\alpha}_1+0\boldsymbol{\alpha}_2+\cdots+0\boldsymbol{\alpha}_n$.

如果 $\boldsymbol{\beta}$ 可以由向量组 $\boldsymbol{\alpha}_1,\boldsymbol{\alpha}_2,\cdots,\boldsymbol{\alpha}_r$ 线性表示，则由定理 3.2 可得如下定理.

定理 3.4 n 维向量 $\boldsymbol{\beta}$ 能由向量组 $\boldsymbol{\alpha}_1,\boldsymbol{\alpha}_2,\cdots,\boldsymbol{\alpha}_r$ 线性表出的充分必要条件是线性方程组 $\boldsymbol{AX}=\boldsymbol{b}$ 有解，即 $R(\boldsymbol{a}_1,\boldsymbol{a}_2,\cdots,\boldsymbol{a}_r)=R(\boldsymbol{a}_1,\boldsymbol{a}_2,\cdots,\boldsymbol{a}_r,\boldsymbol{b})$, 其中 $\boldsymbol{A}$ 是以 $\boldsymbol{\alpha}_1,\boldsymbol{\alpha}_2,\cdots,\boldsymbol{\alpha}_r$ 为列向量的矩阵，$\boldsymbol{b}=\boldsymbol{\beta}$.

例 3.2.1 如下的 n 个 n 维向量

$$\boldsymbol{\varepsilon}_1=[1,0,\cdots,0],\boldsymbol{\varepsilon}_2=[0,1,\cdots,0],\cdots,\boldsymbol{\varepsilon}_n=[0,0,\cdots,1]$$

称为 **n 维单位坐标向量**, 其中 $\boldsymbol{\varepsilon}_i\ (i=1,2,\cdots,n)$ 的第 i 个分量是 1, 其余分量都是零. 容易看出，任意 n 维向量 $\boldsymbol{\beta}=[b_1,b_2,\cdots,b_n]$ 可以由向量组 $\boldsymbol{\varepsilon}_1,\boldsymbol{\varepsilon}_2,\cdots,\boldsymbol{\varepsilon}_n$ 线性表出：

$$\boldsymbol{\beta}=b_1\boldsymbol{\varepsilon}_1+b_2\boldsymbol{\varepsilon}_2+\cdots+b_n\boldsymbol{\varepsilon}_n.$$

例 3.2.2 设

$$\boldsymbol{\alpha}_1=[1,1,-1,3],\quad \boldsymbol{\alpha}_2=[1,2,1,1],\quad \boldsymbol{\alpha}_3=[1,0,1,-4],\quad \boldsymbol{\beta}=[1,1,3,-6].$$

验证向量 $\boldsymbol{\beta}$ 可以由向量组 $\boldsymbol{\alpha}_1,\boldsymbol{\alpha}_2,\boldsymbol{\alpha}_3$ 线性表出.

解 对以 $\boldsymbol{\alpha}_1,\boldsymbol{\alpha}_2,\boldsymbol{\alpha}_3$ 和 $\boldsymbol{\beta}$ 为列向量的矩阵作初等行变换得

$$(\boldsymbol{\alpha}_1,\boldsymbol{\alpha}_2,\boldsymbol{\alpha}_3,\boldsymbol{\beta})=\begin{bmatrix}1&1&1&1\\1&2&0&1\\-1&1&1&3\\3&1&-4&-6\end{bmatrix}\xrightarrow[r_4-3r_1]{\substack{r_2-r_1\\r_3+r_1}}\begin{bmatrix}1&1&1&1\\0&1&-1&0\\0&2&2&4\\0&-2&-7&-9\end{bmatrix}$$

$$\xrightarrow[r_4+2r_2]{\substack{r_1-r_2\\r_3-2r_2}}\begin{bmatrix}1&0&2&1\\0&1&-1&0\\0&0&4&4\\0&0&-9&-9\end{bmatrix}\to\begin{bmatrix}1&0&0&-1\\0&1&0&1\\0&0&1&1\\0&0&0&0\end{bmatrix}.$$

由此可见

$$\boldsymbol{\beta}=-\boldsymbol{\alpha}_1+\boldsymbol{\alpha}_2+\boldsymbol{\alpha}_3.$$

定义 3.2 如果向量组 B: $\boldsymbol{\beta}_1,\boldsymbol{\beta}_2,\cdots,\boldsymbol{\beta}_t$ 中每一个向量都可以由向量组 A: $\boldsymbol{\alpha}_1,\boldsymbol{\alpha}_2,\cdots,\boldsymbol{\alpha}_r$ 线性表出，则称向量组 B: $\boldsymbol{\beta}_1,\boldsymbol{\beta}_2,\cdots,\boldsymbol{\beta}_t$ 可以由向量组 A: $\boldsymbol{\alpha}_1,\boldsymbol{\alpha}_2,\cdots,\boldsymbol{\alpha}_r$ 线性表出. 如果向量组 B: $\boldsymbol{\beta}_1,\boldsymbol{\beta}_2,\cdots,\boldsymbol{\beta}_t$ 和向量组 A: $\boldsymbol{\alpha}_1,\boldsymbol{\alpha}_2,\cdots,\boldsymbol{\alpha}_r$ 可以互相线性表出，则称这两个**向量组等价**.

向量组 B: $\boldsymbol{\beta}_1,\boldsymbol{\beta}_2,\cdots,\boldsymbol{\beta}_t$ 可以由向量组 A: $\boldsymbol{\alpha}_1,\boldsymbol{\alpha}_2,\cdots,\boldsymbol{\alpha}_r$ 线性表出，即存在矩阵

$$K_{r\times t}=\begin{bmatrix} k_{11} & k_{12} & \cdots & k_{1t} \\ k_{21} & k_{22} & \cdots & k_{2t} \\ \vdots & \vdots & & \vdots \\ k_{r1} & k_{r2} & \cdots & k_{rt} \end{bmatrix}$$

使$[\boldsymbol{\beta}_1,\boldsymbol{\beta}_2,\cdots,\boldsymbol{\beta}_t]=[\boldsymbol{\alpha}_1,\boldsymbol{\alpha}_2,\cdots,\boldsymbol{\alpha}_r]\boldsymbol{K}_{r\times t}$，简记为$\boldsymbol{AK}=\boldsymbol{B}$. 也即矩阵方程$\boldsymbol{AX}=\boldsymbol{B}$有解$\boldsymbol{K}$. 由定理 3.3 可得以下定理.

定理 3.5 向量组B: $\boldsymbol{\beta}_1,\boldsymbol{\beta}_2,\cdots,\boldsymbol{\beta}_t$可以由向量组$A$: $\boldsymbol{\alpha}_1,\boldsymbol{\alpha}_2,\cdots,\boldsymbol{\alpha}_r$线性表出的充分必要条件是矩阵$\boldsymbol{A}=[\boldsymbol{\alpha}_1,\boldsymbol{\alpha}_2,\cdots,\boldsymbol{\alpha}_r]$的秩等于矩阵$[\boldsymbol{A},\boldsymbol{B}]=[\boldsymbol{\alpha}_1,\boldsymbol{\alpha}_2,\cdots,\boldsymbol{\alpha}_r,\boldsymbol{\beta}_1,\boldsymbol{\beta}_2,\cdots,\boldsymbol{\beta}_t]$的秩，即$R(\boldsymbol{A})=R(\boldsymbol{A},\boldsymbol{B})$.

推论 3.2.1 向量组B: $\boldsymbol{\beta}_1,\boldsymbol{\beta}_2,\cdots,\boldsymbol{\beta}_t$与向量组$A$: $\boldsymbol{\alpha}_1,\boldsymbol{\alpha}_2,\cdots,\boldsymbol{\alpha}_r$等价的充分必要条件是$R(\boldsymbol{A})=R(\boldsymbol{B})=R(\boldsymbol{A},\boldsymbol{B})$，其中$\boldsymbol{A},\boldsymbol{B}$是由向量组$A$, B所构成的矩阵.

例 3.2.3 已知$\boldsymbol{a}_1=\begin{bmatrix}1\\-1\\1\\-1\end{bmatrix}$, $\boldsymbol{a}_2=\begin{bmatrix}3\\1\\1\\3\end{bmatrix}$, $\boldsymbol{b}_1=\begin{bmatrix}3\\-1\\2\\0\end{bmatrix}$, $\boldsymbol{b}_2=\begin{bmatrix}2\\0\\1\\1\end{bmatrix}$, $\boldsymbol{b}_3=\begin{bmatrix}1\\1\\0\\2\end{bmatrix}$. 证明向量组$\boldsymbol{a}_1,\boldsymbol{a}_2$与向量组$\boldsymbol{b}_1,\boldsymbol{b}_2,\boldsymbol{b}_3$等价.

解 设$\boldsymbol{A}=(\boldsymbol{a}_1,\boldsymbol{a}_2)$, $\boldsymbol{B}=(\boldsymbol{b}_1,\boldsymbol{b}_2,\boldsymbol{b}_3)$，对矩阵$(\boldsymbol{A},\boldsymbol{B})$作初等行变换得

$$(\boldsymbol{A},\boldsymbol{B})=\begin{bmatrix}1&3&3&2&1\\-1&1&-1&0&1\\1&1&2&1&0\\-1&3&0&1&2\end{bmatrix}\xrightarrow{r}\begin{bmatrix}1&3&3&2&1\\0&4&2&2&2\\0&-2&-1&-1&-1\\0&6&3&3&3\end{bmatrix}$$

$$\xrightarrow{r}\begin{bmatrix}1&3&3&2&1\\0&2&1&1&1\\0&0&0&0&0\\0&0&0&0&0\end{bmatrix}.$$

所以，$R(\boldsymbol{A})=R(\boldsymbol{A},\boldsymbol{B})=2$. 直接计算可知$\boldsymbol{B}$中有一个非零的二阶子式$\begin{vmatrix}3&2\\-1&0\end{vmatrix}=2$，故$R(\boldsymbol{B})\geqslant 2$, 这与$R(\boldsymbol{B})\leqslant R(\boldsymbol{A},\boldsymbol{B})=2$结合得$R(\boldsymbol{B})=2$, 于是$R(\boldsymbol{A})=R(\boldsymbol{B})=R(\boldsymbol{A},\boldsymbol{B})$, 从而，向量组$\boldsymbol{a}_1,\boldsymbol{a}_2$与向量组$\boldsymbol{b}_1,\boldsymbol{b}_2,\boldsymbol{b}_3$等价.

3.2.2 线性相关性

定义 3.3 对于实数域$\mathbb{R}$上的n维向量组A: $\boldsymbol{\alpha}_1,\boldsymbol{\alpha}_2,\cdots,\boldsymbol{\alpha}_r$，如果存在一组不全

为 **0** 的数 $k_1, k_2, \cdots, k_r \in \mathbb{R}$, 使得

$$k_1\boldsymbol{\alpha}_1 + k_2\boldsymbol{\alpha}_2 + \cdots + k_r\boldsymbol{\alpha}_r = \mathbf{0},$$

则称向量组 $\boldsymbol{\alpha}_1, \boldsymbol{\alpha}_2, \cdots, \boldsymbol{\alpha}_r$ **线性相关**，否则就说 $\boldsymbol{\alpha}_1, \boldsymbol{\alpha}_2, \cdots, \boldsymbol{\alpha}_r$ **线性无关**.

换句话说，向量组 $\boldsymbol{\alpha}_1, \boldsymbol{\alpha}_2, \cdots, \boldsymbol{\alpha}_r$ 线性无关的充分必要条件是，当且仅当 $k_1 = k_2 = \cdots = k_r = 0$ 时，$k_1\boldsymbol{\alpha}_1 + k_2\boldsymbol{\alpha}_2 + \cdots + k_r\boldsymbol{\alpha}_r = \mathbf{0}$.

定理 3.6　若以向量组 $A: \boldsymbol{\alpha}_1, \boldsymbol{\alpha}_2, \cdots, \boldsymbol{\alpha}_r$ 为列向量构成的矩阵为 $\boldsymbol{A}$，那么向量组 $A: \boldsymbol{\alpha}_1, \boldsymbol{\alpha}_2, \cdots, \boldsymbol{\alpha}_r$ 线性相关的充分必要条件是齐次线性方程组 $\boldsymbol{AX} = \mathbf{0}$ 有非零解，即 $R(\boldsymbol{\alpha}_1, \boldsymbol{\alpha}_2, \cdots, \boldsymbol{\alpha}_r) < r$; 向量组 $A: \boldsymbol{\alpha}_1, \boldsymbol{\alpha}_2, \cdots, \boldsymbol{\alpha}_r$ 线性无关的充分必要条件是齐次线性方程组 $\boldsymbol{AX} = \mathbf{0}$ 只有零解，即 $R(\boldsymbol{\alpha}_1, \boldsymbol{\alpha}_2, \cdots, \boldsymbol{\alpha}_r) = r$.

换句话说，**一个向量组线性相关的充分必要条件是该向量组构成的矩阵的秩小于其向量的个数；线性无关的充分必要条件是其构成的矩阵的秩等于向量的个数**.

定理 3.6 在判断向量组的线性相关性时是十分有用的.

推论 3.2.2　n 个 n 维向量线性相关的充分必要条件是以它们为列(或行)向量构成的行列式的值为零.

例如，n 维单位坐标向量组线性无关，因为它们构成的矩阵是 $\boldsymbol{E}$，而 $|\boldsymbol{E}| \neq 0$.

推论 3.2.3　r 个 n 维向量 $\boldsymbol{\alpha}_1, \boldsymbol{\alpha}_2, \cdots, \boldsymbol{\alpha}_r$ 线性相关的充分必要条件是以 $\boldsymbol{\alpha}_1, \boldsymbol{\alpha}_2, \cdots, \boldsymbol{\alpha}_r$ 为列(或行)向量构成的矩阵的秩小于 r.

推论 3.2.4　如果一个向量组中向量个数大于向量维数，则此向量组线性相关. 特别地，$n+1$ 个 n 维向量线性相关.

一个向量 $\boldsymbol{\alpha}$ 线性相关的充分必要条件是 $\boldsymbol{\alpha} = \mathbf{0}$. 换句话说，一个零向量线性相关，一个非零向量线性无关.

两个非零向量线性相关的充分必要条件是它们的对应分量成比例. 这是因为：$\boldsymbol{\alpha} = [a_1, a_2, \cdots, a_n], \boldsymbol{\beta} = [b_1, b_2, \cdots, b_n]$ 线性相关的充分必要条件是，有不全为零的数 k_1, k_2，使 $k_1\boldsymbol{\alpha} + k_2\boldsymbol{\beta} = \mathbf{0}$. 不妨设 $k_1 \neq 0$, 则 $\boldsymbol{\alpha} = (-k_2/k_1)\boldsymbol{\beta}$, 即

$$\boldsymbol{a}_i = (-k_2/k_1)\boldsymbol{b}_i, \quad i = 1, 2, \cdots, n.$$

定理 3.7　如果一个向量组中有一部分向量线性相关，那么该向量组线性相关.

证　设 $\boldsymbol{\alpha}_1, \boldsymbol{\alpha}_2, \cdots, \boldsymbol{\alpha}_s$ 中前 r 个 $(1 \leqslant r \leqslant s)$ 向量线性相关，则由定义 3.3，存在 r 个不全为 0 的数 $k_1, k_2, \cdots, k_r \in P$, 使 $k_1\boldsymbol{\alpha}_1 + k_2\boldsymbol{\alpha}_2 + \cdots + k_r\boldsymbol{\alpha}_r = \mathbf{0}$, 则有

$$k_1\boldsymbol{\alpha}_1 + k_2\boldsymbol{\alpha}_2 + \cdots + k_r\boldsymbol{\alpha}_r + 0\boldsymbol{\alpha}_{r+1} + \cdots + 0\boldsymbol{\alpha}_s = \mathbf{0}$$

成立，且前 r 个组合系数 k_i $(i = 1, 2, \cdots, r)$ 不全为零，所以 $\boldsymbol{\alpha}_1, \boldsymbol{\alpha}_2, \cdots, \boldsymbol{\alpha}_s$ 线性相关.

等价的说法是：**线性无关向量组的任何部分组都是线性无关的**. 特别地，含有零向量的向量组线性相关.

例 3.2.4　判断向量组 $\boldsymbol{\alpha}_1=[1,2,-1,5]$, $\boldsymbol{\alpha}_2=[2,-1,1,1]$, $\boldsymbol{\alpha}_3=[4,3,-1,11]$ 是否线性相关.

解　对以 $\boldsymbol{\alpha}_1,\boldsymbol{\alpha}_2,\boldsymbol{\alpha}_3$ 为列向量的矩阵作初等行变换得

$$(\boldsymbol{\alpha}_1,\boldsymbol{\alpha}_2,\boldsymbol{\alpha}_3)=\begin{bmatrix}1&2&4\\2&-1&3\\-1&1&-1\\5&1&11\end{bmatrix}\to\begin{bmatrix}1&2&4\\0&-5&-5\\0&3&3\\0&-9&-9\end{bmatrix}\to\begin{bmatrix}1&2&4\\0&1&1\\0&0&0\\0&0&0\end{bmatrix}\to\begin{bmatrix}1&0&2\\0&1&1\\0&0&0\\0&0&0\end{bmatrix}.$$

于是 $R(\boldsymbol{\alpha}_1,\boldsymbol{\alpha}_2,\boldsymbol{\alpha}_3)=2<3$，所以 $\boldsymbol{\alpha}_1,\boldsymbol{\alpha}_2,\boldsymbol{\alpha}_3$ 线性相关.

例 3.2.5　判断向量组

$$\boldsymbol{\alpha}_1=[3,4,-2,5],\quad \boldsymbol{\alpha}_2=[-2,5,0,3],\quad \boldsymbol{\alpha}_3=[5,0,-1,2],\quad \boldsymbol{\alpha}_4=[3,3,-3,5]$$

是否线性相关.

解　计算以 $\boldsymbol{\alpha}_1,\boldsymbol{\alpha}_2,\boldsymbol{\alpha}_3,\boldsymbol{\alpha}_4$ 为行向量构成矩阵 $\boldsymbol{A}$ 的行列式得

$$|\boldsymbol{A}|=\begin{vmatrix}3&4&-2&5\\-2&5&0&3\\5&0&-1&2\\3&3&-3&5\end{vmatrix}=\begin{vmatrix}-7&4&0&1\\-2&5&0&3\\5&0&-1&2\\-12&3&0&-1\end{vmatrix}$$

$$=-\begin{vmatrix}-7&4&1\\-2&5&3\\-12&3&-1\end{vmatrix}=\begin{vmatrix}7&4&1\\-19&-7&0\\19&7&0\end{vmatrix}=0,$$

故由推论 3.2.2 知，$\boldsymbol{\alpha}_1,\boldsymbol{\alpha}_2,\boldsymbol{\alpha}_3,\boldsymbol{\alpha}_4$ 线性相关.

3.2.3　向量组线性关系的其他性质

定理 3.8　向量组 $\boldsymbol{\alpha}_1,\boldsymbol{\alpha}_2,\cdots,\boldsymbol{\alpha}_s\,(s\geqslant 2)$ 线性相关的充分必要条件是它们中至少有一个向量能由其余向量线性表出.

证　必要性　已知向量组 $\boldsymbol{\alpha}_1,\boldsymbol{\alpha}_2,\cdots,\boldsymbol{\alpha}_s$ 线性相关，则有不全为零的 s 个数 $k_1,k_2,\cdots,k_s$ 使

$$k_1\boldsymbol{\alpha}_1+k_2\boldsymbol{\alpha}_2+\cdots+k_s\boldsymbol{\alpha}_s=\boldsymbol{0}.$$

不妨假定 $k_j\neq 0\,(1\leqslant j\leqslant s)$，则有

$$\boldsymbol{\alpha}_j=-\frac{k_1}{k_j}\boldsymbol{\alpha}_1-\frac{k_2}{k_j}\boldsymbol{\alpha}_2-\cdots-\frac{k_{j-1}}{k_j}\boldsymbol{\alpha}_{j-1}-\frac{k_{j+1}}{k_j}\boldsymbol{\alpha}_{j+1}-\cdots-\frac{k_s}{k_j}\boldsymbol{\alpha}_s.$$

充分性　不妨假定$\boldsymbol{\alpha}_1$能由$\boldsymbol{\alpha}_2,\cdots,\boldsymbol{\alpha}_s$线性表出，设$\boldsymbol{\alpha}_1=k_2\boldsymbol{\alpha}_2+k_3\boldsymbol{\alpha}_3+\cdots+k_s\boldsymbol{\alpha}_s$，则

$$-\boldsymbol{\alpha}_1+k_2\boldsymbol{\alpha}_2+k_3\boldsymbol{\alpha}_3+\cdots+k_s\boldsymbol{\alpha}_s=\mathbf{0},$$

所以$\boldsymbol{\alpha}_1,\boldsymbol{\alpha}_2,\cdots,\boldsymbol{\alpha}_s$线性相关.

定理 3.9　如果向量组$\boldsymbol{\alpha}_1,\boldsymbol{\alpha}_2,\cdots,\boldsymbol{\alpha}_s$线性无关，而$\boldsymbol{\alpha}_1,\boldsymbol{\alpha}_2,\cdots,\boldsymbol{\alpha}_s,\boldsymbol{\beta}$线性相关，那么$\boldsymbol{\beta}$可以由向量组$\boldsymbol{\alpha}_1,\boldsymbol{\alpha}_2,\cdots,\boldsymbol{\alpha}_s$线性表出，并且表法唯一.

证　首先，由于$\boldsymbol{\alpha}_1,\boldsymbol{\alpha}_2,\cdots,\boldsymbol{\alpha}_s,\boldsymbol{\beta}$线性相关，所以存在不全为零的数$k,k_1,k_2,\cdots,k_s$，使

$$k\boldsymbol{\beta}+k_1\boldsymbol{\alpha}_1+k_2\boldsymbol{\alpha}_2+\cdots+k_s\boldsymbol{\alpha}_s=\mathbf{0},$$

并且$k\neq 0$，否则$k_1,k_2,\cdots,k_s$将不全为 0，且

$$k_1\boldsymbol{\alpha}_1+k_2\boldsymbol{\alpha}_2+k_3\boldsymbol{\alpha}_3+\cdots+k_s\boldsymbol{\alpha}_s=\mathbf{0},$$

这与$\boldsymbol{\alpha}_1,\boldsymbol{\alpha}_2,\cdots,\boldsymbol{\alpha}_s$线性无关矛盾. 因此有

$$\boldsymbol{\beta}=-\frac{k_1}{k}\boldsymbol{\alpha}_1-\frac{k_2}{k}\boldsymbol{\alpha}_2-\cdots-\frac{k_s}{k}\boldsymbol{\alpha}_s.$$

其次，如果$\boldsymbol{\beta}$可以用两种方式表为$\boldsymbol{\alpha}_1,\boldsymbol{\alpha}_2,\cdots,\boldsymbol{\alpha}_s$的线性组合，设

$$\boldsymbol{\beta}=k_1\boldsymbol{\alpha}_1+k_2\boldsymbol{\alpha}_2+\cdots+k_s\boldsymbol{\alpha}_s\quad 且\quad \boldsymbol{\beta}=l_1\boldsymbol{\alpha}_1+l_2\boldsymbol{\alpha}_2+\cdots+l_s\boldsymbol{\alpha}_s,$$

则两式相减，有

$$(k_1-l_1)\boldsymbol{\alpha}_1+(k_2-l_2)\boldsymbol{\alpha}_2+\cdots+(k_s-l_s)\boldsymbol{\alpha}_s=\mathbf{0}.$$

由于$\boldsymbol{\alpha}_1,\boldsymbol{\alpha}_2,\cdots,\boldsymbol{\alpha}_s$线性无关，所以有

$$k_1-l_1=k_2-l_2=\cdots=k_s-l_s=0,$$

即$k_j=l_j\,(j=1,2,\cdots,s)$.

定理 3.10　若$n+m$维向量组

$$\boldsymbol{\beta}_1=[a_{11},a_{12},\cdots,a_{1n},\ b_{11},\cdots,b_{1m}],$$

$$\boldsymbol{\beta}_2=[a_{21},a_{22},\cdots,a_{2n},\ b_{21},\cdots,b_{2m}],$$

……

$$\boldsymbol{\beta}_s=[a_{s1},a_{s2},\cdots,a_{sn},\ b_{s1},\cdots,b_{sm}]$$

线性相关，则去掉最后 m 个分量($m\geqslant 1$)后得到的向量组

$$\boldsymbol{\alpha}_1=[a_{11},a_{12},\cdots,a_{1n}],$$
$$\boldsymbol{\alpha}_2=[a_{21},a_{22},\cdots,a_{2n}],$$
$$\cdots\cdots$$
$$\boldsymbol{\alpha}_s=[a_{s1},a_{s2},\cdots,a_{sn}]$$

也线性相关.

证　显然，$R(\boldsymbol{\alpha}_1,\boldsymbol{\alpha}_2,\cdots,\boldsymbol{\alpha}_s)\leqslant R(\boldsymbol{\beta}_1,\boldsymbol{\beta}_2,\cdots,\boldsymbol{\beta}_s)<s$. 故由定理 3.6 知，$\boldsymbol{\alpha}_1,\boldsymbol{\alpha}_2,\cdots,\boldsymbol{\alpha}_s$ 线性相关.

作为定理 3.10 的逆否命题，有如下定理.

定理 3.11　若 n 维向量组

$$\boldsymbol{\alpha}_1=[a_{11},a_{12},\cdots,a_{1n}],$$
$$\boldsymbol{\alpha}_2=[a_{21},a_{22},\cdots,a_{2n}],$$
$$\cdots\cdots$$
$$\boldsymbol{\alpha}_s=[a_{s1},a_{s2},\cdots,a_{sn}]$$

线性无关，则在每个向量中增添 m 个分量得到的 $n+m$ 维向量组

$$\boldsymbol{\beta}_2=[a_{11},a_{12},\cdots,a_{1n},b_{11},\cdots,b_{1m}],$$
$$\boldsymbol{\beta}_2=[a_{21},a_{22},\cdots,a_{2n},b_{21},\cdots,b_{2m}],$$
$$\cdots\cdots$$
$$\boldsymbol{\beta}_s=[a_{s1},a_{s2},\cdots,a_{sn},b_{s1},\cdots,b_{sm}]$$

也线性无关.

习　题　3.2

1. 设 $\boldsymbol{\alpha}_1,\boldsymbol{\alpha}_2,\cdots,\boldsymbol{\alpha}_s$ 是 s 个 n 维向量，由 $0\boldsymbol{\alpha}_1+0\boldsymbol{\alpha}_2+\cdots+0\boldsymbol{\alpha}_s=\mathbf{0}$ 能否断言向量组 $\boldsymbol{\alpha}_1,\boldsymbol{\alpha}_2,\cdots,\boldsymbol{\alpha}_s$ 线性无关？如果对于任何 s 个全不为零的数 $k_1,k_2,\cdots,k_s$，总有

$$k_1\boldsymbol{\alpha}_1+k_2\boldsymbol{\alpha}_2+\cdots+k_s\boldsymbol{\alpha}_s\neq\mathbf{0},$$

能否断言向量组 $\boldsymbol{\alpha}_1,\boldsymbol{\alpha}_2,\cdots,\boldsymbol{\alpha}_s$ 线性无关？

2. 举例说明下列命题是错误的.

(1) 若向量组 $\boldsymbol{\alpha}_1,\boldsymbol{\alpha}_2,\cdots,\boldsymbol{\alpha}_s$ 线性相关，则 $\boldsymbol{\alpha}_1$ 能由其余向量 $\boldsymbol{\alpha}_2,\cdots,\boldsymbol{\alpha}_s$ 线性表出；

(2) 若有不全为零的数 $k_1, k_2, \cdots, k_s$，使

$$k_1\boldsymbol{\alpha}_1 + k_2\boldsymbol{\alpha}_2 + \cdots + k_s\boldsymbol{\alpha}_s + k_1\boldsymbol{\beta}_1 + k_2\boldsymbol{\beta}_2 + \cdots + k_s\boldsymbol{\beta}_s = \mathbf{0},$$

则向量组 $\boldsymbol{\alpha}_1, \boldsymbol{\alpha}_2, \cdots, \boldsymbol{\alpha}_s$ 和向量组 $\boldsymbol{\beta}_1, \boldsymbol{\beta}_2, \cdots, \boldsymbol{\beta}_s$ 都是线性相关向量组；

(3) 如果当且仅当 $k_1 = k_2 = \cdots = k_s = 0$ 时等式

$$k_1\boldsymbol{\alpha}_1 + k_2\boldsymbol{\alpha}_2 + \cdots + k_s\boldsymbol{\alpha}_s + k_1\boldsymbol{\beta}_1 + k_2\boldsymbol{\beta}_2 + \cdots + k_s\boldsymbol{\beta}_s = \mathbf{0}$$

才能成立，那么向量组 $\boldsymbol{\alpha}_1, \boldsymbol{\alpha}_2, \cdots, \boldsymbol{\alpha}_s$ 和向量组 $\boldsymbol{\beta}_1, \boldsymbol{\beta}_2, \cdots, \boldsymbol{\beta}_s$ 都是线性无关向量组.

3. 关于定理 3.10，考虑下列情况：

(1) 若向量组 $\boldsymbol{\beta}_1, \boldsymbol{\beta}_2, \cdots, \boldsymbol{\beta}_s$ 线性无关，能否断言向量组 $\boldsymbol{\alpha}_1, \boldsymbol{\alpha}_2, \cdots, \boldsymbol{\alpha}_s$ 线性无关？

(2) 若向量组 $\boldsymbol{\alpha}_1, \boldsymbol{\alpha}_2, \cdots, \boldsymbol{\alpha}_s$ 线性相关，能否断言向量组 $\boldsymbol{\beta}_1, \boldsymbol{\beta}_2, \cdots, \boldsymbol{\beta}_s$ 线性相关？

4. 判断下列向量组是否线性相关.

(1) $\boldsymbol{\alpha}_1 = [1, 1, 0], \boldsymbol{\alpha}_2 = [0, 2, 0], \boldsymbol{\alpha}_3 = [0, 0, 3]$；

(2) $\boldsymbol{\beta}_1 = [1, -1, 2, 4], \boldsymbol{\beta}_2 = [3, 0, 7, 14], \boldsymbol{\beta}_3 = [0, 3, 1, 2], \boldsymbol{\beta}_4 = [1, -1, 2, 0]$；

(3) $\boldsymbol{\gamma}_1 = [6, 4, 1, -1, 2], \boldsymbol{\gamma}_2 = [1, 0, 2, 3, -4], \boldsymbol{\gamma}_3 = [1, 4, -9, -16, 22], \boldsymbol{\gamma}_4 = [7, 1, 0, -1, 3]$.

5. 试证：若向量组 $\boldsymbol{\alpha}, \boldsymbol{\beta}, \boldsymbol{\gamma}$ 线性无关，则向量组 $2\boldsymbol{\alpha} + \boldsymbol{\beta}, \boldsymbol{\beta} + 5\boldsymbol{\gamma}, 4\boldsymbol{\gamma} + 3\boldsymbol{\alpha}$ 线性无关.

6. 以下向量组是线性相关向量组，试从中找出一个能由其余向量线性表出的向量.

(1) $\boldsymbol{\alpha}_1 = [-2, 1, 0, 3], \boldsymbol{\alpha}_2 = [1, -3, 2, 4], \boldsymbol{\alpha}_3 = [3, 0, 2, -1], \boldsymbol{\alpha}_4 = [2, -2, 4, 6]$；

(2) $\boldsymbol{\beta}_1 = [2, -1, 2], \boldsymbol{\beta}_2 = [0, 3, 12], \boldsymbol{\beta}_3 = [6, -13, 20], \boldsymbol{\beta}_4 = [-2, 6, 0]$.

7. 已知线性方程组

$$\begin{cases} a_{11}x_1 + a_{12}x_2 + \cdots + a_{1n}x_n = b_1, \\ a_{21}x_1 + a_{22}x_2 + \cdots + a_{2n}x_n = b_2, \\ \qquad \cdots\cdots \\ a_{m1}x_1 + a_{m2}x_2 + \cdots + a_{mn}x_n = b_m \end{cases}$$

中系数矩阵 $\boldsymbol{A}$ 的前 m 个列向量线性无关，并且 $m < n$，试利用矩阵分块运算和克拉默法则求它的通解.

3.3　向量组的秩

3.3.1　向量组的秩

定义 3.4　如果向量组 T 中的 r 个向量 $\boldsymbol{\alpha}_1, \boldsymbol{\alpha}_2, \cdots, \boldsymbol{\alpha}_r$ 满足

(1) $\boldsymbol{\alpha}_1, \boldsymbol{\alpha}_2, \cdots, \boldsymbol{\alpha}_r$ 线性无关；

(2) 对 T 中任一向量 $\boldsymbol{\beta}$，向量组 $\boldsymbol{\alpha}_1, \boldsymbol{\alpha}_2, \cdots, \boldsymbol{\alpha}_r, \boldsymbol{\beta}$ 线性相关，

则称 $\boldsymbol{\alpha}_1, \boldsymbol{\alpha}_2, \cdots, \boldsymbol{\alpha}_r$ 为 T 的一个**极大线性无关向量组**，简称**极大无关组**.

由于一个非零向量线性无关，而且 $n+1$ 个 n 维向量线性相关，所以对于包含

非零向量的向量组而言，极大无关组总是存在的. 事实上，可以从它的任何一个非零向量出发，用逐个增添的方法给出它的一个极大无关组. 具体做法如下：

设 T 是包含非零向量的一个向量组，不妨假定 $\boldsymbol{\alpha}_1 \in T$，并且 $\boldsymbol{\alpha}_1 \neq \boldsymbol{0}$. 如果 $\boldsymbol{\alpha}_1$ 与 T 中任意向量都是线性相关的，则 $\boldsymbol{\alpha}_1$ 是 T 的极大无关组；否则，取 $\boldsymbol{\alpha}_2 \in T$，使 $\boldsymbol{\alpha}_1$ 与 $\boldsymbol{\alpha}_2$ 线性无关. 若 $\boldsymbol{\alpha}_1, \boldsymbol{\alpha}_2$ 与 T 中任一向量都是线性相关的，则 $\boldsymbol{\alpha}_1, \boldsymbol{\alpha}_2$ 已是 T 的极大无关组；否则，取 $\boldsymbol{\alpha}_3 \in T$，使 $\boldsymbol{\alpha}_1, \boldsymbol{\alpha}_2, \boldsymbol{\alpha}_3$ 线性无关；重复上述过程，可以逐步扩充线性无关部分组中向量个数. 但由于 $n+1$ 个 n 维向量总是线性相关的，因此可以通过重复有限次上述过程，得到 T 的一个极大无关组.

上述事实可以总结如下.

含有非零向量的向量组必有极大无关组，且它的任意线性无关部分组都可以扩充为该向量组的极大无关组.

例如，$\boldsymbol{\alpha}_1 = [1, 2, -1]$, $\boldsymbol{\alpha}_2 = [2, -3, 1]$, $\boldsymbol{\alpha}_3 = [4, 1, -1]$ 中 $\boldsymbol{\alpha}_1, \boldsymbol{\alpha}_2$ 线性无关，但 $\boldsymbol{\alpha}_1, \boldsymbol{\alpha}_2, \boldsymbol{\alpha}_3$ 线性相关，所以 $\boldsymbol{\alpha}_1, \boldsymbol{\alpha}_2$ 是这个向量组的一个极大无关组.

在这个例子中，$\boldsymbol{\alpha}_1, \boldsymbol{\alpha}_3$ 和 $\boldsymbol{\alpha}_2, \boldsymbol{\alpha}_3$ 都是向量组 $\boldsymbol{\alpha}_1, \boldsymbol{\alpha}_2, \boldsymbol{\alpha}_3$ 的极大无关组. 这说明向量组的极大无关组不是唯一的.

如果 $A_r: \boldsymbol{\alpha}_1, \boldsymbol{\alpha}_2, \cdots, \boldsymbol{\alpha}_r$ 为 T 的一个极大无关组，则 T 中任意向量 $\boldsymbol{\beta}$ 均可以由 $\boldsymbol{\alpha}_1, \boldsymbol{\alpha}_2, \cdots, \boldsymbol{\alpha}_r$ 线性表出并且表法唯一. 因此，向量组 T 和它自己的最大无关组 A_r 是等价的，且 T 的任意两个极大无关组是等价的.

定理 3.12　如果向量组 $B: \boldsymbol{\beta}_1, \boldsymbol{\beta}_2, \cdots, \boldsymbol{\beta}_t$ 可以由向量组 $A: \boldsymbol{\alpha}_1, \boldsymbol{\alpha}_2, \cdots, \boldsymbol{\alpha}_s$ 线性表出，且 $t > s$，那么 $\boldsymbol{\beta}_1, \boldsymbol{\beta}_2, \cdots, \boldsymbol{\beta}_t$ 线性相关.

证　由已知可设

$$\begin{cases} \boldsymbol{\beta}_1 = k_{11}\boldsymbol{\alpha}_1 + k_{21}\boldsymbol{\alpha}_2 + \cdots + k_{s1}\boldsymbol{\alpha}_s, \\ \boldsymbol{\beta}_2 = k_{12}\boldsymbol{\alpha}_1 + k_{22}\boldsymbol{\alpha}_2 + \cdots + k_{s2}\boldsymbol{\alpha}_s, \\ \qquad\cdots\cdots \\ \boldsymbol{\beta}_t = k_{1t}\boldsymbol{\alpha}_1 + k_{2t}\boldsymbol{\alpha}_2 + \cdots + k_{st}\boldsymbol{\alpha}_s, \end{cases}$$

即

$$(\boldsymbol{\beta}_1, \boldsymbol{\beta}_2, \cdots, \boldsymbol{\beta}_t) = (\boldsymbol{\alpha}_1, \boldsymbol{\alpha}_2, \cdots, \boldsymbol{\alpha}_s)\begin{bmatrix} k_{11} & k_{12} & \cdots & k_{1t} \\ k_{21} & k_{22} & \cdots & k_{2t} \\ \vdots & \vdots & & \vdots \\ k_{s1} & k_{s2} & \cdots & k_{st} \end{bmatrix}.$$

用 $\boldsymbol{K}_{st}$ 表示上述以 k_{ij} 为元素的矩阵，则 $\boldsymbol{B} = \boldsymbol{A}\boldsymbol{K}_{st}$. 由于 $s < t$，所以，方程组 $\boldsymbol{K}_{st}\boldsymbol{X} = \boldsymbol{0}$ 有非零解，从而 $\boldsymbol{AKX} = \boldsymbol{0}$ 有非零解，即 $\boldsymbol{BX} = \boldsymbol{0}$ 有非零解. 所以 $\boldsymbol{\beta}_1, \boldsymbol{\beta}_2, \cdots, \boldsymbol{\beta}_t$ 线性相关.

由定理 3.12 可以看到，如果向量组 $\boldsymbol{\beta}_1, \boldsymbol{\beta}_2, \cdots, \boldsymbol{\beta}_t$ 线性无关，并且可由向量组 $\boldsymbol{\alpha}_1, \boldsymbol{\alpha}_2, \cdots, \boldsymbol{\alpha}_s$ 线性表出，那么 $t \leqslant s$．据此可得如下推论.

推论 3.3.1 两个等价的线性无关向量组包含向量的个数相等.

推论 3.3.2 向量组 T 的任意两个极大无关组包含向量的个数相等.

由推论 3.3.2 看到，尽管一个向量组的极大无关组不唯一，但其任一极大无关组包含向量的个数是确定的常数，与极大无关组的不同取法没有关系. 因此，给出如下定义.

定义 3.5 非零向量组 T 的一个极大无关组包含向量的个数，称为向量组 T 的**秩**，用符号 R_T 表示. 零向量组的秩记为 0.

可以看出，向量组 T 的秩是 r 的充分必要条件是，T 中有 r 个向量线性无关，并且 T 中任意 $r+1$ 个向量都线性相关.

一个线性无关向量组的极大无关组就是它本身，因此线性无关向量组的秩就是它包含向量的个数. 换言之，如果一个向量组的秩恰与它包含向量的个数相等，则该向量组是线性无关向量组；而对于秩为 r 的线性相关向量组 T，T 中任意 r 个线性无关的向量均能构成它的极大无关组.

定理 3.13 等价向量组的秩相等.

证 向量组 T_1 与 T_2 等价，但 T_1，T_2 分别与自己的极大无关组等价. 由等价关系的性质，T_1 与 T_2 的极大无关组等价. 从而由推论 3.3.1 知，T_1 与 T_2 的秩相等.

下面介绍求向量组的秩的一个方法.

3.3.2 向量组的秩和矩阵的秩之间的关系

设 $\boldsymbol{A}$ 是一个 $m \times n$ 矩阵，它的 m 个 n 维行向量组成的行向量组的秩称为 $\boldsymbol{A}$ 的**行秩**，它的 n 个 m 维列向量组成的向量组的秩称为 $\boldsymbol{A}$ 的**列秩**. 我们先来考察矩阵的秩和它的行秩、列秩之间的关系.

引理 3.3.1 对矩阵实施初等行或列变换，既不改变它的行秩，也不改变它的列秩.

证 先考察初等行变换的情形. 记对 $m \times n$ 矩阵 $\boldsymbol{A}$ 实施一次行初等变换得到的矩阵为 $\boldsymbol{PA}$，$\boldsymbol{P}$ 是与所实施初等行变换对应的初等矩阵. 显然 $\boldsymbol{A}$ 的行向量组与 $\boldsymbol{PA}$ 的行向量组等价，从而 $\boldsymbol{A}$ 的行秩与 $\boldsymbol{PA}$ 的行秩相等. 用 $\boldsymbol{\beta}_1, \boldsymbol{\beta}_2, \cdots, \boldsymbol{\beta}_n$ 表示 $\boldsymbol{A}$ 的列向量组. 由于 $\boldsymbol{P}$ 可逆，所以方程组

$$k_1\boldsymbol{\beta}_1 + k_2\boldsymbol{\beta}_2 + \cdots + k_n\boldsymbol{\beta}_n = \mathbf{0}$$

与

$$\boldsymbol{P}k_1\boldsymbol{\beta}_1 + \boldsymbol{P}k_2\boldsymbol{\beta}_2 + \cdots + \boldsymbol{P}k_n\boldsymbol{\beta}_n = \mathbf{0}$$

明显同解. 因此若$\boldsymbol{\beta}_{j_1},\boldsymbol{\beta}_{j_2},\cdots,\boldsymbol{\beta}_{j_r}$是$\boldsymbol{A}$的列向量组的一个极大无关组，那么

$$\boldsymbol{P\beta}_{j_1},\boldsymbol{P\beta}_{j_2},\cdots,\boldsymbol{P\beta}_{j_r}$$

是$\boldsymbol{PA}$的列向量组的一个极大无关组. 因此$\boldsymbol{A}$的列秩与$\boldsymbol{PA}$的列秩相等. 于是，对$\boldsymbol{A}$实施一次行初等变换不改变它的列秩和行秩. 同理，对$\boldsymbol{A}$实施一次列初等变换不改变它的列秩和行秩.

定理 3.14 任一矩阵$\boldsymbol{A}$的列秩与它的行秩相等，都等于$\boldsymbol{A}$的秩.

证 任意矩阵$\boldsymbol{A}$总可以经过有限次初等变换化为如下形式：

$$\boldsymbol{F}=\begin{bmatrix}\boldsymbol{E}_r & \boldsymbol{O}\\ \boldsymbol{O} & \boldsymbol{O}\end{bmatrix},$$

由引理可知，$\boldsymbol{A}$的行秩 $=$ $\boldsymbol{F}$的行秩 $=r$, $\boldsymbol{A}$的列秩 $=\boldsymbol{F}$的列秩 $=r$，所以$\boldsymbol{A}$的行秩$=\boldsymbol{A}$的列秩$=R(\boldsymbol{A})=r$.

由此还可看到，任一矩阵$\boldsymbol{A}$的标准形由$\boldsymbol{A}$唯一确定，与所作初等变换无关.

由定理 3.12 知，求有限个向量组成的向量组的秩可以通过求由该向量组构成的矩阵$\boldsymbol{A}$的秩而得到. 且当$R(\boldsymbol{A})=r$时，$\boldsymbol{A}$的非零r阶子式所在的行(列)就构成了向量组的一个极大无关组.

例 3.3.1 设$T=\{\boldsymbol{\alpha}_1,\boldsymbol{\alpha}_2,\boldsymbol{\alpha}_3,\boldsymbol{\alpha}_4\}$，其中

$$\boldsymbol{\alpha}_1=[1,1,3,1]^{\mathrm{T}},\quad \boldsymbol{\alpha}_2=[-1,1,-1,3]^{\mathrm{T}},\quad \boldsymbol{\alpha}_3=[5,-2,8,-9]^{\mathrm{T}},\quad \boldsymbol{\alpha}_4=[-1,3,1,7]^{\mathrm{T}}.$$

求T的一个极大无关组和秩.

解 对以$\boldsymbol{\alpha}_1,\boldsymbol{\alpha}_2,\boldsymbol{\alpha}_3,\boldsymbol{\alpha}_4$为列向量的矩阵作初等行变换得

$$[\boldsymbol{\alpha}_1,\boldsymbol{\alpha}_2,\boldsymbol{\alpha}_3,\boldsymbol{\alpha}_4]=\begin{bmatrix}1&-1&5&-1\\1&1&-2&3\\3&-1&8&1\\1&3&-9&7\end{bmatrix}\xrightarrow[r_4-r_1]{\substack{r_2-r_1\\r_3-3r_1}}\begin{bmatrix}1&-1&5&-1\\0&2&-7&4\\0&2&-7&4\\0&4&-14&8\end{bmatrix}$$

$$\to\begin{bmatrix}1&-1&5&-1\\0&1&-7/2&2\\0&0&0&0\\0&0&0&0\end{bmatrix}\to\begin{bmatrix}1&0&3/2&1\\0&1&-7/2&2\\0&0&0&0\\0&0&0&0\end{bmatrix}$$

$$=[\boldsymbol{\beta}_1,\boldsymbol{\beta}_2,\boldsymbol{\beta}_3,\boldsymbol{\beta}_4].$$

容易看到$\boldsymbol{\beta}_1,\boldsymbol{\beta}_2$线性无关，且

$$\boldsymbol{\beta}_3=\frac{3}{2}\boldsymbol{\beta}_1-\frac{7}{2}\boldsymbol{\beta}_2,\quad \boldsymbol{\beta}_4=\boldsymbol{\beta}_1+2\boldsymbol{\beta}_2.$$

由于方程组

$$x_1\boldsymbol{\alpha}_1 + x_2\boldsymbol{\alpha}_2 + x_3\boldsymbol{\alpha}_3 + x_4\boldsymbol{\alpha}_4 = \mathbf{0}$$

与方程组

$$x_1\boldsymbol{\beta}_1 + x_2\boldsymbol{\beta}_2 + x_3\boldsymbol{\beta}_3 + x_4\boldsymbol{\beta}_4 = \mathbf{0}$$

同解，所以 $\boldsymbol{\alpha}_1, \boldsymbol{\alpha}_2$ 线性无关，且

$$\boldsymbol{\alpha}_3 = \frac{3}{2}\boldsymbol{\alpha}_1 - \frac{7}{2}\boldsymbol{\alpha}_2,\quad \boldsymbol{\alpha}_4 = \boldsymbol{\alpha}_1 + 2\boldsymbol{\alpha}_2 .$$

这说明 $\boldsymbol{\alpha}_1, \boldsymbol{\alpha}_2$ 是向量组 T 的一个极大无关组，且 $R_T = 2$.

习 题 3.3

1. 求习题 3.2 第 4 题中各向量组的极大无关组和秩.
2. 设 $R(\boldsymbol{A}) = r$，$\boldsymbol{A}$ 中有没有 r 阶子式等于 0？有没有阶数大于 r 的非零子式？
3. 从矩阵 $\boldsymbol{A}$ 中划去一行得到矩阵 $\boldsymbol{B}$, $\boldsymbol{A}$ 的秩与 $\boldsymbol{B}$ 的秩有什么关系？
4. 设

$$\boldsymbol{A} = \begin{bmatrix} 1 & -2 & 3k \\ -1 & 2k & -3 \\ k & -2 & 3 \end{bmatrix},$$

问 k 为何值时，(1) $R(\boldsymbol{A}) = 1$; (2) $R(\boldsymbol{A}) = 2$; (3) $R(\boldsymbol{A}) = 3$.

5. 如果向量组 $\boldsymbol{\alpha}_1, \boldsymbol{\alpha}_2, \cdots, \boldsymbol{\alpha}_s$ 可以由向量组 $\boldsymbol{\beta}_1, \boldsymbol{\beta}_2, \cdots, \boldsymbol{\beta}_n$ 线性表出，那么向量组 $\boldsymbol{\alpha}_1, \boldsymbol{\alpha}_2, \cdots, \boldsymbol{\alpha}_s$ 的秩不超过向量组 $\boldsymbol{\beta}_1, \boldsymbol{\beta}_2, \cdots, \boldsymbol{\beta}_n$ 的秩.

3.4 线性方程组解的结构

3.4.1 齐次线性方程组解的结构

设齐次线性方程组

$$\begin{cases} a_{11}x_1 + a_{12}x_2 + \cdots + a_{1n}x_n = 0, \\ a_{21}x_1 + a_{22}x_2 + \cdots + a_{2n}x_n = 0, \\ \cdots\cdots \\ a_{m1}x_1 + a_{m2}x_2 + \cdots + a_{mn}x_n = 0, \end{cases} \tag{3.9}$$

即

$$AX = \mathbf{0} \tag{3.10}$$

有非零解. 容易看到,

(1) 若 $\boldsymbol{X}=\boldsymbol{\xi}_1$, $\boldsymbol{X}=\boldsymbol{\xi}_2$ 是式(3.10)的解向量，则 $\boldsymbol{X}=\boldsymbol{\xi}_1+\boldsymbol{\xi}_2$ 也是式(3.10)的解向量;

(2) 若 $\boldsymbol{X}=\boldsymbol{\xi}_1$ 是式(3.10)的解向量，$k\in\mathbb{R}$，则 $\boldsymbol{X}=k\boldsymbol{\xi}_1$ 也是式(3.10)的解向量.

因此，当式(3.10)有非零解时，它必有无限多解. 通常，把齐次线性方程组的全体解向量构成的集合，称为它的**解集**. 解集的一个极大无关组称为齐次线性方程组的一个**基础解系**. 由极大无关组的性质，如果向量组 $\boldsymbol{X}_1, \boldsymbol{X}_2, \cdots, \boldsymbol{X}_t$ 是线性方程组 $\boldsymbol{AX}=\mathbf{0}$ 的基础解系，那么此方程组的每一个解向量都可以表为 $\boldsymbol{X}_1, \boldsymbol{X}_2, \cdots, \boldsymbol{X}_t$ 的线性组合，并且 $\boldsymbol{X}_1, \boldsymbol{X}_2, \cdots, \boldsymbol{X}_t$ 的任意线性组合都是方程组 $\boldsymbol{AX}=\mathbf{0}$ 的解向量. 因此该方程组的解集可以表示为

$$V=\left\{\boldsymbol{X}=k_1\boldsymbol{X}_1+k_2\boldsymbol{X}_2+\cdots+k_t\boldsymbol{X}_t \,\middle|\, k_1, k_2, \cdots, k_t \text{ 为任意实数}\right\}.$$

集合 V 包含了方程组(3.10)的全部解向量，并且清楚地显示了解的一般形式及解与解之间的关系. 因此，求齐次线性方程组的通解，只需要求出方程组的基础解系.

下面给出基础解系的求法.

设齐次线性方程组(3.10)满足 $R(\boldsymbol{A})=r<n$，并设 $\boldsymbol{A}$ 的行最简形为

$$\widetilde{\boldsymbol{A}}=\begin{bmatrix} 1 & \cdots & 0 & c_{11} & \cdots & c_{1,n-r} \\ \vdots & & \vdots & \vdots & & \vdots \\ 0 & \cdots & 1 & c_{r1} & \cdots & c_{r,n-r} \\ 0 & \cdots & 0 & 0 & \cdots & 0 \\ \vdots & & \vdots & \vdots & & \vdots \\ 0 & \cdots & 0 & 0 & \cdots & 0 \end{bmatrix}.$$

明显，与 $\widetilde{\boldsymbol{A}}$ 对应的方程组为

$$\begin{cases} x_1=-c_{11}x_{r+1}-c_{12}x_{r+2}-\cdots-c_{1,n-r}x_n, \\ x_2=-c_{21}x_{r+1}-c_{22}x_{r+2}-\cdots-c_{2,n-r}x_n, \\ \qquad\cdots\cdots \\ x_r=-c_{r1}x_{r+1}-c_{r2}x_{r+2}-\cdots-c_{r,n-r}x_n, \end{cases} \tag{3.11}$$

设 $k_1, k_2, \cdots, k_{n-r}$ 为任意实数，取 $x_{r+1}=k_1, x_{r+2}=k_2, \cdots, x_n=k_{n-r}$，代入式(3.11)，得到原方程组的一般解

$$\begin{cases} x_1 = -c_{11}k_1 - c_{12}k_2 - \cdots - c_{1,n-r}k_{n-r}, \\ x_2 = -c_{21}k_1 - c_{22}k_2 - \cdots - c_{2,n-r}k_{n-r}, \\ \qquad\qquad \cdots\cdots \\ x_r = -c_{r1}k_1 - c_{r2}k_2 - \cdots - c_{r,n-r}k_{n-r}, \\ x_{r+1} = \quad k_1, \\ x_{r+2} = \qquad\quad k_2, \\ \qquad\qquad \cdots\cdots \\ x_n = \qquad\qquad\qquad k_{n-r}. \end{cases}$$

该解还可以进一步写成如下向量形式

$$\boldsymbol{X} = k_1\boldsymbol{X}_1 + k_2\boldsymbol{X}_2 + \cdots + k_{n-r}\boldsymbol{X}_{n-r}, \tag{3.12}$$

其中

$$\boldsymbol{X}_1 = \begin{bmatrix} -c_{11} \\ -c_{21} \\ \vdots \\ -c_{r1} \\ 1 \\ 0 \\ \vdots \\ 0 \end{bmatrix}, \quad \boldsymbol{X}_2 = \begin{bmatrix} -c_{12} \\ -c_{22} \\ \vdots \\ -c_{r2} \\ 0 \\ 1 \\ \vdots \\ 0 \end{bmatrix}, \quad \cdots, \quad \boldsymbol{X}_{n-r} = \begin{bmatrix} -c_{1,n-r} \\ -c_{2,n-r} \\ \vdots \\ -c_{r,n-r} \\ 0 \\ 0 \\ \vdots \\ 1 \end{bmatrix}.$$

显然 $\boldsymbol{X}_1, \boldsymbol{X}_2, \cdots, \boldsymbol{X}_{n-r}$ 都是方程组 $\boldsymbol{AX} = \boldsymbol{0}$ 的解向量，并且式(3.12)说明该方程组的每一个解向量都可以由 $\boldsymbol{X}_1, \boldsymbol{X}_2, \cdots, \boldsymbol{X}_{n-r}$ 线性表出. 由于向量组

$$\begin{bmatrix} 1 \\ 0 \\ \vdots \\ 0 \end{bmatrix}, \begin{bmatrix} 0 \\ 1 \\ \vdots \\ 0 \end{bmatrix}, \cdots, \begin{bmatrix} 0 \\ 0 \\ \vdots \\ 1 \end{bmatrix}$$

线性无关，所以 $\boldsymbol{X}_1, \boldsymbol{X}_2, \cdots, \boldsymbol{X}_{n-r}$ 线性无关. 因此 $\boldsymbol{X}_1, \boldsymbol{X}_2, \cdots, \boldsymbol{X}_{n-r}$ 就是原方程组的一个基础解系.

在上面的过程中，先给出通解，再给出基础解系. 反过来，也可以先给出基础解系，再给出通解. 事实上，在式(3.11)中，依次取

$$\begin{bmatrix} x_{r+1} \\ x_{r+2} \\ \vdots \\ x_n \end{bmatrix} = \begin{bmatrix} 1 \\ 0 \\ \vdots \\ 0 \end{bmatrix}, \begin{bmatrix} 0 \\ 1 \\ \vdots \\ 0 \end{bmatrix}, \cdots, \begin{bmatrix} 0 \\ 0 \\ \vdots \\ 1 \end{bmatrix},$$

可得

$$\begin{bmatrix} x_1 \\ x_2 \\ \vdots \\ x_r \end{bmatrix} = \begin{bmatrix} -c_{11} \\ -c_{21} \\ \vdots \\ -c_{r1} \end{bmatrix}, \begin{bmatrix} -c_{12} \\ -c_{22} \\ \vdots \\ -c_{r2} \end{bmatrix}, \cdots, \begin{bmatrix} -c_{1,n-r} \\ -c_{2,n-r} \\ \vdots \\ -c_{r,n-r} \end{bmatrix}.$$

由此仍可看出 $\boldsymbol{X}_1, \boldsymbol{X}_2, \cdots, \boldsymbol{X}_{n-r}$ 就是原方程组的一个基础解系. 综上，可得如下结论.

定理 3.15　设矩阵 $\boldsymbol{A}_{m\times n}$ 的秩为 r，则 n 元齐次线性方程组 $\boldsymbol{AX}=\boldsymbol{0}$ 的解集 S 的秩 $R_S = n-r$.

当 $R(\boldsymbol{A})=n$ 时，方程组(3.9)只有零解，没有基础解系；当 $R(\boldsymbol{A})=r<n$ 时，方程组(3.9)的基础解系含有 $n-r$ 个向量. 由向量组最大无关组的性质可知，式(3.9)的任意 $n-r$ 个线性无关的解都构成它的基础解系. 因此，齐次线性方程组的基础解系不是唯一的，进而，其通解的形式也不是唯一的.

例 3.4.1　求下列方程组的通解.

$$\begin{cases} x_1 + x_2 + x_3 + 4x_4 - 3x_5 = 0, \\ x_1 - x_2 + 3x_3 - 2x_4 - x_5 = 0, \\ 2x_1 + x_2 + 3x_3 + 5x_4 - 5x_5 = 0, \\ 3x_1 + x_2 + 5x_3 + 6x_4 - 7x_5 = 0. \end{cases}$$

解　对该方程组的系数矩阵作初等行变换，得

$$\boldsymbol{A} = \begin{bmatrix} 1 & 1 & 1 & 4 & -3 \\ 1 & -1 & 3 & -2 & -1 \\ 2 & 1 & 3 & 5 & -5 \\ 3 & 1 & 5 & 6 & -7 \end{bmatrix} \xrightarrow[r_4-3r_1]{\substack{r_2-r_1 \\ r_3-2r_1}} \begin{bmatrix} 1 & 1 & 1 & 4 & -3 \\ 0 & -2 & 2 & -6 & 2 \\ 0 & -1 & 1 & -3 & 1 \\ 0 & -2 & 2 & -6 & 2 \end{bmatrix}$$

$$\rightarrow \begin{bmatrix} 1 & 1 & 1 & 4 & -3 \\ 0 & 1 & -1 & 3 & -1 \\ 0 & 0 & 0 & 0 & 0 \\ 0 & 0 & 0 & 0 & 0 \end{bmatrix} \rightarrow \begin{bmatrix} 1 & 0 & 2 & 1 & -2 \\ 0 & 1 & -1 & 3 & -1 \\ 0 & 0 & 0 & 0 & 0 \\ 0 & 0 & 0 & 0 & 0 \end{bmatrix}.$$

于是其通解为

$$\begin{cases} x_1 = -2x_3 - \ \ x_4 + 2x_5, \\ x_2 = \ \ \ \ x_3 - 3x_4 + \ \ x_5, \end{cases} \tag{*}$$

其中 x_3, x_4, x_5 为自由未知量. 分别取

$$\begin{bmatrix} x_3 \\ x_4 \\ x_5 \end{bmatrix} = \begin{bmatrix} 1 \\ 0 \\ 0 \end{bmatrix}, \ \begin{bmatrix} 0 \\ 1 \\ 0 \end{bmatrix}, \ \begin{bmatrix} 0 \\ 0 \\ 1 \end{bmatrix},$$

可得原方程组的一个基础解系

$$\boldsymbol{X}_1 = \begin{bmatrix} -2 \\ 1 \\ 1 \\ 0 \\ 0 \end{bmatrix}, \quad \boldsymbol{X}_2 = \begin{bmatrix} -1 \\ -3 \\ 0 \\ 1 \\ 0 \end{bmatrix}, \quad \boldsymbol{X}_3 = \begin{bmatrix} 2 \\ 1 \\ 0 \\ 0 \\ 1 \end{bmatrix}.$$

从而原方程组的任意解向量 $\boldsymbol{X}$ 可用 $\boldsymbol{X}_1, \boldsymbol{X}_2, \boldsymbol{X}_3$ 线性表示为 $\boldsymbol{X} = k_1\boldsymbol{X}_1 + k_2\boldsymbol{X}_2 + k_3\boldsymbol{X}_3$，其中 k_1, k_2, k_3 为任意常数，即其通解为 $\boldsymbol{X} = k_1\boldsymbol{X}_1 + k_2\boldsymbol{X}_2 + k_3\boldsymbol{X}_3$.

需要注意的是，在上述过程中，自由未知量的取值并不是唯一的，只要其取值使得相应的 $n-r$ 个 $n-r$ 维向量线性无关即可. 比如在例 3.4.1 中，也可以分别取

$$\begin{bmatrix} x_3 \\ x_4 \\ x_5 \end{bmatrix} = \begin{bmatrix} 1 \\ 1 \\ 1 \end{bmatrix}, \ \begin{bmatrix} 1 \\ 1 \\ 0 \end{bmatrix}, \ \begin{bmatrix} 1 \\ 0 \\ 0 \end{bmatrix}.$$

由于这 3 个 3 维向量线性无关，所以由此出发得到的 3 个解向量

$$\boldsymbol{\beta}_1 = \begin{bmatrix} -1 \\ -1 \\ 1 \\ 1 \\ 1 \end{bmatrix}, \quad \boldsymbol{\beta}_2 = \begin{bmatrix} -3 \\ -2 \\ 1 \\ 1 \\ 0 \end{bmatrix}, \quad \boldsymbol{\beta}_3 = \begin{bmatrix} -2 \\ 1 \\ 1 \\ 0 \\ 0 \end{bmatrix}$$

也线性无关，从而向量组 $\boldsymbol{\beta}_1, \boldsymbol{\beta}_2, \boldsymbol{\beta}_3$ 也是原方程组的一个基础解系. 由此还可看到，自由未知量的不同取值，会得出不同的基础解系，再次说明基础解系不唯一.

3.4.2　非齐次线性方程组解的结构

设 m 个方程 n 个未知量的非齐次线性方程组 $\boldsymbol{AX} = \boldsymbol{b}$ 满足 $R(\boldsymbol{A}) = R(\boldsymbol{B}) = r < n$. 记它的解集合为 S，则 S 中有无穷多个向量. 直接验证可知方程组 $\boldsymbol{AX} = \boldsymbol{b}$ 与其导

出组 $\boldsymbol{AX}=\boldsymbol{0}$ 的解之间有下述关系：

(1) $\boldsymbol{AX}=\boldsymbol{b}$ 的任意两个解之差是其导出组 $\boldsymbol{AX}=\boldsymbol{0}$ 的一个解；

(2) $\boldsymbol{AX}=\boldsymbol{b}$ 的任意一个解与 $\boldsymbol{AX}=\boldsymbol{0}$ 的任意一个解的和是 $\boldsymbol{AX}=\boldsymbol{b}$ 的解.

习惯上，我们把 $\boldsymbol{AX}=\boldsymbol{b}$ 的任意一个取定的解 $\boldsymbol{\beta}$ 称为其**特解**. 由(2)不难得到如下定理.

定理 3.16　如果 $\boldsymbol{\beta}$ 是非齐次线性方程组 $\boldsymbol{AX}=\boldsymbol{b}$ 的一个特解，$\boldsymbol{X}_1,\boldsymbol{X}_2,\cdots,\boldsymbol{X}_t$ 是其导出组 $\boldsymbol{AX}=\boldsymbol{0}$ 的一个基础解系，那么 $\boldsymbol{AX}=\boldsymbol{b}$ 的通解可表示为

$$\boldsymbol{X}=k_1\boldsymbol{X}_1+k_2\boldsymbol{X}_2+\cdots+k_t\boldsymbol{X}_t+\boldsymbol{\beta}，\text{其中 } k_1,k_2,\cdots,k_t \text{ 为任意常数.}$$

例 3.4.2　求解方程组

$$\begin{cases} x_1+x_2+\ \ x_3+4x_4-3x_5=1, \\ x_1-x_2+3x_3-2x_4-\ \ x_5=3, \\ 2x_1+x_2+3x_3+5x_4-5x_5=3, \\ 3x_1+x_2+5x_3+6x_4-7x_5=5. \end{cases}$$

解　对该方程组的增广矩阵作初等行变换得

$$\boldsymbol{B}=\left[\begin{array}{ccccc:c} 1 & 1 & 1 & 4 & -3 & 1 \\ 1 & -1 & 3 & -2 & -1 & 3 \\ 2 & 1 & 3 & 5 & -5 & 3 \\ 3 & 1 & 5 & 6 & -7 & 5 \end{array}\right]$$

$$\to\left[\begin{array}{ccccc:c} 1 & 1 & 1 & 4 & -3 & 1 \\ 0 & -2 & 2 & -6 & 2 & 2 \\ 0 & -1 & 1 & -3 & 1 & 1 \\ 0 & -2 & 2 & -6 & 2 & 2 \end{array}\right]\to\left[\begin{array}{ccccc:c} 1 & 0 & 2 & 1 & -2 & 2 \\ 0 & 1 & -1 & 3 & -1 & -1 \\ 0 & 0 & 0 & 0 & 0 & 0 \\ 0 & 0 & 0 & 0 & 0 & 0 \end{array}\right],$$

于是 $R(\boldsymbol{A})=R(\boldsymbol{B})=2$，所以方程组有解，并且

$$\begin{cases} x_1=-2x_3-\ \ x_4+2x_5+2, \\ x_2=\ \ \ \ x_3-3x_4+\ \ x_5-1, \end{cases}$$

其中 x_3,x_4,x_5 为自由未知量. 取 $x_3=x_4=x_5=0$，得

$$\boldsymbol{\beta}=[2,-1,0,0,0]^{\mathrm{T}}.$$

其对应的导出组为

$$\begin{cases} x_1=-2x_3-\ \ x_4+2x_5, \\ x_2=\ \ \ \ x_3-3x_4+\ \ x_5, \end{cases}$$

其中 x_3,x_4,x_5 为自由未知量. 令

$$\begin{bmatrix}x_3\\x_4\\x_5\end{bmatrix}=\begin{bmatrix}1\\0\\0\end{bmatrix},\quad\begin{bmatrix}0\\1\\0\end{bmatrix},\quad\begin{bmatrix}0\\0\\1\end{bmatrix},$$

可得它的一个基础解系

$$\boldsymbol{\gamma}_1=\begin{bmatrix}-2\\1\\1\\0\\0\end{bmatrix},\quad\boldsymbol{\gamma}_2=\begin{bmatrix}-1\\-3\\0\\1\\0\end{bmatrix},\quad\boldsymbol{\gamma}_3=\begin{bmatrix}2\\1\\0\\0\\1\end{bmatrix}.$$

所以，原方程组的通解为

$$\boldsymbol{x}=k_1\boldsymbol{\gamma}_1+k_2\boldsymbol{\gamma}_2+k_3\boldsymbol{\gamma}_3+\boldsymbol{\beta},\text{ 其中 }k_1,k_2,k_3\text{ 为任意常数.}$$

与齐次线性方程组的情况类似，由于特解、自由未知量的选择都不是唯一的，所以从形式上看，通解的形式不唯一，在计算时可根据不同情况自由选择.

例 3.4.3　若 $\boldsymbol{A}_{m\times n}\boldsymbol{B}_{n\times l}=\boldsymbol{O}$，则 $R(\boldsymbol{A})+R(\boldsymbol{B})\leqslant n$.

证　记 $\boldsymbol{B}=[\boldsymbol{b}_1,\boldsymbol{b}_2,\cdots,\boldsymbol{b}_l]$，则有 $\boldsymbol{A}[\boldsymbol{b}_1,\boldsymbol{b}_2,\cdots,\boldsymbol{b}_l]=\boldsymbol{0}$, 即 $\boldsymbol{A}\boldsymbol{b}_j=\boldsymbol{0}(j=1,2,\cdots,l)$，这表明 $\boldsymbol{B}$ 的 l 个列向量都是 $\boldsymbol{AX}=\boldsymbol{0}$ 的解. 设方程 $\boldsymbol{AX}=\boldsymbol{0}$ 的解集为 S，则 $\boldsymbol{b}_j\in S$, 故 $R[\boldsymbol{b}_1,\boldsymbol{b}_2,\cdots,\boldsymbol{b}_n]\leqslant R_S$, 即 $R(\boldsymbol{B})\leqslant R_S$. 又 $R(\boldsymbol{A})+R_S=n$, 所以，$R(\boldsymbol{A})+R(\boldsymbol{B})\leqslant n$.

习　题　3.4

1. 判别以下命题是否正确.

(1) 若 $\boldsymbol{\eta}_1,\boldsymbol{\eta}_2,\boldsymbol{\eta}_3$ 是方程组 $\boldsymbol{AX}=\boldsymbol{0}$ 的基础解系，则与 $\boldsymbol{\eta}_1,\boldsymbol{\eta}_2,\boldsymbol{\eta}_3$ 等价的向量组也为此方程组的基础解系；

(2) 若 $\boldsymbol{A}$ 是 $m\times n$ 矩阵，$r(\boldsymbol{A})=n$，则方程组 $\boldsymbol{AX}=\boldsymbol{\beta}(\boldsymbol{\beta}\neq\boldsymbol{0})$ 必有唯一解；

(3) 若 $\boldsymbol{A}$ 是 $m\times n$ 矩阵，当 $m<n$ 时，方程组 $\boldsymbol{AX}=\boldsymbol{\beta}(\boldsymbol{\beta}\neq\boldsymbol{0})$ 必有无穷多解；

(4) 若 $\boldsymbol{A}$ 是 $m\times n$ 矩阵，$r(\boldsymbol{A})=m$，则方程组 $\boldsymbol{AX}=\boldsymbol{\beta}$ 必有解；

(5) 若 $\boldsymbol{A}$ 是 $m\times n$ 实矩阵，则方程组 $(\boldsymbol{A}^{\mathrm{T}}\boldsymbol{A})\boldsymbol{X}=\boldsymbol{A}^{\mathrm{T}}\boldsymbol{\beta}$ 必有解；

(6) 若方程组 $\boldsymbol{AX}=\boldsymbol{0}$ 只有零解，则方程组 $\boldsymbol{AX}=\boldsymbol{\beta}(\boldsymbol{\beta}\neq\boldsymbol{0})$ 必有唯一解.

2. 求下列齐次线性方程组的基础解系.

$$(1)\begin{cases}x_1+x_2-3x_4-x_5=0,\\x_1-x_2+2x_3-x_4=0,\\4x_1-2x_2+6x_3+3x_4-4x_5=0,\\2x_1+4x_2-2x_3+4x_4-7x_5=0.\end{cases}$$

(2) $\begin{cases} x_1-2x_2+x_3+x_4-x_5=0, \\ 2x_1+x_2-x_3-x_4-x_5=0, \\ x_1+7x_2-5x_3-5x_4+5x_5=0, \\ 3x_1-x_2-2x_3+x_4-x_5=0. \end{cases}$

(3) $\begin{cases} x_1-2x_2+x_3-x_4+x_5=0, \\ 2x_1+x_2-x_3+2x_4-3x_5=0, \\ 3x_1-2x_2-x_3+x_4-2x_5=0, \\ 2x_1-5x_2+x_3-2x_4+2x_5=0. \end{cases}$

3. 求下列线性方程组的解，并用其导出方程组的基础解系表示它的解集合.

(1) $\begin{cases} -x_1-2x_2+3x_3+x_4=11, \\ 2x_1-3x_2+x_3+5x_4=6, \\ -3x_1+x_2+2x_3-4x_4=5. \end{cases}$

(2) $\begin{cases} 2x_1-3x_2+x_3-5x_4=1, \\ -5x_1-10x_2-2x_3+x_4=-21, \\ x_1+4x_2+3x_3+2x_4=1, \\ 2x_1-4x_2+9x_3-3x_4=-16. \end{cases}$

(3) $x_1-4x_2+2x_3-3x_4+6x_5=4$.

4. 证明：如果 $\boldsymbol{\alpha}_1, \boldsymbol{\alpha}_2, \cdots, \boldsymbol{\alpha}_r$ 是齐次线性方程组 $\boldsymbol{AX}=\mathbf{0}$ 的基础解系，则任意与 $\boldsymbol{\alpha}_1, \boldsymbol{\alpha}_2, \cdots, \boldsymbol{\alpha}_r$ 等价的线性无关向量组都是 $\boldsymbol{AX}=\mathbf{0}$ 的基础解系.

3.5　n 维向量空间初步

3.5.1　向量空间的概念

在第 2 章中，已经提到了 n 维行(列)向量的概念，它就是只有一行(一列)的矩阵. 通过 3.1 节的讨论又可看到，一个 n 元线性方程

$$a_1x_1+a_2x_2+\cdots+a_nx_n=b$$

对应一个 $n+1$ 维行向量 $[a_1, a_2, \cdots, a_n, b]$，从而线性方程组

$$\begin{cases} a_{11}x_1+a_{12}x_2+\cdots+a_{1n}x_n=b_1, \\ a_{21}x_1+a_{22}x_2+\cdots+a_{2n}x_n=b_2, \\ \quad\cdots\cdots \\ a_{m1}x_1+a_{m2}x_2+\cdots+a_{mn}x_n=b_m \end{cases}$$

中方程与方程之间的关系，可以转化为对应于它们的 m 个 $n+1$ 维行向量

$$[a_{11}, a_{12}, \cdots, a_{1n}, b_1], [a_{21}, a_{22}, \cdots, a_{2n}, b_2], \cdots, [a_{m1}, a_{m2}, \cdots a_{mn}, b_m]$$

之间的关系. 正是利用这一点，我们成功地利用矩阵的初等行变换实现了线性方程组的消元解法.

应该注意，n 维向量不只是可以代表线性方程组，它还与许多方面有极其广泛的联系. 例如，在几何中，为了刻画一点在平面上的位置需要 2 个数，刻画一点在空间中的位置需要 3 个数，也就是要知道它们的坐标. 又如，力学中的力、速度、加速度等，它们既有大小又有方向，不能用 1 个数来刻画. 在取定坐标系以后，它们可以用 2 个或 3 个数组成的数组来刻画. 但是还有不少东西需要用 3 个以上数组成的数组来刻画. 前面学习的 n 元线性方程组的解向量就是一个有代表性的例子，它是由 n 个数组成的，这 n 个数作为方程组的解是一个整体，分开来谈是没有意义的. 再如，刻画球的大小和它在空间中的位置需要 4 个数：它的中心点的坐标和半径. 在经济问题中，我们也会碰到这种情况. 例如，对 5 个投资品种确定的投资方案需要 5 个数才能说明白. 如果一个工厂生产 6 种产品，那么要说明该厂产量需要 6 个数. 诸如此类问题的研究，都需要了解 n 维向量的性质.

本节从整体上讨论 n 维向量，给出向量空间的概念及其简单性质. 通常用小写黑体希腊字母 $\boldsymbol{\alpha}, \boldsymbol{\beta}, \boldsymbol{\gamma}$ 等表示向量. 一个向量写成行的形式时称为**行向量**,写成列的形式时称为**列向量**. 它们并无本质区别，重要的是其中分量的排列顺序不能变. 本书对向量仍采用矩阵转置记号，即记

$$\begin{bmatrix} a_1 \\ a_2 \\ \vdots \\ a_n \end{bmatrix}^{\mathrm{T}} = [a_1, a_2, \cdots, a_n].$$

据此，n 维行(列)向量的相等、加法和数量乘法就是行(列)矩阵的相等、加法和数量乘法.

定义 3.6 数域 P 上一个非空向量集合 V 称为 P 上一个**向量空间**，如果

(1) V 中任意两个向量的和仍在 V 中；

(2) P 中任意一个数与 V 中任意一个向量的数量乘积仍在 V 中.

显然，P 上全体 n 维向量构成一个向量空间，通常把这样的向量空间记为 P^n. 特别地，实数域 $\mathbb{R}$ 上全体 n 维向量构成的向量空间称为 n **维实向量空间**，记作 $\mathbb{R}^n$；复数域 $\mathbb{C}$ 上全体 n 维向量构成的向量空间称为 $\boldsymbol{n}$ **维复向量空间**，记作 $\mathbb{C}^n$. $\mathbb{R}^n, \mathbb{C}^n$ 中部分向量也能构成向量空间. 例如 $V=\{0\}$，显然 $0+0=0\in V$，$k0=0\in V$，因此 $V=\{0\}$是一个向量空间，称为**零空间**. 一般地，由向量空间 P^n 中部分向量构成的

向量空间，称为 P^n 的**子空间**.

例 3.5.1　证明 $V=\{[a, b, 0] \mid a, b\in \mathbb{R}\}$ 是实数域 $\mathbb{R}$ 上的一个向量空间.

证　$\mathbf{0}=[0,0,0]\in V$, 说明 V 非空，且

(1) $\forall \boldsymbol{\alpha}, \boldsymbol{\beta}\in V$, 不妨假定 $\boldsymbol{\alpha}=[a_1, b_1, 0]$, $\boldsymbol{\beta}=[a_2, b_2, 0]$, 则 $a_1+a_2, b_1+b_2\in \mathbb{R}$, 从而 $\boldsymbol{\alpha}+\boldsymbol{\beta}=[a_1+a_2,\ b_1+b_2,\ 0]\in V$;

(2) $\forall k\in \mathbb{R}$, $ka_1, kb_1\in \mathbb{R}$, 从而 $k\boldsymbol{\alpha}=[ka_1, kb_1, 0]\in V$.

由定义 3.6，V 是 $\mathbb{R}$ 上一个向量空间. 显然 V 是 $\mathbb{R}^3$ 的一个子空间.

例 3.5.2　证明集合 $V=\{\boldsymbol{X} \mid \boldsymbol{AX}=\mathbf{0}\}$是实数域 $\mathbb{R}$ 上一个向量空间，其中

$$\boldsymbol{A}=(a_{ij})_{m\times n},\quad a_{ij}\in \mathbb{R}\ (i=1,2,\cdots,m;\ j=1,2,\cdots,n),\quad \boldsymbol{X}=[x_1, x_2, \cdots, x_n]^{\mathrm{T}}.$$

证　显然 $\boldsymbol{A}\mathbf{0}=\mathbf{0}$，所以 V 中至少包含一个零向量，从而 V 非空.

(1) $\forall \boldsymbol{X}_1, \boldsymbol{X}_2\in V$, 有 $\boldsymbol{AX}_1=\mathbf{0}, \boldsymbol{AX}_2=\mathbf{0}$, 则 $\boldsymbol{A}(\boldsymbol{X}_1+\boldsymbol{X}_2)=\boldsymbol{AX}_1+\boldsymbol{AX}_2=\mathbf{0}$, 故 $\boldsymbol{X}_1+\boldsymbol{X}_2\in V$;

(2) $\forall \boldsymbol{X}\in V$, $\forall k\in \mathbb{R}$, 有 $\boldsymbol{AX}=\mathbf{0}$, 则 $\boldsymbol{A}(k\boldsymbol{X})=k(\boldsymbol{AX})=k\mathbf{0}=\mathbf{0}$, 故 $k\boldsymbol{X}\in V$. 所以 V 是 $\mathbb{R}$ 上一个向量空间.

此例表明齐次线性方程组的全体解向量构成一个向量空间，称为该方程组的**解空间**.

例 3.5.3　设非齐次线性方程组 $\boldsymbol{AX}=\boldsymbol{b}$ 的解集为

$$S=\{\boldsymbol{X} \mid \boldsymbol{AX}=\boldsymbol{b}\}$$

证明 S 不是向量空间.

证　设 $\boldsymbol{X}\in S, \boldsymbol{AX}=\boldsymbol{b}$, $\boldsymbol{A}(2\boldsymbol{X})=2\boldsymbol{b}\neq \boldsymbol{b}$, 所以 $2\boldsymbol{X}\notin S$. 故 S 不是向量空间.

3.5.2　向量空间的基、维数和坐标

向量空间是一个特殊的向量组，除零空间外，向量空间中总含有非零向量，因此非零向量空间都有极大无关组.

定义 3.7　向量空间的一个极大无关组称为该空间的一个**基**，基中所含向量的个数称为该空间的**维数**. 零空间的维数规定为 0. 如果向量组 $\boldsymbol{\alpha}_1, \boldsymbol{\alpha}_2, \cdots, \boldsymbol{\alpha}_s$ 是向量空间 V 的一个基，那么对于 V 中每一个向量 $\boldsymbol{\beta}$ ，唯一存在 s 个数 $k_1, k_2, \cdots, k_s$, 使得

$$\boldsymbol{\beta}=k_1\boldsymbol{\alpha}_1+k_2\boldsymbol{\alpha}_2+\cdots+k_s\boldsymbol{\alpha}_s,$$

数组 $(k_1, k_2, \cdots, k_s)$ 称为 $\boldsymbol{\beta}$ 在基 $\boldsymbol{\alpha}_1, \boldsymbol{\alpha}_2, \cdots, \boldsymbol{\alpha}_s$ 下的**坐标**.

V中任意向量在指定基下的坐标是唯一的. 但请读者注意,向量空间的基不是唯一的,因此同一个向量在不同基下的坐标一般不同. 特别地,在n维向量空间$\mathbb{R}^n$中取单位坐标向量$\boldsymbol{e}_1,\boldsymbol{e}_2,\cdots,\boldsymbol{e}_n$为基,则$\mathbb{R}^n$中任一向量$\boldsymbol{\beta}$可表示为

$$\boldsymbol{\beta}=k_1\boldsymbol{e}_1+k_2\boldsymbol{e}_2+\cdots+k_n\boldsymbol{e}_n.$$

数$k_1,k_2,\cdots,k_s$是$\boldsymbol{\beta}$的分量,也是$\boldsymbol{\beta}$在单位坐标向量$\boldsymbol{e}_1,\boldsymbol{e}_2,\cdots,\boldsymbol{e}_n$下的坐标,我们称$\boldsymbol{e}_1,\boldsymbol{e}_2,\cdots,\boldsymbol{e}_n$为$\mathbb{R}^n$中的**自然基**.

例 3.5.4 设$V=\{[x,y,0]\,|\,x,y\in\mathbb{R}\}$是实数域上一个向量空间,试确定$V$的基、维数和$V$中向量$\boldsymbol{\beta}=[x,y,0]$在该基下的坐标.

解 显然$\boldsymbol{\alpha}_1=[1,0,0],\boldsymbol{\alpha}_2=[0,1,0]\in V$且$\boldsymbol{\alpha}_1,\boldsymbol{\alpha}_2$线性无关. 对$\boldsymbol{\beta}=[x,y,0]\in V$,总有$\boldsymbol{\beta}=x\boldsymbol{\alpha}_1+y\boldsymbol{\alpha}_2$. 可见$\boldsymbol{\alpha}_1,\boldsymbol{\alpha}_2$构成$V$的一个基,$V$是 2 维向量空间. $\boldsymbol{\beta}=[x,y,0]$在基$\boldsymbol{\alpha}_1,\boldsymbol{\alpha}_2$下的坐标是$(x,y)$.

同理$\boldsymbol{\beta}_1=[1,1,0],\boldsymbol{\beta}_2=[-1,1,0]$线性无关,且对每一个$\boldsymbol{\beta}=[x,y,0]\in V$,有

$$k_1=\frac{x+y}{2},\quad k_2=\frac{y-x}{2},$$

使$\boldsymbol{\beta}=k_1\boldsymbol{\beta}_1+k_2\boldsymbol{\beta}_2$. 这表明$\boldsymbol{\beta}_1,\boldsymbol{\beta}_2$也是$V$的一个基,$\boldsymbol{\beta}$在$\boldsymbol{\beta}_1,\boldsymbol{\beta}_2$下的坐标是$(k_1,k_2)$.

习 题 3.5

1. 证明:$0\boldsymbol{\alpha}=\boldsymbol{0}$; $(-1)\boldsymbol{\alpha}=-\boldsymbol{\alpha}$; $k\boldsymbol{0}=\boldsymbol{0}$, 其中$0\boldsymbol{\alpha}=\boldsymbol{0}$中左端的零是数 0,其余三个 0 都是零向量.

2. 已知$3\boldsymbol{\alpha}+2\boldsymbol{X}=\boldsymbol{\beta}$, 求$\boldsymbol{X}$,其中$\boldsymbol{\alpha}=[7,2,-1,0],\boldsymbol{\beta}=[0,1,0,1]$.

3. 证明:

(1) $V_1=\{[x,y,z]\,|\,x,y,z\in\mathbb{R},x+y+z=0\}$是实数域上的向量空间;

(2) $V_2=\{[x,y,z]\,|\,x,y,z\in\mathbb{R},x+y+z=2\}$不是实数域上的向量空间.

4. 如果向量$\boldsymbol{\alpha}_1,\boldsymbol{\alpha}_2$线性无关,证明向量集合$V=\{k_1\boldsymbol{\alpha}_1+k_2\boldsymbol{\alpha}_2\,|\,k_1,k_2\in\mathbb{R}\}$是实数域上的向量空间,并指出它的基和维数.

3.6 MATLAB 软件应用

本节介绍使用 MATLAB 软件求线性方程组解时的基本命令. 将通过两个例子,分别说明在方程组有唯一解时的求解命令,以及给出齐次线性方程组基础解系的命令. 需要特别强调,在使用 MATLAB 软件求线性方程组的解时,必须先写出该方程组的矩阵形式.

3.6.1　存在唯一解时的求解命令

对于存在唯一解的方程组 $\boldsymbol{AX}=\boldsymbol{b}$, 输入命令：`X=A\b`，输出结果就是用主元素消元法求出的方程组 $\boldsymbol{AX}=\boldsymbol{b}$ 的唯一解.

例 3.6.1　求下列线性方程组的解

$$\begin{cases} 2x_1+x_2-5x_3+x_4=8, \\ x_1-3x_2-6x_4=9, \\ 2x_2-x_3+2x_4=-5, \\ x_1+4x_2-7x_3+6x_4=0. \end{cases}$$

解　写出方程组的矩阵形式 $\boldsymbol{AX}=\boldsymbol{b}$, 其中

$$\boldsymbol{A}=\begin{bmatrix} 2 & 1 & -5 & 1 \\ 1 & -3 & 0 & -6 \\ 0 & 2 & -1 & 2 \\ 1 & 4 & -7 & 6 \end{bmatrix}, \quad \boldsymbol{b}=\begin{bmatrix} 8 \\ 9 \\ -5 \\ 0 \end{bmatrix}.$$

由于 $\det \boldsymbol{A}\neq 0$, 所以该方程组有唯一解. 因此，输入命令：`X=A\b`，便得到结果：

$$\boldsymbol{X}=[3.0000,-4.0000,-1.0000,1.0000]^{\mathrm{T}}.$$

3.6.2　生成 $\boldsymbol{AX}=\boldsymbol{0}$ 基础解系的命令

对于齐次线性方程组 $\boldsymbol{AX}=\boldsymbol{0}$，输入命令 `z=null(A,'r')`， 输出结果就生成 $\boldsymbol{AX}=\boldsymbol{0}$ 的基础解系.

例 3.6.2　求下列齐次线性方程组的基础解系

$$\begin{cases} x_1+x_2+x_3+x_4+x_5=0, \\ 3x_1+2x_2+x_3-x_4-3x_5=0, \\ 6x_1+4x_2+2x_3+2x_4-6x_5=0, \\ 5x_1+4x_2+3x_3+3x_4-x_5=0. \end{cases}$$

解　此方程组的系数矩阵为

$$\boldsymbol{A}=\begin{bmatrix} 1 & 1 & 1 & 1 & 1 \\ 3 & 2 & 1 & -1 & -3 \\ 6 & 4 & 2 & 2 & -6 \\ 5 & 4 & 3 & 3 & -1 \end{bmatrix}.$$

输入命令：`z=null(A,'r')`，得到的输出结果是矩阵

$$Z=\begin{bmatrix}1&3&5\\-2&-4&-6\\1&0&0\\0&1&0\\0&0&1\end{bmatrix}.$$

$\boldsymbol{Z}$ 的列向量组是方程组的一个基础解系. 计算机输出时，是把这个基础解系中的向量作为列向量，按矩阵形式输出的.

习　题　3.6

1. 用 MATLAB 软件求解下列线性方程组.

(1) $\begin{cases}x_1+x_2+x_3+x_4+x_5=0,\\3x_1+x_2+x_3+x_4-3x_5=0,\\x_2+2x_3+2x_4+6x_5=0,\\5x_1+4x_2+3x_3+3x_4-x_5=0.\end{cases}$　　(2) $\begin{cases}x_1+x_2+x_3+x_4=4,\\2x_1-3x_2+x_3+5x_4=6,\\-3x_1+x_2+2x_3-4x_4=5.\end{cases}$

2. 用消元法求解下列方程组.

$$\begin{cases}-3x_1+5x_2+8x_4=0,\\x_1-8x_2+2x_3-x_4=2,\\-5x_2+9x_3+3x_4=-1,\\-7x_1-4x_3+5x_4=6.\end{cases}$$

附 加 题 A

1. 下列结论是否正确，为什么？

(1) 零向量是任一向量组的线性组合；

(2) $n+1$ 个 n 维向量一定线性无关；

(3) 若齐次线性方程组 $\boldsymbol{AX}=\boldsymbol{0}$ 只有零解，则 $\boldsymbol{A}$ 的列向量组线性无关；

(4) 可逆矩阵的列向量组线性相关；

(5) 若 $|\boldsymbol{A}|=\boldsymbol{0}$, 则存在列向量 $\boldsymbol{X}\neq\boldsymbol{0}$, 使得 $\boldsymbol{AX}=\boldsymbol{0}$.

2. 请将下列句子补充完整.

(1) 若 n 元线性方程组有解且其系数矩阵的秩为 r，则当__________时，方程组有唯一解；当__________时，方程组有无穷多解.

(2) 若方程组

$$\begin{cases} 3x_1 + kx_2 - x_3 = 0, \\ \qquad 4x_2 + x_3 = 0, \\ kx_1 - 5x_2 - x_3 = 0 \end{cases}$$

只有零解，则 k 应满足的条件是____________.

(3) 设 $\boldsymbol{A}$ 为 4 阶方阵且 $R(\boldsymbol{A}) = 3$, 则 $R(\boldsymbol{A}^*) =$____________.

(4) n 元齐次线性方程组 $\boldsymbol{AX} = \boldsymbol{0}$ 的基础解系中含有解向量的个数为____________.

(5) 若方程组 $\boldsymbol{AX} = \boldsymbol{0}$ 的一个基础解系是 $\boldsymbol{\eta}_1 = [1, 0, 2]^{\mathrm{T}}$, $\boldsymbol{\eta}_2 = [0, 1, -1]^{\mathrm{T}}$，则该方程组系数矩阵的秩为____________.

(6) 若向量 $\boldsymbol{\beta} = [0, k, k^2]$ 能由向量组

$$\boldsymbol{\alpha}_1 = [1+k, 1, 1], \quad \boldsymbol{\alpha}_2 = [1, 1+k, 1], \quad \boldsymbol{\alpha}_3 = [1, 1, 1+k]$$

线性表示且表法唯一，则 k 应满足____________.

3. 请从每个小题的四个选项中选择适当的选项填空.

(1) 向量组 $\boldsymbol{\alpha}_1, \boldsymbol{\alpha}_2, \cdots, \boldsymbol{\alpha}_s$ $(s \geqslant 2)$ 线性相关的充分必要条件是____________.

(a) $\boldsymbol{\alpha}_1$ 可由 $\boldsymbol{\alpha}_2, \cdots, \boldsymbol{\alpha}_s$ 线性表示　　(b) 它们中有两个向量成比例

(c) 它们中有零向量　　(d) 它们中至少有一个向量是其他向量的线性组合

(2) 若 n 阶方阵 $\boldsymbol{A}$ 可逆，则下列选项不成立的是____________.

(a) $\boldsymbol{A}$ 的每个行向量非零　　(b) $\boldsymbol{A}$ 的 n 个列向量线性相关

(c) $\boldsymbol{A}$ 的 n 个列向量线性无关　　(d) $R(\boldsymbol{A}) = n$

(3) 若 $\boldsymbol{\alpha}_1, \boldsymbol{\alpha}_2, \cdots, \boldsymbol{\alpha}_s$ 的秩为 r，则____________.

(a) 它们中任意 r 个向量都线性无关　　(b) 它们中任意 r 个向量都线性相关

(c) 它们中存在 r 个向量线性无关　　(d) 向量组 $\boldsymbol{\alpha}_1, \boldsymbol{\alpha}_2, \cdots, \boldsymbol{\alpha}_s$ 线性无关

(4) 若向量组 T_1 能由向量组 T_2 线性表示，$T = T_1 \cup T_2$，则____________.

(a) $R_{T_2} = R_T$　　(b) $R_{T_1} = R_T$

(c) $R_{T_1} = R_{T_2}$　　(d) $R_{T_1} \geqslant R_{T_2}$

附 加 题 B

1. 如果 $\boldsymbol{\alpha}_1, \boldsymbol{\alpha}_2, \cdots, \boldsymbol{\alpha}_s$ 的秩为 r，判断下列结论是否正确.

(1) 当 $r < s$ 时，有不全为零的数 $k_1, k_2, \cdots, k_s$ 使 $k_1\boldsymbol{\alpha}_1 + k_2\boldsymbol{\alpha}_2 + \cdots + k_s\boldsymbol{\alpha}_s = \boldsymbol{0}$;

(2) 当 $r < s$ 时，$\boldsymbol{\alpha}_1, \boldsymbol{\alpha}_2, \cdots, \boldsymbol{\alpha}_s$ 中任意 $r+1$ 个向量都线性相关；

(3) 当 $r < s$ 时，$x_1\boldsymbol{\alpha}_1 + x_2\boldsymbol{\alpha}_2 + \cdots + x_r\boldsymbol{\alpha}_r = \boldsymbol{0}$ 只有零解；

(4) 当 $r=s$ 时，对于任意一个包含 s 个向量的向量组 $\boldsymbol{\beta}_1,\boldsymbol{\beta}_2,\cdots,\boldsymbol{\beta}_s$ 来说，总有 $\boldsymbol{\alpha}_1,\boldsymbol{\alpha}_2,\cdots,\boldsymbol{\alpha}_s$ 与 $\boldsymbol{\beta}_1,\boldsymbol{\beta}_2,\cdots,\boldsymbol{\beta}_s$ 等价.

2. 已知 $\boldsymbol{\beta}=\begin{bmatrix}0\\1\\b\\-1\end{bmatrix},\boldsymbol{\alpha}_1=\begin{bmatrix}1\\0\\0\\3\end{bmatrix},\boldsymbol{\alpha}_2=\begin{bmatrix}1\\1\\-1\\2\end{bmatrix},\boldsymbol{\alpha}_3=\begin{bmatrix}1\\2\\a-3\\1\end{bmatrix},\boldsymbol{\alpha}_4=\begin{bmatrix}1\\2\\-2\\a\end{bmatrix}$.

(1) a,b 为何值时，$\boldsymbol{\beta}$ 可由 $\boldsymbol{\alpha}_1,\boldsymbol{\alpha}_2,\boldsymbol{\alpha}_3,\boldsymbol{\alpha}_4$ 线性表出且表法唯一？写出这种情况下的表达式；

(2) a,b 为何值时，$\boldsymbol{\beta}$ 可由 $\boldsymbol{\alpha}_1,\boldsymbol{\alpha}_2,\boldsymbol{\alpha}_3,\boldsymbol{\alpha}_4$ 线性表出，并且表达式不唯一.

3. 当 a,b 取什么值时，方程组

$$\begin{cases}x_1+x_2+x_3+x_4+x_5=1,\\3x_1+2x_2+x_3+x_4-3x_5=a,\\x_2+2x_3+2x_4+6x_5=3,\\5x_1+4x_2+3x_3+3x_4-x_5=b\end{cases}$$

有解？在有解的情形，求它的通解.

4. 设

$$\begin{cases}x_1-x_2=a_1,\\x_2-x_3=a_2,\\x_3-x_4=a_3,\\x_4-x_5=a_4,\\x_5-x_1=a_5.\end{cases}$$

证明此方程组有解的充分必要条件是 $a_1+a_2+a_3+a_4+a_5=0$. 在有解的情形下，求它的通解.

5. 对于 4 维向量组：

$$\boldsymbol{\alpha}_1=[1+a,1,1,1]^{\mathrm{T}},\quad \boldsymbol{\alpha}_2=[2,2+a,2,2]^{\mathrm{T}},$$

$$\boldsymbol{\alpha}_3=[3,3,3+a,3]^{\mathrm{T}},\quad \boldsymbol{\alpha}_4=[4,4,4,4+a]^{\mathrm{T}},$$

讨论 a 为何值时，$\boldsymbol{\alpha}_1,\boldsymbol{\alpha}_2,\boldsymbol{\alpha}_3,\boldsymbol{\alpha}_4$ 线性相关？当 $\boldsymbol{\alpha}_1,\boldsymbol{\alpha}_2,\boldsymbol{\alpha}_3,\boldsymbol{\alpha}_4$ 线性相关时，求出它的一个极大无关组，并将其余向量表示为该极大无关组的线性组合.

6. 设 $\boldsymbol{\beta}_1,\boldsymbol{\beta}_2,\cdots,\boldsymbol{\beta}_n$ 是一组 n 维向量. 证明：如果单位坐标向量组 $\boldsymbol{\varepsilon}_1,\boldsymbol{\varepsilon}_2,\cdots,\boldsymbol{\varepsilon}_n$ 可以由 $\boldsymbol{\beta}_1,\boldsymbol{\beta}_2,\cdots,\boldsymbol{\beta}_n$ 线性表出，那么 $\boldsymbol{\beta}_1,\boldsymbol{\beta}_2,\cdots,\boldsymbol{\beta}_n$ 线性无关.

7. 设 $\boldsymbol{\beta}_1,\boldsymbol{\beta}_2,\cdots,\boldsymbol{\beta}_n$ 是一组 n 维向量，试证：$\boldsymbol{\beta}_1,\boldsymbol{\beta}_2,\cdots,\boldsymbol{\beta}_n$ 线性无关的充分必要条件是任意一个 n 维向量都可由它们线性表出.

8. 设 $\boldsymbol{\alpha}_1,\boldsymbol{\alpha}_2,\cdots,\boldsymbol{\alpha}_s$ 为线性方程组 $\boldsymbol{AX}=\mathbf{0}$ 的一个基础解系，$\boldsymbol{\beta}_1=t_1\boldsymbol{\alpha}_1+t_2\boldsymbol{\alpha}_2$，$\boldsymbol{\beta}_2=t_1\boldsymbol{\alpha}_2+t_2\boldsymbol{\alpha}_3,\cdots$，$\boldsymbol{\beta}_s=t_1\boldsymbol{\alpha}_s+t_2\boldsymbol{\alpha}_1$，其中 t_1,t_2 为实常数. 试问：t_1,t_2 满足什么关系时，$\boldsymbol{\beta}_1,\boldsymbol{\beta}_2,\cdots,\boldsymbol{\beta}_s$ 也是 $\boldsymbol{AX}=\mathbf{0}$ 的一个基础解系？

9. 设 $\boldsymbol{\alpha}_1, \boldsymbol{\alpha}_2, \cdots, \boldsymbol{\alpha}_s$ 是非零 n 维列向量，且

$$\boldsymbol{\alpha}_i^{\mathrm{T}} \boldsymbol{A} \boldsymbol{\alpha}_j = \begin{cases} 1, & i = j, \\ 0, & i \neq j, \end{cases} \quad i, j = 1, 2, \cdots, s,$$

证明 $\boldsymbol{\alpha}_1, \boldsymbol{\alpha}_2, \cdots, \boldsymbol{\alpha}_s$ 线性无关.

10. 设三阶矩阵 $\boldsymbol{A}$ 与三维向量 $\boldsymbol{X}$ 满足：向量组 $\boldsymbol{X}, \boldsymbol{AX}, \boldsymbol{A}^2\boldsymbol{X}$ 线性无关，且 $\boldsymbol{A}^3\boldsymbol{X} = 3\boldsymbol{AX} - 2\boldsymbol{A}^2\boldsymbol{X}$. 以 $\boldsymbol{X}, \boldsymbol{AX}, \boldsymbol{A}^2\boldsymbol{X}$ 为列向量构成矩阵 $\boldsymbol{P} = [\boldsymbol{X}, \boldsymbol{AX}, \boldsymbol{A}^2\boldsymbol{X}]$.

(1) 求三阶矩阵 $\boldsymbol{B}$，使 $\boldsymbol{A} = \boldsymbol{PBP}^{-1}$；

(2) 计算行列式 $|\boldsymbol{A} + \boldsymbol{E}|$.

11. 已知方程组

$$\begin{cases} -2x_1 + x_2 + ax_3 - 5x_4 = 1, \\ x_1 + x_2 - x_3 + bx_4 = 4, \\ 3x_1 + x_2 + x_3 + 2x_4 = c \end{cases}$$

与方程组

$$\begin{cases} x_1 + x_4 = 1, \\ x_2 - 2x_4 = 2, \\ x_3 + x_4 = -1 \end{cases}$$

同解，试确定 a, b, c 的值.

12. 设 $\boldsymbol{A}$ 为 n 阶矩阵 $(n \geqslant 2)$，$\boldsymbol{A}^*$ 为 $\boldsymbol{A}$ 的伴随矩阵，证明

$$R(\boldsymbol{A}^*) = \begin{cases} n, & R(\boldsymbol{A}) = n, \\ 1, & R(\boldsymbol{A}) = n-1, \\ 0, & R(\boldsymbol{A}) \leqslant n-2. \end{cases}$$

13. 对于 $\boldsymbol{A} = (a_{ij})_{m\times n}, \boldsymbol{B} = (b_{ij})_{n\times t}$，求证 $R(\boldsymbol{AB}) \leqslant \min\{R(\boldsymbol{A}), R(\boldsymbol{B})\}$.

14. 设方程组

$$\begin{cases} a_{11}x_1 + a_{12}x_2 + \cdots + a_{1n}x_n = c_1, \\ \qquad\cdots\cdots \\ a_{m1}x_1 + a_{m2}x_2 + \cdots + a_{mn}x_n = c_n \end{cases} \tag{1}$$

有解，且系数矩阵的秩为 r_1；另一方程组

$$\begin{cases} b_{11}x_1 + b_{12}x_2 + \cdots + b_{1n}x_n = d_1, \\ \qquad\cdots\cdots \\ b_{m1}x_1 + b_{m2}x_2 + \cdots + b_{mn}x_n = d_n \end{cases} \tag{2}$$

无解，其系数矩阵的秩为 r_2. 证明如下矩阵

$$C=\begin{bmatrix} a_{11} & a_{12} & \cdots & a_{1n} & b_{11} & b_{12} & \cdots & b_{1n} & c_1 & d_1 \\ a_{21} & a_{22} & \cdots & a_{2n} & b_{21} & b_{22} & \cdots & b_{2n} & c_2 & d_2 \\ \vdots & \vdots & & \vdots & \vdots & \vdots & & \vdots & \vdots & \vdots \\ a_{m1} & a_{m2} & \cdots & a_{mn} & b_{m1} & b_{m2} & \cdots & b_{mn} & c_m & d_m \end{bmatrix}$$

的秩不超过 r_1+r_2+1.

15. 已知非齐次线性方程组

$$\begin{cases} x_1+\ \ x_2+\ \ x_3+\ \ x_4=-1, \\ 4x_1+3x_2+5x_3-\ \ x_4=-1, \\ ax_1+\ \ x_2+3x_3+bx_4=1 \end{cases}$$

有 3 个线性无关的解.

(1)证明方程组系数矩阵 $\boldsymbol{A}$ 的秩为 2;

(2)求 a,b 的值及方程组的解.

16. 试证:如果 $\boldsymbol{X}_1,\boldsymbol{X}_2,\cdots,\boldsymbol{X}_t$ 都是非齐次线性方程组 $\boldsymbol{AX}=\boldsymbol{b}$ 的解向量,并且 t 个数 $u_1,u_2,\cdots,u_t$ 满足

$$u_1+u_2+\cdots+u_t=1,$$

那么向量 $u_1\boldsymbol{X}_1+u_2\boldsymbol{X}_2+\cdots+u_t\boldsymbol{X}_t$ 也是 $\boldsymbol{AX}=\boldsymbol{b}$ 的解向量.

17. 试证:如果 $\boldsymbol{\beta}_0$ 是非齐次线性方程组 $\boldsymbol{AX}=\boldsymbol{b}$ 的一个特解, $\boldsymbol{X}_1,\boldsymbol{X}_2,\cdots,\boldsymbol{X}_t$ 是它的导出方程组 $\boldsymbol{AX}=\boldsymbol{0}$ 的一个基础解系,令

$$\boldsymbol{\beta}_1=\boldsymbol{\beta}_0+\boldsymbol{X}_1,\boldsymbol{\beta}_2=\boldsymbol{\beta}_0+\boldsymbol{X}_2,\cdots,\boldsymbol{\beta}_t=\boldsymbol{\beta}_0+\boldsymbol{X}_t,$$

则该方程组的解可以表示为如下形式:

$$\boldsymbol{X}=u_1\boldsymbol{\beta}_1+u_2\boldsymbol{\beta}_2+\cdots+u_t\boldsymbol{\beta}_t,$$

其中 $u_1+u_2+\cdots+u_t=1$.

18. 设四元非齐次线性方程组的系数矩阵的秩为 3,已知 $\boldsymbol{\eta}_1,\boldsymbol{\eta}_2,\boldsymbol{\eta}_3$ 是它的三个解向量,且

$$\boldsymbol{\eta}_1=\begin{bmatrix}2\\3\\4\\5\end{bmatrix},\quad \boldsymbol{\eta}_2+\boldsymbol{\eta}_3=\begin{bmatrix}1\\2\\3\\4\end{bmatrix},$$

求该方程组的通解.

延伸阅读　复杂化学反应系统中的计量问题

复杂化学反应系统一般涉及多种化学物质. 为了比较准确地确定经过一段时间的化学反应后，一个复杂化学反应系统内各种化学物质的变化及含量，从而定量研究化学反应和平衡等问题，就需要化学分析及数学计算方法的有效结合.

例如，在合成氨生产的甲烷与水蒸气生成合成气的阶段，系统内除了一些惰性气体外，存在以下七种化学物质：$CH_4, H_2, CO, CO_2, H_2O, C, C_2H_6$. 这些化学物质总共涉及三种化学元素：C, H, O. 按照每种物质的分子构成，我们可以给出下述表格：

$$\begin{array}{c} \\ C \\ H \\ O \end{array}\begin{array}{c} \begin{array}{ccccccc} CH_4 & H_2 & CO & CO_2 & H_2O & C & C_2H_6 \end{array} \\ \begin{bmatrix} 1 & 0 & 1 & 1 & 0 & 1 & 2 \\ 4 & 2 & 0 & 0 & 2 & 0 & 6 \\ 0 & 0 & 1 & 2 & 1 & 0 & 0 \end{bmatrix} \end{array}.$$

通常，把该表格中数字组成的矩阵记为 $\boldsymbol{A}$，并称其为该复杂系统的“原子矩阵”.

一般地，如果一个复杂化学反应系统内含有 n 种化学物质，总共涉及 m 种化学元素，我们可以引进一个表示这个复杂系统的 $m\times n$ 型原子矩阵 $\boldsymbol{A}$. 进一步，若设该系统内第 j 种物质的初始量为 $x_j(j=1,2,\cdots,n)$，第 i 种元素的原子总量为 $b_i(i=1,2,\cdots,m)$，则有

$$\boldsymbol{AX}=\boldsymbol{b},$$

其中 $\boldsymbol{X}$ 和 $\boldsymbol{b}$ 分别是由 $x_j(j=1,2,\cdots,n)$ 和 $b_i(i=1,2,\cdots,m)$ 所构成的列向量. 通常，这 n 种化学物质在适当条件下会发生多种化学反应. 假设经过化学反应后该复杂系统内各种化学物质的量发生变化的情况是：x_j 变为 $x_j'(j=1,2,\cdots,n)$. 由于化学反应不会改变化学元素原子的量，故有

$$\boldsymbol{AX}'=\boldsymbol{b},$$

其中 $\boldsymbol{X}'$ 是由 $x_j'(j=1,2,\cdots,n)$ 所构成的列向量. 记

$$\Delta x_j=x_j'-x_j\ (j=1,2,\cdots,n),\quad \Delta\boldsymbol{X}=\boldsymbol{X}'-\boldsymbol{X},$$

则由上述两式显然可得关于 $\Delta x_1,\Delta x_2,\cdots,\Delta x_n$ 的一个齐次线性方程组

$$\boldsymbol{A}\Delta\boldsymbol{X}'=\boldsymbol{0}.$$

由线性方程组理论知，当矩阵 $\boldsymbol{A}$ 的秩 $r<n$ 时，在 $\Delta x_1, \Delta x_2, \cdots, \Delta x_n$ 中一定有 $n-r$ 个量是可以任意取值的，而另外的 r 个量随着这 $n-r$ 个量的确定而确定.

从化学分析的角度看，在上述复杂化学反应系统内，要确定经过多种化学反应后各种化学物质的量，只需要用化学分析的方法去测定其中任意 $n-r$ 个可以作为上述方程组自由未知量的化学物质的量. 一旦它们被测定，另外 r 种化学物质的量就可以通过上述方程组计算出来. 在实际应用中，人们总是在比较容易准确测定的化学物质对应的量中来选定自由未知量，从而使整体结果更加准确. 自由未知量选择的多样性常常是非常有用的.

下面，就用这种思想来对上述例子进行讨论. 假定系统内 7 种物质的顺序依次是 $CH_4, H_2, CO, CO_2, H_2O, C, C_2H_6$，相应的齐次线性方程组是

$$\begin{bmatrix} 1 & 0 & 1 & 1 & 0 & 1 & 2 \\ 4 & 2 & 0 & 0 & 2 & 0 & 6 \\ 0 & 0 & 1 & 2 & 1 & 0 & 0 \end{bmatrix}\begin{bmatrix} \Delta x_1 \\ \Delta x_2 \\ \vdots \\ \Delta x_7 \end{bmatrix} = \mathbf{0},$$

其中 $\Delta x_1, \cdots, \Delta x_7$ 依次代表 $CH_4, H_2, CO, CO_2, H_2O, C, C_2H_6$ 的量在反应前后的改变量. 经过简单计算，不难得到该方程组的通解：

$$\begin{cases} \Delta x_2 = -2\Delta x_1 \qquad\qquad - \Delta x_5 - 3\Delta x_7, \\ \Delta x_3 = \qquad\qquad -2\Delta x_4 - \Delta x_5, \\ \Delta x_6 = -\ \Delta x_1 + \Delta x_4 + \Delta x_5 - 2\Delta x_7. \end{cases}$$

如果取

$$\begin{cases} \Delta x_1 = -1.05\text{kmol}, \\ \Delta x_4 = 0.2\text{kmol}, \\ \Delta x_5 = -1.2\text{kmol}, \\ \Delta x_7 = 10^{-7}\,\text{kmol}, \end{cases}$$

代入可得

$$\begin{cases} \Delta x_2 \approx 3.3\text{kmol}, \\ \Delta x_3 \approx 0.8\text{kmol}, \\ \Delta x_6 \approx 0.05\text{kmol}. \end{cases}$$

进一步，如果有了 $\boldsymbol{X}$ 的具体数值，根据 $\boldsymbol{X}' = \boldsymbol{X} + \Delta\boldsymbol{X}$ 还可算出 $\boldsymbol{X}'$.

第4章　方阵的特征值与特征向量、二次型

数学家 王元

王元是我国著名数学家，中国科学院数学与系统科学研究院研究员，中国科学院院士.

王元是华罗庚的学生，在数论研究方面有突出贡献，曾与陈景润和潘承洞一起获得国家自然科学奖一等奖. 他在哥德巴赫猜想方面做过一系列重要工作，与华罗庚合作证明了用分圆域的独立单位系构造高维单位立方体的一致分布点贯的一般定理，并著有传记《华罗庚》.

王元在谈到学习和研究的体会时曾说过，学习数学首先要弄清楚一个个概念，否则脑子里难免是一盆糨糊. 掌握抽象概念的办法是多想想具体例子，要对照过去学过的东西，看看有了新概念与方法之后到底有什么优越性；其次要勤于动手，否则不仅会眼高手低，而且对概念的理解也很肤浅. 在学校学习阶段，适当地多做一些习题是很有必要的，真正弄清楚一个新概念与方法的标准是看掌握运用它们的水平如何，而这些需要通过做习题，通过独立思考，自己多动手才能学会. 既要做一些经过思考以后才能够得到答案的较难的习题，更要养成一个好习惯，就是不要看不起容易的东西，不要放过每一个可以锻炼自己的机会.

方阵的特征值和特征向量在矩阵应用中常常具有关键作用. 本章先介绍矩阵特征值和特征向量的概念，然后讨论矩阵与对角矩阵相似的条件. 作为矩阵的应用，本章也对实对称矩阵的相似对角化问题做专门研究，并将研究结果应用于二次型的化简.

基本概念 向量的内积，矩阵的特征值与特征向量，矩阵相似，二次型及其标准形.

基本运算 向量的内积运算，矩阵的相似变换，化二次型为标准形的运算.

基本要求 熟练掌握求向量内积、矩阵特征值和特征向量的方法，以及化矩阵为对角矩阵、化二次型为标准形的方法. 了解施密特正交化过程，掌握用正交变换化简矩阵或二次型的方法.

4.1 向量的内积

4.1.1 向量的内积

在高等数学中，学习过 3 维空间中向量长度和两个向量的内积、夹角等概念. 现在把这些概念推广到 n 维向量空间上，并讨论其基本性质.

定义 4.1 对于 n 维向量空间中两个列向量

$$\boldsymbol{\alpha}=\begin{bmatrix} a_1 \\ a_2 \\ \vdots \\ a_n \end{bmatrix}, \quad \boldsymbol{\beta}=\begin{bmatrix} b_1 \\ b_2 \\ \vdots \\ b_n \end{bmatrix},$$

令 $(\boldsymbol{\alpha},\boldsymbol{\beta})=a_1b_1+a_2b_2+\cdots+a_nb_n$，称 $(\boldsymbol{\alpha},\boldsymbol{\beta})$ 为向量 $\boldsymbol{\alpha}$ 与 $\boldsymbol{\beta}$ 的**内积**.

内积是两个向量之间的一种运算，其结果是一个数值. 用矩阵记号表示，两个列向量 $\boldsymbol{\alpha},\boldsymbol{\beta}$ 的内积 $(\boldsymbol{\alpha},\boldsymbol{\beta})$ 为 $(\boldsymbol{\alpha},\boldsymbol{\beta})=\boldsymbol{\alpha}^{\mathrm{T}}\boldsymbol{\beta}$. 而当 $\boldsymbol{\alpha},\boldsymbol{\beta}$ 为行向量时，$(\boldsymbol{\alpha},\boldsymbol{\beta})=\boldsymbol{\alpha}\boldsymbol{\beta}^{\mathrm{T}}$.

对任意 n 维列向量 $\boldsymbol{\alpha},\boldsymbol{\beta},\boldsymbol{\gamma}$ 和任意实数 k，向量的内积运算满足以下性质.

(1) $(\boldsymbol{\alpha},\boldsymbol{\beta})=(\boldsymbol{\beta},\boldsymbol{\alpha})$；

(2) $(k\boldsymbol{\alpha},\boldsymbol{\beta})=k(\boldsymbol{\alpha},\boldsymbol{\beta}),(\boldsymbol{\alpha},k\boldsymbol{\beta})=k(\boldsymbol{\alpha},\boldsymbol{\beta})$；

(3) $(\boldsymbol{\alpha}+\boldsymbol{\beta},\boldsymbol{\gamma})=(\boldsymbol{\alpha},\boldsymbol{\gamma})+(\boldsymbol{\beta},\boldsymbol{\gamma}),(\boldsymbol{\gamma},\boldsymbol{\alpha}+\boldsymbol{\beta})=(\boldsymbol{\gamma},\boldsymbol{\alpha})+(\boldsymbol{\gamma},\boldsymbol{\beta})$；

(4) $(\boldsymbol{\alpha},\boldsymbol{\alpha})\geqslant\mathbf{0}$ 且等号当且仅当 $\boldsymbol{\alpha}=\mathbf{0}$ 时成立.

由性质(4)知，$\sqrt{(\boldsymbol{\alpha},\boldsymbol{\alpha})}$ 总有意义.

定义 4.2 令

$$\|\boldsymbol{\alpha}\|=\sqrt{(\boldsymbol{\alpha},\boldsymbol{\alpha})}=\sqrt{a_1^2+a_2^2+\cdots+a_n^2},$$

称之为向量 $\boldsymbol{\alpha}$ 的**长度**. 特别地，长度为 1 的向量称为**单位向量**.

长度概念具有以下性质.

(1) **非负性**　$\|\boldsymbol{\alpha}\| \geqslant 0$.

(2) **齐次性**　$\|k\boldsymbol{\alpha}\| = |k|\|\boldsymbol{\alpha}\|$.

(3) **三角不等式性**　$\|\boldsymbol{x}+\boldsymbol{y}\| \leqslant \|\boldsymbol{x}\|+\|\boldsymbol{y}\|$.

当向量 $\boldsymbol{\alpha} \neq \boldsymbol{0}$ 时，$\dfrac{\boldsymbol{\alpha}}{\|\boldsymbol{\alpha}\|}$ 是单位向量. 通常把由 $\boldsymbol{\alpha}$ 求 $\dfrac{\boldsymbol{\alpha}}{\|\boldsymbol{\alpha}\|}$ 的过程称为把 $\boldsymbol{\alpha}$ 单位化.

4.1.2　向量的正交

定义 4.3　如果 $(\boldsymbol{\alpha}, \boldsymbol{\beta}) = 0$，则称 $\boldsymbol{\alpha}$ 与 $\boldsymbol{\beta}$ **正交**. 如果一个非零向量组中的向量两两正交，则称其为**正交向量组**. 由单位向量构成的正交向量组称为**单位正交向量组**.

显然零向量与任何向量正交. 又如，一个齐次线性方程组 $\boldsymbol{AX} = \boldsymbol{0}$ 的解向量与 $\boldsymbol{A}$ 的每一个行向量正交.

下面讨论线性无关向量组和正交向量组之间的关系.

定理 4.1　正交向量组是线性无关向量组.

证　设 $\boldsymbol{\beta}_1, \boldsymbol{\beta}_2, \cdots, \boldsymbol{\beta}_s$ 是一个正交向量组，即

$$\boldsymbol{\beta}_i \neq \boldsymbol{0}, \quad 且 (\boldsymbol{\beta}_i, \boldsymbol{\beta}_j) = \boldsymbol{0} \ (i \neq j;\ i, j = 1, 2, \cdots, s).$$

如果数 $k_1, k_2, \cdots, k_s$ 满足

$$k_1\boldsymbol{\beta}_1 + k_2\boldsymbol{\beta}_2 + \cdots + k_s\boldsymbol{\beta}_s = \boldsymbol{0},$$

以 $\boldsymbol{\beta}_j^{\mathrm{T}}$ 左乘上式两端，得

$$k_j\boldsymbol{\beta}_j^{\mathrm{T}}\boldsymbol{\beta}_j = 0 \quad (j = 1, 2, \cdots, s).$$

由 $\boldsymbol{\beta}_j \neq \boldsymbol{0}, (\boldsymbol{\beta}_j, \boldsymbol{\beta}_j) > 0$，得 $k_j = 0 (j = 1, 2, \cdots, s)$. 可见 $\boldsymbol{\beta}_1, \boldsymbol{\beta}_2, \cdots, \boldsymbol{\beta}_s$ 线性无关.

这个定理的逆命题显然是不成立的. 但对任意一个线性无关向量组 $\boldsymbol{\alpha}_1, \boldsymbol{\alpha}_2, \cdots, \boldsymbol{\alpha}_s$，总可以求出一个与其等价的正交向量组 $\boldsymbol{\beta}_1, \boldsymbol{\beta}_2, \cdots, \boldsymbol{\beta}_s$. 例如，用待定系数法，取

$$\boldsymbol{\beta}_1 = \boldsymbol{\alpha}_1, \quad \boldsymbol{\beta}_2 = \boldsymbol{\alpha}_2 + k_1\boldsymbol{\beta}_1,$$

其中待定系数 k_1 的取值应满足条件

$$(\boldsymbol{\beta}_2, \boldsymbol{\beta}_1) = (\boldsymbol{\alpha}_2 + k_1\boldsymbol{\beta}_1, \boldsymbol{\beta}_1) = (\boldsymbol{\alpha}_2, \boldsymbol{\beta}_1) + k_1(\boldsymbol{\beta}_1, \boldsymbol{\beta}_1) = \boldsymbol{0}.$$

则取 $k_1 = -\dfrac{(\boldsymbol{\alpha}_2, \boldsymbol{\beta}_1)}{(\boldsymbol{\beta}_1, \boldsymbol{\beta}_1)}$ 时，便得到向量组

$$\boldsymbol{\beta}_1 = \boldsymbol{\alpha}_1, \quad \boldsymbol{\beta}_2 = \boldsymbol{\alpha}_2 - \frac{(\boldsymbol{\alpha}_2, \boldsymbol{\beta}_1)}{(\boldsymbol{\beta}_1, \boldsymbol{\beta}_1)}\boldsymbol{\beta}_1,$$

向量组 $\boldsymbol{\beta}_1, \boldsymbol{\beta}_2$ 与向量组 $\boldsymbol{\alpha}_1, \boldsymbol{\alpha}_2$ 等价，且 $(\boldsymbol{\beta}_1, \boldsymbol{\beta}_2)=0$.

在此基础上，再取 $\boldsymbol{\beta}_3=\boldsymbol{\alpha}_3+k_1\boldsymbol{\beta}_1+k_2\boldsymbol{\beta}_2$，并有

$$\begin{cases}(\boldsymbol{\beta}_3,\ \boldsymbol{\beta}_1)=(\boldsymbol{\alpha}_3+k_1\boldsymbol{\beta}_1+k_2\boldsymbol{\beta}_2,\ \boldsymbol{\beta}_1)=0,\\(\boldsymbol{\beta}_3,\ \boldsymbol{\beta}_2)=(\boldsymbol{\alpha}_3+k_1\boldsymbol{\beta}_1+k_2\boldsymbol{\beta}_2,\ \boldsymbol{\beta}_2)=0,\end{cases}$$

即

$$\begin{cases}k_1(\boldsymbol{\beta}_1,\boldsymbol{\beta}_1)+k_2(\boldsymbol{\beta}_2,\boldsymbol{\beta}_1)=-(\boldsymbol{\alpha}_3,\boldsymbol{\beta}_1),\\k_1(\boldsymbol{\beta}_1,\boldsymbol{\beta}_2)+k_2(\boldsymbol{\beta}_2,\boldsymbol{\beta}_2)=-(\boldsymbol{\alpha}_3,\boldsymbol{\beta}_2).\end{cases}$$

可见当取

$$k_1=-\frac{(\boldsymbol{\alpha}_3,\boldsymbol{\beta}_1)}{(\boldsymbol{\beta}_1,\boldsymbol{\beta}_1)},\quad k_2=-\frac{(\boldsymbol{\alpha}_3,\boldsymbol{\beta}_2)}{(\boldsymbol{\beta}_2,\boldsymbol{\beta}_2)}$$

时，所得向量组 $\boldsymbol{\beta}_1,\boldsymbol{\beta}_2,\boldsymbol{\beta}_3$ 是正交向量组，且与向量组 $\boldsymbol{\alpha}_1,\boldsymbol{\alpha}_2,\boldsymbol{\alpha}_3$ 等价.

一般地，对 $t=1,2,\cdots,s$, 取

$$\boldsymbol{\beta}_t=\boldsymbol{\alpha}_t-\frac{(\boldsymbol{\alpha}_t,\boldsymbol{\beta}_1)}{(\boldsymbol{\beta}_1,\boldsymbol{\beta}_1)}\boldsymbol{\beta}_1-\frac{(\boldsymbol{\alpha}_t,\boldsymbol{\beta}_2)}{(\boldsymbol{\beta}_2,\boldsymbol{\beta}_2)}\boldsymbol{\beta}_2-\cdots-\frac{(\boldsymbol{\alpha}_t,\boldsymbol{\beta}_{t-1})}{(\boldsymbol{\beta}_{t-1},\boldsymbol{\beta}_{t-1})}\boldsymbol{\beta}_{t-1},$$

所得向量组 $\boldsymbol{\beta}_1,\boldsymbol{\beta}_2,\cdots,\boldsymbol{\beta}_s$ 是正交向量组，且与向量组 $\boldsymbol{\alpha}_1,\boldsymbol{\alpha}_2,\cdots,\boldsymbol{\alpha}_s$ 等价.

通常把从一个线性无关向量组 $\boldsymbol{\alpha}_1,\boldsymbol{\alpha}_2,\cdots,\boldsymbol{\alpha}_s$ 出发，求一个与之等价的正交向量组 $\boldsymbol{\beta}_1,\boldsymbol{\beta}_2,\cdots,\boldsymbol{\beta}_s$ 的过程，称为把向量组 $\boldsymbol{\alpha}_1,\boldsymbol{\alpha}_2,\cdots,\boldsymbol{\alpha}_s$ **正交化**.

正交化的过程归纳如下：取

$$\boldsymbol{\beta}_1=\boldsymbol{\alpha}_1,$$

$$\boldsymbol{\beta}_2=\boldsymbol{\alpha}_2-\frac{(\boldsymbol{\alpha}_2,\boldsymbol{\beta}_1)}{(\boldsymbol{\beta}_1,\boldsymbol{\beta}_1)}\boldsymbol{\beta}_1,$$

……

$$\boldsymbol{\beta}_s=\boldsymbol{\alpha}_s-\frac{(\boldsymbol{\alpha}_s,\boldsymbol{\beta}_1)}{(\boldsymbol{\beta}_1,\boldsymbol{\beta}_1)}\boldsymbol{\beta}_1-\frac{(\boldsymbol{\alpha}_s,\boldsymbol{\beta}_2)}{(\boldsymbol{\beta}_2,\boldsymbol{\beta}_2)}\boldsymbol{\beta}_2-\cdots-\frac{(\boldsymbol{\alpha}_s,\boldsymbol{\beta}_{s-1})}{(\boldsymbol{\beta}_{s-1},\boldsymbol{\beta}_{s-1})}\boldsymbol{\beta}_{s-1}.$$

进一步将正交向量组 $\boldsymbol{\beta}_1,\boldsymbol{\beta}_2,\cdots,\boldsymbol{\beta}_s$ 单位化，取

$$\boldsymbol{\gamma}_t=\frac{\boldsymbol{\beta}_t}{\|\boldsymbol{\beta}_t\|}\quad(t=1,2,\cdots,s),$$

则 $\boldsymbol{\gamma}_1,\boldsymbol{\gamma}_2,\cdots,\boldsymbol{\gamma}_s$ 为单位正交向量组且与向量组 $\boldsymbol{\alpha}_1,\boldsymbol{\alpha}_2,\cdots,\boldsymbol{\alpha}_s$ 等价.

以上从一个线性无关向量组出发，求与其等价的单位正交向量组的过程，称

为**施密特**(Schmidt)**正交化过程**.

例 4.1.1　已知向量组 $\boldsymbol{\alpha}_1=[1,1,1]$, $\boldsymbol{\alpha}_2=[1,2,3]$, $\boldsymbol{\alpha}_3=[1,6,3]$ 线性无关，求与其等价的正交向量组 $\boldsymbol{\beta}_1,\boldsymbol{\beta}_2,\boldsymbol{\beta}_3$.

解　令 $\boldsymbol{\beta}_1=\boldsymbol{\alpha}_1$, 则由 $(\boldsymbol{\alpha}_2,\boldsymbol{\beta}_1)=6$, $(\boldsymbol{\beta}_1,\boldsymbol{\beta}_1)=3$, 可得

$$\boldsymbol{\beta}_2=\boldsymbol{\alpha}_2-2\boldsymbol{\beta}_1=[-1,0,1].$$

再由 $(\boldsymbol{\alpha}_3,\boldsymbol{\beta}_1)=10$, $(\boldsymbol{\alpha}_3,\boldsymbol{\beta}_2)=2$, $(\boldsymbol{\beta}_2,\boldsymbol{\beta}_2)=2$, 可得

$$\boldsymbol{\beta}_3=\boldsymbol{\alpha}_3-\frac{10}{3}\boldsymbol{\beta}_1-\boldsymbol{\beta}_2=\left[-\frac{4}{3},\frac{8}{3},\ -\frac{4}{3}\right],$$

则 $\boldsymbol{\beta}_1,\boldsymbol{\beta}_2,\boldsymbol{\beta}_3$ 是正交向量组，且与向量组 $\boldsymbol{\alpha}_1,\boldsymbol{\alpha}_2,\boldsymbol{\alpha}_3$ 等价.

4.1.3　向量空间的标准正交基

定义 4.4　当向量空间 V 的基是单位正交向量组时，称它为 V 的**规范正交基**.

由施密特正交化过程可知，从非零向量空间的任一个基出发，可以求出与其等价的单位正交向量组. 这说明非零向量空间总有规范正交基. 施密特正交化过程给出了从向量空间的任一个基出发，求规范正交基的一种方法.

下面的定理为确定向量空间的规范正交基提供了另一种方法.

定理 4.2　若 n 维向量空间 V 中 r 个向量

$$\boldsymbol{\alpha}_1=[\alpha_{11},\alpha_{12},\cdots,\alpha_{1n}],\boldsymbol{\alpha}_2=[\alpha_{21},\alpha_{22},\cdots,\alpha_{2n}],\cdots,\boldsymbol{\alpha}_r=[\alpha_{r1},\alpha_{r2},\cdots,\alpha_{rn}]$$

两两正交，且 $r<n$，那么必存在 n 维非零向量 $\boldsymbol{X}$ 与每一个 $\boldsymbol{\alpha}_i(i=1,2,\cdots,r)$ 都正交.

证　记 $\boldsymbol{X}=[x_1,x_2,\cdots,x_n]^{\mathrm{T}}$, $\boldsymbol{X}$ 满足 $(\boldsymbol{\alpha}_i,\boldsymbol{X})=0\ (i=1,2,\cdots,r)$，即

$$\begin{cases}a_{11}x_1+a_{12}x_2+\cdots+a_{1n}x_n=0,\\ a_{21}x_1+a_{22}x_2+\cdots+a_{2n}x_n=0,\\ \qquad\cdots\cdots\\ a_{r1}x_1+a_{r2}x_2+\cdots+a_{rn}x_n=0.\end{cases}$$

此方程组系数矩阵的秩为 r，且 $r<n$，故有非零解，它的非零解向量即为所求.

推论 4.1.1　对于任意给定的 n 维正交向量组 $\boldsymbol{\alpha}_1,\boldsymbol{\alpha}_2,\cdots,\boldsymbol{\alpha}_r$，存在 $n-r$ 个 n 维向量 $\boldsymbol{\alpha}_{r+1},\boldsymbol{\alpha}_{r+2},\cdots,\boldsymbol{\alpha}_n$，使 $\boldsymbol{\alpha}_1,\boldsymbol{\alpha}_2,\cdots,\boldsymbol{\alpha}_r,\boldsymbol{\alpha}_{r+1},\cdots,\boldsymbol{\alpha}_n$ 为正交向量组.

这样，可以从向量空间的任意一个非零向量出发，通过逐步扩充，求得向量空间的一个规范正交基.

例 4.1.2　已知向量空间 $\mathbb{R}^3$ 中，$\boldsymbol{\alpha}_1=[1,1,1]$, 求 $\boldsymbol{\alpha}_2,\boldsymbol{\alpha}_3$ 使 $\boldsymbol{\alpha}_1,\boldsymbol{\alpha}_2,\boldsymbol{\alpha}_3$ 为正交向量组，并由此确定 $\mathbb{R}^3$ 的一个规范正交基.

解　设 $\boldsymbol{\alpha}_2$, $\boldsymbol{\alpha}_3$ 满足 $(\boldsymbol{\alpha}_1,\boldsymbol{\alpha}_3)=0$, $(\boldsymbol{\alpha}_1,\boldsymbol{\alpha}_2)=0$, 即 $\boldsymbol{\alpha}_2$, $\boldsymbol{\alpha}_3$ 是方程组

$$x_1+x_2+x_3=0$$

的非零解. 它的基础解系为

$$\boldsymbol{\xi}_1=\begin{bmatrix}1\\0\\-1\end{bmatrix},\quad \boldsymbol{\xi}_2=\begin{bmatrix}0\\1\\-1\end{bmatrix}.$$

将 $\boldsymbol{\xi}_1,\boldsymbol{\xi}_2$ 正交化，取

$$\boldsymbol{\alpha}_2=\boldsymbol{\xi}_1=\begin{bmatrix}1\\0\\-1\end{bmatrix},$$

$$\boldsymbol{\alpha}_3=\boldsymbol{\xi}_2-\frac{(\boldsymbol{\xi}_1,\boldsymbol{\xi}_2)}{(\boldsymbol{\xi}_1,\boldsymbol{\xi}_1)}\boldsymbol{\xi}_1=\begin{bmatrix}0\\1\\-1\end{bmatrix}-\frac{1}{2}\begin{bmatrix}1\\0\\-1\end{bmatrix}=\frac{1}{2}\begin{bmatrix}-1\\2\\-1\end{bmatrix},$$

进一步将其单位化，可得 $\mathbb{R}^3$ 的一个规范正交基 $\boldsymbol{\gamma}_1,\boldsymbol{\gamma}_2,\boldsymbol{\gamma}_3$：

$$\boldsymbol{\gamma}_1=\frac{\boldsymbol{\alpha}_1}{\|\boldsymbol{\alpha}_1\|}=\frac{1}{\sqrt{3}}[1,1,1]=\left[\frac{1}{\sqrt{3}},\frac{1}{\sqrt{3}},\frac{1}{\sqrt{3}}\right],$$

$$\boldsymbol{\gamma}_2=\frac{\boldsymbol{\alpha}_2}{\|\boldsymbol{\alpha}_2\|}=\frac{1}{\sqrt{2}}[1,0,-1]=\left[\frac{1}{\sqrt{2}},0,\frac{-1}{\sqrt{2}}\right],$$

$$\boldsymbol{\gamma}_3=\frac{\boldsymbol{\alpha}_3}{\|\boldsymbol{\alpha}_3\|}=\frac{1}{\sqrt{6}}[-1,2,-1]=\left[-\frac{1}{\sqrt{6}},\frac{2}{\sqrt{6}},\frac{-1}{\sqrt{6}}\right].$$

定义 4.5　如果 n 阶矩阵 $\boldsymbol{A}$ 满足

$$\boldsymbol{A}^{\mathrm{T}}\boldsymbol{A}=\boldsymbol{E}\quad（即\ \boldsymbol{A}^{-1}=\boldsymbol{A}^{\mathrm{T}}）,$$

则称 $\boldsymbol{A}$ 为正交矩阵，简称正交阵.

因为 $\boldsymbol{A}^{\mathrm{T}}\boldsymbol{A}=\boldsymbol{E}$, 记 $\boldsymbol{A}=[\boldsymbol{\alpha}_1,\boldsymbol{\alpha}_2,\cdots,\boldsymbol{\alpha}_n]$，则有

$$\begin{bmatrix}\boldsymbol{\alpha}_1^{\mathrm{T}}\\\boldsymbol{\alpha}_2^{\mathrm{T}}\\\vdots\\\boldsymbol{\alpha}_n^{\mathrm{T}}\end{bmatrix}[\boldsymbol{\alpha}_1,\boldsymbol{\alpha}_2,\cdots,\boldsymbol{\alpha}_n]=\boldsymbol{E},$$

即 $(\boldsymbol{\alpha}_i^{\mathrm{T}}\boldsymbol{\alpha}_j)=(\delta_{ij})$，其中

$$\delta_{ij}=\begin{cases}1, & i=j,\\ 0, & i\neq j\end{cases}\quad (i,j=1,2,\cdots,n).$$

这表明方阵 $\boldsymbol{A}$ 为正交阵的充分必要条件是 $\boldsymbol{A}$ 的列向量都是单位向量，且两两正交；此结论对于行向量也是成立的. 于是有如下定理.

定理 4.3　方阵 $\boldsymbol{A}$ 为正交阵的充分必要条件是 $\boldsymbol{A}$ 的列(行)向量组为规范正交向量组.

如

$$\boldsymbol{A}=\begin{bmatrix}0 & 1/\sqrt{2} & -1/\sqrt{2}\\ -2/\sqrt{6} & 1/\sqrt{6} & 1/\sqrt{6}\\ 1/\sqrt{3} & 1/\sqrt{3} & 1/\sqrt{3}\end{bmatrix}$$

为正交阵，因为 $\boldsymbol{A}$ 的列向量均为单位向量，且两两正交.

正交矩阵还具有以下性质.

(1) 若 $\boldsymbol{A}$ 为正交阵，则 $\boldsymbol{A}^{-1}=\boldsymbol{A}^{\mathrm{T}}$ 也为正交阵，且 $|\boldsymbol{A}|=1$ 或 -1.

(2) 若 $\boldsymbol{A}$ 和 $\boldsymbol{B}$ 为正交阵，则 $\boldsymbol{AB}$ 也为正交阵.

定义 4.6　若 $\boldsymbol{P}$ 为正交矩阵，则线性变换 $\boldsymbol{y}=\boldsymbol{Px}$ 称为正交变换.

设 $\boldsymbol{y}=\boldsymbol{Px}$ 为正交变换，则有

$$\|\boldsymbol{y}\|=\sqrt{\boldsymbol{y}^{\mathrm{T}}\boldsymbol{y}}=\sqrt{\boldsymbol{x}^{\mathrm{T}}\boldsymbol{P}^{\mathrm{T}}\boldsymbol{Px}}=\sqrt{\boldsymbol{x}^{\mathrm{T}}\boldsymbol{x}}=\|\boldsymbol{x}\|.$$

这说明正交变换不改变向量的长度.

习　题　4.1

1. 证明：对于 n 维向量 $\boldsymbol{\gamma},\boldsymbol{\beta}_1,\boldsymbol{\beta}_2$ 和数 k_1,k_2，有

(1) $(k_1\boldsymbol{\beta}_1+k_2\boldsymbol{\beta}_2,\boldsymbol{\gamma})=k_1(\boldsymbol{\beta}_1,\boldsymbol{\gamma})+k_2(\boldsymbol{\beta}_2,\boldsymbol{\gamma})$;

(2) $(\boldsymbol{\gamma},k_1\boldsymbol{\beta}_1+k_2\boldsymbol{\beta}_2)=k_1(\boldsymbol{\gamma},\boldsymbol{\beta}_1)+k_2(\boldsymbol{\gamma},\boldsymbol{\beta}_2)$.

2. 求向量 $\boldsymbol{\beta}_1=[1,2,0]$, $\boldsymbol{\beta}_2=[2,-1,3]$, $\boldsymbol{\beta}_3=[1,2,3]$ 的长度和它们中任意两个的内积.

3. 对向量组 $\boldsymbol{\alpha}_1=[1,1,1,1]$, $\boldsymbol{\alpha}_2=[1,-2,-3,-4]$, $\boldsymbol{\alpha}_3=[1,2,2,3]$，求与其等价的单位正交向量组.

4. 证明：如果向量 $\boldsymbol{\gamma}$ 与向量 $\boldsymbol{\beta}_1,\boldsymbol{\beta}_2,\boldsymbol{\beta}_3,\boldsymbol{\beta}_4$ 都正交，那么 $\boldsymbol{\gamma}$ 与 $\boldsymbol{\beta}_1,\boldsymbol{\beta}_2,\boldsymbol{\beta}_3,\boldsymbol{\beta}_4$ 的任意一个线性组合也正交.

5. 设 $\boldsymbol{A},\boldsymbol{B},\boldsymbol{A}+\boldsymbol{B}$ 均为 n 阶正交矩阵，试证 $(\boldsymbol{A}+\boldsymbol{B})^{-1}=\boldsymbol{A}^{-1}+\boldsymbol{B}^{-1}$.

6. 设 $\boldsymbol{\alpha}$ 是 n 维列向量，且 $\boldsymbol{\alpha}^{\mathrm{T}}\boldsymbol{\alpha}=1$，证明 $\boldsymbol{A}=\boldsymbol{E}-2\boldsymbol{\alpha}\boldsymbol{\alpha}^{\mathrm{T}}$ 是对称正交阵.

7. 已知向量 $\boldsymbol{\alpha}_1=[1,2,1,2]$，求非零向量 $\boldsymbol{\alpha}_2,\boldsymbol{\alpha}_3,\boldsymbol{\alpha}_4$，使 $\boldsymbol{\alpha}_1,\boldsymbol{\alpha}_2,\boldsymbol{\alpha}_3,\boldsymbol{\alpha}_4$ 两两正交，并写出向量空间 $\mathbb{R}^4$ 的一组正交规范基.

4.2 方阵的特征值和特征向量

4.2.1 特征值和特征向量的概念

定义 4.7 设 $\boldsymbol{A}$ 是一个 n 阶方阵，如果数 λ 和 n 维非零列向量 $\boldsymbol{X}$，使得

$$\boldsymbol{AX}=\lambda\boldsymbol{X},$$

则称 λ 是 $\boldsymbol{A}$ 的一个**特征值**，$\boldsymbol{X}$ 是 $\boldsymbol{A}$ 的属于特征值 λ 的**特征向量**.

由于 $\boldsymbol{AX}=\lambda\boldsymbol{X}$ 与 $(\boldsymbol{A}-\lambda\boldsymbol{E})\boldsymbol{X}=\boldsymbol{0}$ 等价，所以非零列向量 $\boldsymbol{X}$ 满足 $\boldsymbol{AX}=\lambda\boldsymbol{X}$ 等价于 $\boldsymbol{X}$ 是方程组 $(\boldsymbol{A}-\lambda\boldsymbol{E})\boldsymbol{X}=\boldsymbol{0}$ 的非零解向量. 而 $(\boldsymbol{A}-\lambda\boldsymbol{E})\boldsymbol{X}=\boldsymbol{0}$ 有非零解的充分必要条件是系数行列式

$$|\boldsymbol{A}-\lambda\boldsymbol{E}|=0,$$

即

$$\begin{vmatrix} a_{11}-\lambda & a_{12} & \cdots & a_{1n} \\ a_{21} & a_{22}-\lambda & \cdots & a_{2n} \\ \vdots & \vdots & & \vdots \\ a_{n1} & a_{n2} & \cdots & a_{nn}-\lambda \end{vmatrix}=0.$$

于是有如下定理.

定理 4.4 λ 是 $\boldsymbol{A}$ 的特征值，$\boldsymbol{X}$ 是 $\boldsymbol{A}$ 的属于特征值 λ 的特征向量的充分必要条件是行列式 $|\lambda\boldsymbol{E}-\boldsymbol{A}|=0$，且 $\boldsymbol{X}$ 是齐次线性方程组 $(\lambda\boldsymbol{E}-\boldsymbol{A})\boldsymbol{X}=\boldsymbol{0}$ 的非零解向量.

矩阵 $\boldsymbol{A}-\lambda\boldsymbol{E}$ 称为 $\boldsymbol{A}$ 的**特征矩阵**，其行列式 $|\boldsymbol{A}-\lambda\boldsymbol{E}|$ 是关于数 λ 的一个 n 次多项式，记为 $f(\lambda)$，称为 $\boldsymbol{A}$ 的**特征多项式**. 方程 $f(\lambda)=0$ 是关于数 λ 的一个 n 次方程，称为**特征方程**. 显然 $\boldsymbol{A}$ 的特征值就是特征方程的根. 在复数域内 $|\lambda\boldsymbol{E}-\boldsymbol{A}|=0$ 总有 n 个根(重根按重数计算)，从而 n 阶方阵 $\boldsymbol{A}$ 在复数域内总有 n 个特征值.

综上所述，求方阵的特征值和特征向量的步骤，可归结如下:

(1) 求出特征多项式 $f(\lambda)=|\boldsymbol{A}-\lambda\boldsymbol{E}|$ 的全部根，它们就是 $\boldsymbol{A}$ 的全部特征值；

(2) 对 $\boldsymbol{A}$ 的每一个特征值 λ，求出方程组 $(\boldsymbol{A}-\lambda\boldsymbol{E})\boldsymbol{X}=\boldsymbol{0}$ 的一个基础解系：$\boldsymbol{\gamma}_1,\boldsymbol{\gamma}_2,\cdots,\boldsymbol{\gamma}_t$，则 $\boldsymbol{A}$ 的属于特征值 λ 的全部特征向量可以表示为 $k_1\boldsymbol{\gamma}_1+k_2\boldsymbol{\gamma}_2+\cdots+k_t\boldsymbol{\gamma}_t$，

其中 $k_1, k_2, \cdots, k_t$ 是任意常数但不能同时取 0.

例 4.2.1　求矩阵

$$A=\begin{bmatrix}-1 & 1 & 0\\ -4 & 3 & 0\\ 1 & 0 & 2\end{bmatrix}$$

的特征值和特征向量.

解　A 的特征多项式为

$$|A-\lambda E|=\begin{vmatrix}-1-\lambda & 1 & 0\\ -4 & 3-\lambda & 0\\ 1 & 0 & 2-\lambda\end{vmatrix}=(\lambda-1)^2(2-\lambda),$$

所以 A 的特征值是 $\lambda_1=2, \lambda_2=1$（二重）.

当 $\lambda_1=2$ 时，解齐次线性方程组 $(A-2E)X=0$,

$$\begin{bmatrix}-3 & 1 & 0\\ -4 & 1 & 0\\ 1 & 0 & 0\end{bmatrix}\xrightarrow{r}\begin{bmatrix}1 & 0 & 0\\ 0 & 1 & 0\\ 0 & 0 & 0\end{bmatrix},$$

可得一基础解系 $\gamma_1=[0,0,1]^{\mathrm{T}}$，则 A 属于特征值 2 的全部特征向量为

$$k_1\gamma_1(k_1\neq 0).$$

当 $\lambda_2=1$ 时，解齐次线性方程组 $(A-E)X=0$,

$$\begin{bmatrix}-2 & 1 & 0\\ -4 & 2 & 0\\ 1 & 0 & 1\end{bmatrix}\xrightarrow{r}\begin{bmatrix}1 & 0 & -1\\ 0 & 1 & -2\\ 0 & 0 & 0\end{bmatrix},$$

得一基础解系 $\gamma_2=[1,-2,-1]^{\mathrm{T}}$，则 A 属于特征值 1 的全部特征向量为

$$k_2\gamma_2(k_2\neq 0).$$

例 4.2.2　求矩阵

$$A=\begin{bmatrix}3 & 1\\ 5 & -1\end{bmatrix}$$

的特征值和特征向量.

解　A 的特征多项式为

$$|\boldsymbol{A}-\lambda\boldsymbol{E}|=\begin{vmatrix}3-\lambda & 1\\ 5 & -\lambda-1\end{vmatrix}=(\lambda-4)(\lambda+2),$$

所以 $\boldsymbol{A}$ 的特征值是 $\lambda_1=4,\ \lambda_2=-2$.

当 $\lambda_1=4$ 时，解齐次线性方程组 $(\boldsymbol{A}-4\boldsymbol{E})\boldsymbol{X}=\boldsymbol{0}$,

$$\boldsymbol{A}-4\boldsymbol{E}=\begin{bmatrix}-1 & 1\\ 5 & -5\end{bmatrix}\xrightarrow{r}\begin{bmatrix}1 & -1\\ 0 & 0\end{bmatrix},$$

得一个基础解系 $\boldsymbol{\gamma}_1=[1,1]^{\mathrm{T}}$，故 $\boldsymbol{A}$ 属于特征值 4 的全部特征向量为 $k_1\boldsymbol{\gamma}_1(k_1\neq 0)$.

当 $\lambda_2=-2$ 时，解方程组 $(\boldsymbol{A}+2\boldsymbol{E})\boldsymbol{X}=\boldsymbol{0}$,

$$\boldsymbol{A}+2\boldsymbol{E}=\begin{bmatrix}5 & 1\\ 5 & 1\end{bmatrix}\xrightarrow{r}\begin{bmatrix}5 & 1\\ 0 & 0\end{bmatrix},$$

得一个基础解系 $\boldsymbol{\gamma}_2=[1,-5]^{\mathrm{T}}$，故 $\boldsymbol{A}$ 属于特征值 -2 的全部特征向量为 $k_2\boldsymbol{\gamma}_2(k_2\neq 0)$.

例 4.2.3　求矩阵

$$\boldsymbol{A}=\begin{bmatrix}3 & 2 & -1\\ -2 & -2 & 2\\ 3 & 6 & -1\end{bmatrix}$$

的特征值和特征向量.

解　$\boldsymbol{A}$ 的特征多项式是

$$|\boldsymbol{A}-\lambda\boldsymbol{E}|=\begin{vmatrix}3-\lambda & 2 & -1\\ -2 & -2-\lambda & 2\\ 3 & 6 & -1-\lambda\end{vmatrix}=-(\lambda-2)^2(\lambda+4),$$

得 $\boldsymbol{A}$ 的特征值是 $\lambda_1=2$ (二重), $\lambda_2=-4$.

当 $\lambda_1=2$ 时，解齐次线性方程组 $(\boldsymbol{A}-2\boldsymbol{E})\boldsymbol{X}=\boldsymbol{0}$,

$$\begin{bmatrix}1 & 2 & -1\\ -2 & -4 & 2\\ 3 & 6 & -3\end{bmatrix}\xrightarrow{r}\begin{bmatrix}1 & 2 & -1\\ 0 & 0 & 0\\ 0 & 0 & 0\end{bmatrix},$$

得一个基础解系：$\boldsymbol{\gamma}_1=[-2,1,0]^{\mathrm{T}}$, $\boldsymbol{\gamma}_2=[1,0,-1]^{\mathrm{T}}$. 则 $\boldsymbol{A}$ 属于特征值 2 的全部特征向量为 $k_1\boldsymbol{\gamma}_1+k_2\boldsymbol{\gamma}_2$ (k_1, k_2 不全为 0).

当 $\lambda_2=-4$ 时，解齐次线性方程组 $(\boldsymbol{A}+4\boldsymbol{E})\boldsymbol{X}=\boldsymbol{0}$,

$$\begin{bmatrix} 7 & 2 & -1 \\ -2 & 2 & 2 \\ 3 & 6 & 3 \end{bmatrix} \xrightarrow{r} \begin{bmatrix} 1 & 0 & -1/3 \\ 0 & 1 & 2/3 \\ 0 & 0 & 0 \end{bmatrix},$$

得基础解系 $\boldsymbol{\gamma}_3 = [1, -2, 3]^{\mathrm{T}}$，$\boldsymbol{A}$ 属于特征值-4 的全部特征向量为 $k_3\boldsymbol{\gamma}_3 (k_3 \neq 0)$.

4.2.2 特征值和特征向量的性质

性质 4.2.1 $\boldsymbol{A}^{\mathrm{T}}$ 与 $\boldsymbol{A}$ 有相同的特征值.

证 由于 $(\lambda\boldsymbol{E} - \boldsymbol{A})^{\mathrm{T}} = \lambda\boldsymbol{E} - \boldsymbol{A}^{\mathrm{T}}$，$\left|(\lambda\boldsymbol{E} - \boldsymbol{A})^{\mathrm{T}}\right| = \left|\lambda\boldsymbol{E} - \boldsymbol{A}^{\mathrm{T}}\right| = \left|\lambda\boldsymbol{E} - \boldsymbol{A}\right|$，可见 $\boldsymbol{A}$ 与 $\boldsymbol{A}^{\mathrm{T}}$ 有相同的特征多项式，所以它们有相同的特征值.

性质 4.2.2 若 λ 是 $\boldsymbol{A}$ 的特征值，$\boldsymbol{X}$ 是 $\boldsymbol{A}$ 的对应于 λ 的特征向量，即 $\boldsymbol{AX} = \lambda\boldsymbol{X}$，则

(1) $(k\boldsymbol{A})\boldsymbol{X} = (k\lambda)\boldsymbol{X}$，即 $\boldsymbol{X}$ 也是 $k\boldsymbol{A}$ 的对应于特征值 $k\lambda$ 的特征向量；

(2) $\boldsymbol{A}^m\boldsymbol{X} = \lambda^m\boldsymbol{X}$，即 $\boldsymbol{X}$ 也是 $\boldsymbol{A}^m$ 的对应于特征值 λ^m 的特征向量.

(3) 当 $\boldsymbol{A}$ 可逆时，$\boldsymbol{A}^{-1}\boldsymbol{X} = \lambda^{-1}\boldsymbol{X}$，即 $\boldsymbol{X}$ 也是 $\boldsymbol{A}^{-1}$ 的对应于特征值 λ^{-1} 的特征向量.

(4) 设 $\varphi(\boldsymbol{A}) = a_0\boldsymbol{E} + a_1\boldsymbol{A} + \cdots + a_m\boldsymbol{A}^m$ 是矩阵 $\boldsymbol{A}$ 的多项式，$\varphi(\lambda) = a_0 + a_1\lambda + \cdots + a_m\lambda^m$ 是 λ 的多项式，则 $\varphi(\lambda)$ 是 $\varphi(\boldsymbol{A})$ 的特征值，即 $\varphi(\boldsymbol{A})\boldsymbol{X} = \varphi(\lambda)\boldsymbol{X}$.

这些证明，读者可以根据定义自行完成.

性质 4.2.3 设 n 阶矩阵 $\boldsymbol{A} = (a_{ij})$ 的特征值为 $\lambda_1, \lambda_2, \cdots, \lambda_n$，可以证明(由读者自行完成)：

(1) $\lambda_1 + \lambda_2 + \cdots + \lambda_n = a_{11} + a_{22} + \cdots + a_{nn}$，其中 $a_{11} + a_{22} + \cdots + a_{nn}$ 是 $\boldsymbol{A}$ 的主对角线上元素之和，称为矩阵 $\boldsymbol{A}$ **的迹**，记作 $\mathrm{tr}(\boldsymbol{A})$.

(2) $\lambda_1\lambda_2\cdots\lambda_n = |\boldsymbol{A}|$.

定理 4.5 若 $\lambda_1, \lambda_2, \cdots, \lambda_m$ 是 n 阶矩阵 $\boldsymbol{A}$ 的互不相同的特征值，$\boldsymbol{X}_i$ 是 $\boldsymbol{A}$ 的属于特征值 $\lambda_i\ (i = 1, 2, \cdots, m)$ 的特征向量，则 $\boldsymbol{X}_1, \boldsymbol{X}_2, \cdots, \boldsymbol{X}_m$ 线性无关.

证 设 $\boldsymbol{A}$ 的 m 个不同特征值为 $\lambda_1, \lambda_2, \cdots, \lambda_m$，对应的特征向量为 $\boldsymbol{X}_1, \boldsymbol{X}_2, \cdots, \boldsymbol{X}_m$，有

$$\boldsymbol{AX}_i = \lambda_i\boldsymbol{X}_i,\quad \boldsymbol{X}_i \neq \boldsymbol{0},\quad \lambda_i \neq \lambda_j,\quad i, j = 1, 2, \cdots, m.$$

假如

$$k_1\boldsymbol{X}_1 + k_2\boldsymbol{X}_2 + \cdots + k_m\boldsymbol{X}_m = \boldsymbol{0}. \tag{4.1}$$

以矩阵 $\boldsymbol{A}$ 左乘式(4.1)两端，并以 $\boldsymbol{AX}_i = \lambda_i\boldsymbol{X}_i (i = 1, 2, \cdots, m)$ 代入，可得

$$k_1\lambda_1\boldsymbol{X}_1 + k_2\lambda_2\boldsymbol{X}_2 + \cdots + k_m\lambda_m\boldsymbol{X}_m = \boldsymbol{0}. \tag{4.2}$$

以矩阵 $\boldsymbol{A}^2$ 左乘式(4.1)两端，并以 $\boldsymbol{A}^2\boldsymbol{X}_i = \lambda_i^2\boldsymbol{X}_i (i = 1, 2, \cdots, m)$ 代入，可得

$$k_1\lambda_1^2 X_1 + k_2\lambda_2^2 X_2 + \cdots + k_m\lambda_m^2 X_m = \mathbf{0}, \tag{4.3}$$

类推之，有

$$k_1\lambda_1^k X_1 + k_2\lambda_2^k X_2 + \cdots + k_m\lambda_m^k X_m = \mathbf{0} \quad (k=1,2,\cdots,m-1), \tag{4.4}$$

将以上各式用矩阵形式表示，即为

$$(k_1X_1, k_2X_2, \cdots, k_mX_m)\begin{bmatrix} 1 & \lambda_1 & \cdots & \lambda_1^{m-1} \\ 1 & \lambda_2 & \cdots & \lambda_2^{m-1} \\ \vdots & \vdots & & \vdots \\ 1 & \lambda_m & \cdots & \lambda_m^{m-1} \end{bmatrix} = (\mathbf{0}, \mathbf{0}, \cdots, \mathbf{0}),$$

上式左边第二个矩阵对应的行列式是一个范德蒙德行列式，因 λ_i 各不相等，此行列式不等于零，所以该矩阵可逆，于是有

$$(k_1X_1, k_2X_2, \cdots, k_mX_m) = (\mathbf{0}, \mathbf{0}, \cdots, \mathbf{0}),$$

即 $k_jX_j = \mathbf{0}(j=1,2,\cdots,m)$，又 $X_j \neq \mathbf{0}(j=1,2,\cdots,m)$，从而 $k_j = 0(j=1,2,\cdots,m)$. 所以，$X_1, X_2, \cdots, X_m$ 线性无关.

例 4.2.4　设三阶矩阵 A 的特征值为 $1,-3,2$，求 $|A^* + 3A + 2E|$.

解　A 的特征值全不为 0，所以 A 可逆，$|A| = 1\cdot(-3)\cdot 2 = -6$，$A^* = |A|A^{-1} = -6A^{-1}$，

$$A^* + 3A + 2E = -6A^{-1} + 3A + 2E,$$

记 $\varphi(A) = -6A^{-1} + 3A + 2E$，有 $\varphi(\lambda) = -6\lambda^{-1} + 3\lambda + 2$. 故 $\varphi(A)$ 的特征值为 $\varphi(1) = -1$，$\varphi(-3) = -5$，$\varphi(2) = 5$. 所以有

$$|A^* + A + 2E| = -5\cdot(-1)\cdot 5 = 25.$$

例 4.2.5　设 λ_1, λ_2 是方阵 A 的两个不同的特征值，X_1, X_2 分别为对应的特征向量，证明 $X_1 + X_2$ 不是 A 的特征向量.

证　由已知有 $AX_1 = \lambda_1 X_1$，$AX_2 = \lambda_2 X_2$，故有

$$A(X_1 + X_2) = \lambda_1 X_1 + \lambda_2 X_2.$$

用反证法. 假设 $X_1 + X_2$ 是 A 的特征向量，则存在 λ，使 $A(X_1 + X_2) = \lambda(X_1 + X_2)$. 于是有 $\lambda_1 X_1 + \lambda_2 X_2 = \lambda(X_1 + X_2)$，即 $(\lambda - \lambda_1)X_1 + (\lambda - \lambda_2)X_2 = \mathbf{0}$，由定理 4.5 知，$X_1, X_2$ 线性无关，所以，有 $\lambda - \lambda_1 = 0$，$\lambda - \lambda_2 = 0$，即 $\lambda_1 = \lambda_2$，这与 $\lambda_1 \neq \lambda_2$ 矛盾，这说明假设不成立，故 $X_1 + X_2$ 不是 A 的特征向量.

习　题　4.2

1. 求下列方阵的特征值和特征向量.

(1) $\boldsymbol{A}=\begin{bmatrix}1&-2&2\\-2&-2&4\\2&4&-2\end{bmatrix}$；　(2) $\boldsymbol{B}=\begin{bmatrix}3&1&0\\-4&-1&0\\4&-8&-2\end{bmatrix}$；

(3) $\boldsymbol{C}=\begin{bmatrix}6&2&4\\2&3&2\\4&2&6\end{bmatrix}$；　(4) $\boldsymbol{D}=\begin{bmatrix}0&0&1\\0&1&0\\1&0&0\end{bmatrix}$；

(5) $\boldsymbol{M}=\begin{bmatrix}1&1&1&1\\1&1&-1&-1\\1&-1&1&-1\\1&-1&-1&1\end{bmatrix}$；　(6) $\boldsymbol{F}=\begin{bmatrix}1&3&1&2\\0&-1&1&3\\0&0&2&5\\0&0&0&2\end{bmatrix}$.

2. 已知 λ 是 $\boldsymbol{A}$ 的特征值，$\boldsymbol{X}$ 是 $\boldsymbol{A}$ 的属于特征值 λ 的特征向量. 试证:

(1) 对任意正整数 m，λ^m 是 $\boldsymbol{A}^m$ 的特征值，而且 $\boldsymbol{X}$ 也是 $\boldsymbol{A}^m$ 的属于特征值 λ^m 的特征向量.

(2) 当 $\boldsymbol{A}$ 可逆时，λ^{-1} 是 $\boldsymbol{A}^{-1}$ 的特征值，而且 $\boldsymbol{X}$ 也是 $\boldsymbol{A}^{-1}$ 的属于特征值 λ^{-1} 的特征向量.

3. 如果向量 $\boldsymbol{X}_1,\boldsymbol{X}_2,\cdots,\boldsymbol{X}_m$ 是矩阵 $\boldsymbol{A}$ 的属于特征值 λ_0 的特征向量，则它们的任意线性组合 $k_1\boldsymbol{X}_1+k_2\boldsymbol{X}_2+\cdots+k_m\boldsymbol{X}_m$ 都是 $\boldsymbol{A}$ 的属于特征值 λ_0 的特征向量吗？为什么？

4. 求 n 阶数量矩阵 $\boldsymbol{A}=2\boldsymbol{E}$ 的特征值和特征向量.

5. 如果 $\lambda_1,\lambda_2,\cdots,\lambda_n$ 是矩阵 $\boldsymbol{A}=(a_{ij})_n$ 的特征值，证明

(1) $\lambda_1+\lambda_2+\cdots+\lambda_n=a_{11}+a_{22}+\cdots+a_{nn}$；

(2) $\lambda_1\lambda_2\cdots\lambda_n=|\boldsymbol{A}|$.

6. 设三阶矩阵的特征值为 1, −1, 2，求 $|\boldsymbol{A}^*+3\boldsymbol{A}-2\boldsymbol{E}|$.

7. 设 $\boldsymbol{A},\boldsymbol{B}$ 都是 n 阶方阵，k 是一个数. 证明

(1) $\mathrm{tr}(\boldsymbol{A}+\boldsymbol{B})=\mathrm{tr}(\boldsymbol{A})+\mathrm{tr}(\boldsymbol{B})$;

(2) $\mathrm{tr}(k\boldsymbol{A})=k\,\mathrm{tr}(\boldsymbol{A})$;

(3) $\mathrm{tr}(\boldsymbol{A}^{\mathrm{T}})=\mathrm{tr}(\boldsymbol{A})$.

4.3　矩阵的对角化

4.3.1　相似矩阵

定义 4.8　对于 n 阶矩阵 $\boldsymbol{A},\boldsymbol{B}$, 如果存在可逆矩阵 $\boldsymbol{P}$, 使得 $\boldsymbol{P}^{-1}\boldsymbol{A}\boldsymbol{P}=\boldsymbol{B}$, 则称矩阵 $\boldsymbol{A}$ 与 $\boldsymbol{B}$ **相似**，对 $\boldsymbol{A}$ 进行运算 $\boldsymbol{P}^{-1}\boldsymbol{A}\boldsymbol{P}$ 称为对 $\boldsymbol{A}$ 进行**相似变换**，可逆矩阵 $\boldsymbol{P}$ 称为把 $\boldsymbol{A}$ 变为 $\boldsymbol{B}$ 的**相似变换矩阵**.

例如，

$$A=\begin{bmatrix}3&1\\5&-1\end{bmatrix},\quad B=\begin{bmatrix}4&0\\0&-2\end{bmatrix},\quad P=\begin{bmatrix}1&1\\1&-5\end{bmatrix},$$

容易验证：$P^{-1}AP=\frac{1}{6}\begin{bmatrix}5&1\\1&-1\end{bmatrix}\begin{bmatrix}3&1\\5&-1\end{bmatrix}\begin{bmatrix}1&1\\1&-5\end{bmatrix}=\begin{bmatrix}4&0\\0&-2\end{bmatrix}=B$, 即 A 与 B 相似.

相似矩阵具有**反身性**、**对称性**和**传递性**.

(1) **反身性** A 与 A 相似. 因对每一个方阵 A，总有 $E^{-1}AE=A$.

(2) **对称性** 如果 A 与 B 相似，则 B 与 A 相似. 因存在可逆矩阵 P，使得 $P^{-1}AP=B$, 从而有 $A=(P^{-1})^{-1}B(P^{-1})$；

(3) **传递性** 如果 A 与 B 相似，B 与 C 相似，则 A 与 C 相似. 因存在可逆矩阵 P_1,P_2 分别使 $P_1^{-1}AP_1=B$ 及 $P_2^{-1}BP_2=C$ 成立，从而有可逆矩阵 P_1P_2 使得

$$C=P_2^{-1}(P_1^{-1}AP_1)P_2=(P_1P_2)^{-1}A(P_1P_2).$$

相似矩阵的性质:

性质 4.3.1 相似矩阵的行列式相等.

性质 4.3.2 相似矩阵具有相同的特征多项式和特征值.

性质 4.3.3 若 A 与 B 相似，则 $R(A)=R(B)$.

证 假设 A 与 B 相似，则存在可逆矩阵 P，使 $P^{-1}AP=B$. 于是

$$|B|=|P^{-1}AP|=|P^{-1}|\times|A|\times|P|=|A|,$$

$$|\lambda E-B|=|\lambda E-P^{-1}AP|=|P^{-1}(\lambda E-A)P|=|P^{-1}|\times|\lambda E-A|\times|P|=|\lambda E-A|.$$

这就证明了性质 4.3.1、性质 4.3.2 和性质 4.3.3 是定理 2.4 的特例.

但应注意，此结论的逆命题不成立，即有相同特征值的两个矩阵未必相似. 例如矩阵

$$B=\begin{bmatrix}1&1\\0&1\end{bmatrix}\quad 和 \quad E=\begin{bmatrix}1&0\\0&1\end{bmatrix}$$

有相同的特征值但却不相似，因为单位矩阵 E 只能与它自己相似.

4.3.2 相似矩阵的对角化

一般说来，矩阵的乘积运算是比较烦琐的，但对角矩阵的乘积运算却很简洁.

注意到，当 $\boldsymbol{B}_1=\boldsymbol{P}^{-1}\boldsymbol{A}_1\boldsymbol{P}$, $\boldsymbol{B}_2=\boldsymbol{P}^{-1}\boldsymbol{A}_2\boldsymbol{P}$ 时，有 $\boldsymbol{B}_1\boldsymbol{B}_2=\boldsymbol{P}^{-1}(\boldsymbol{A}_1\boldsymbol{A}_2)\boldsymbol{P}$ 及 $\boldsymbol{B}_1^k=\boldsymbol{P}^{-1}\boldsymbol{A}_1^k\boldsymbol{P}$, 其中 k 为任意正整数. 因此，若 $\boldsymbol{A}_1$ 和 $\boldsymbol{A}_2$ 为对角矩阵，便可利用对角矩阵的乘积运算来简化 $\boldsymbol{B}_1$ 和 $\boldsymbol{B}_2$ 的相关乘积运算. 这就引发人们考虑矩阵在相似变换下的对角化问题.

显然，对角矩阵 $\boldsymbol{\Lambda}=\mathrm{diag}(\lambda_1,\lambda_2,\cdots,\lambda_n)$ 的 n 个特征值即为 $\lambda_i, i=1,2,\cdots,n$. 若 $\boldsymbol{A}$ 与 $\boldsymbol{\Lambda}$ 相似，则由性质 4.3.2 知，$\boldsymbol{A}$ 的 n 个特征值也是 $\lambda_i, i=1,2,\cdots,n$.

假设存在可逆矩阵 $\boldsymbol{P}$, 使 $\boldsymbol{P}^{-1}\boldsymbol{A}\boldsymbol{P}=\boldsymbol{\Lambda}$. 将 $\boldsymbol{P}$ 按列分块，记 $\boldsymbol{P}=[\boldsymbol{P}_1,\boldsymbol{P}_2,\cdots,\boldsymbol{P}_n]$，则

$$
\boldsymbol{A}[\boldsymbol{P}_1,\boldsymbol{P}_2,\cdots,\boldsymbol{P}_n]=[\boldsymbol{P}_1,\boldsymbol{P}_2,\cdots,\boldsymbol{P}_n]\begin{bmatrix}\lambda_1 & & & \\ & \lambda_2 & & \\ & & \ddots & \\ & & & \lambda_n\end{bmatrix},
$$

即 $[\boldsymbol{A}\boldsymbol{P}_1,\boldsymbol{A}\boldsymbol{P}_2,\cdots,\boldsymbol{A}\boldsymbol{P}_n]=[\lambda_1\boldsymbol{P}_1,\lambda_2\boldsymbol{P}_2,\cdots,\lambda_n\boldsymbol{P}_n]$，亦即

$$
\boldsymbol{A}\boldsymbol{P}_i=\lambda_i\boldsymbol{P}_i,\quad i=1,2,\cdots,n.
$$

这说明 $\boldsymbol{P}$ 的列向量 $\boldsymbol{P}_1,\boldsymbol{P}_2,\cdots,\boldsymbol{P}_n$ 依次是 $\boldsymbol{A}$ 的属于特征值 $\lambda_1,\lambda_2,\cdots,\lambda_n$ 的特征向量. 由于 $\boldsymbol{P}$ 可逆，故 $\boldsymbol{P}_1,\boldsymbol{P}_2,\cdots,\boldsymbol{P}_n$ 线性无关，由此可知，当 $\boldsymbol{A}$ 与对角矩阵相似时，它有 n 个线性无关的特征向量.

反之，当 $\boldsymbol{A}$ 有 n 个线性无关的特征向量时，我们以这些特征向量为列向量构成矩阵 $\boldsymbol{P}$, 则 $\boldsymbol{P}$ 可逆且满足 $\boldsymbol{P}^{-1}\boldsymbol{A}\boldsymbol{P}=\boldsymbol{\Lambda}$，其中 $\boldsymbol{\Lambda}$ 是由 $\boldsymbol{A}$ 的 n 个特征值构成的对角矩阵.

由上面的讨论可以得到如下定理.

定理 4.6　n 阶矩阵 $\boldsymbol{A}$ 与对角矩阵 $\boldsymbol{\Lambda}$ 相似的充分必要条件是 $\boldsymbol{A}$ 有 n 个线性无关的特征向量.

推论 4.3.1　如果 n 阶矩阵 $\boldsymbol{A}$ 有 n 个不同的特征值，那么它与对角矩阵相似.

推论 4.3.2　如果对于 n 阶矩阵 $\boldsymbol{A}$ 的每一个 k 重特征值 λ, $\boldsymbol{A}$ 恰有 k 个属于 λ 的线性无关的特征向量，那么 $\boldsymbol{A}$ 与对角矩阵相似.

当 $\boldsymbol{A}$ 与对角矩阵相似时，称 $\boldsymbol{A}$ **可以对角化**.

上述讨论表明，如果 $\boldsymbol{A}$ 可以对角化，在不计主对角线上元素顺序的前提下，与 $\boldsymbol{A}$ 相似的对角矩阵 $\boldsymbol{\Lambda}$ 是唯一的，$\boldsymbol{\Lambda}$ 的主对角线上元素就是 $\boldsymbol{A}$ 的特征值；而相似变换矩阵 $\boldsymbol{P}$ 不是唯一的，它的列向量是 $\boldsymbol{A}$ 的特征向量，其顺序与相应特征值在 $\boldsymbol{\Lambda}$ 中的顺序一致.

例 4.2.2 中，二阶方阵

$$A=\begin{bmatrix}3 & 1\\ 5 & -1\end{bmatrix}$$

有两个不同的特征值是$\lambda_1=4$, $\lambda_2=-2$, 属于它们的特征向量分别是

$$\gamma_1=\begin{bmatrix}1\\ 1\end{bmatrix},\quad \gamma_2=\begin{bmatrix}1\\ -5\end{bmatrix},$$

则取

$$P=[\gamma_1,\gamma_2]=\begin{bmatrix}1 & 1\\ 1 & -5\end{bmatrix},\quad \Lambda=\begin{bmatrix}4 & 0\\ 0 & -2\end{bmatrix},$$

有

$$P^{-1}AP=\frac{1}{6}\begin{bmatrix}5 & 1\\ 1 & -1\end{bmatrix}\begin{bmatrix}3 & 1\\ 5 & -1\end{bmatrix}\begin{bmatrix}1 & 1\\ 1 & -5\end{bmatrix}=\begin{bmatrix}4 & 0\\ 0 & -2\end{bmatrix}=\Lambda.$$

可见 A 与对角矩阵 Λ 相似.

例 4.2.1 中的三阶方阵 A 有一个二重特征值 1，属于它的线性无关的特征向量只有一个，所以它不与对角矩阵相似.

例 4.2.3 中的三阶方阵 A 也有一个二重特征值 2，属于它的线性无关的特征向量有两个：γ_1 和 γ_2. 取 γ_1，γ_2 和 A 对应于单特征值−4 的特征向量 γ_3, 以 γ_1, γ_2, γ_3 为列向量构造矩阵 P, 以特征值 2, 2, −4 为对角线元素构造对角矩阵 Λ, 则有

$$P=\begin{bmatrix}-2 & 1 & 1\\ 1 & 0 & -2\\ 0 & 1 & 3\end{bmatrix},\quad \Lambda=\begin{bmatrix}2 & & \\ & 2 & \\ & & -4\end{bmatrix},$$

以及 $P^{-1}AP=\Lambda$, 所以 A 与对角矩阵 Λ 相似.

应该注意，由于矩阵的特征值作为特征多项式的根可能是复数，所以，关于特征值的讨论均要在复数域上进行. 一个矩阵能否对角化也与所考虑的数域有关.

例 4.3.1　试证矩阵

$$A=\begin{bmatrix}4 & 6 & 0\\ -3 & -5 & 0\\ -3 & -6 & 1\end{bmatrix}$$

与对角矩阵相似，并求与其相似的对角矩阵.

证　矩阵 A 的特征多项式为

$$|A-\lambda E|=\begin{vmatrix}4-\lambda & 6 & 0\\ -3 & -5-\lambda & 0\\ -3 & -6 & 1-\lambda\end{vmatrix}=-(\lambda-1)^2(\lambda+2),$$

它的特征值是 $\lambda_1=1$（二重）和 $\lambda_2=-2$.

当 $\lambda_1=1$ 时，解方程组 $(\boldsymbol{A}-\boldsymbol{E})\boldsymbol{X}=\boldsymbol{0}$,

$$\begin{bmatrix}3 & 6 & 0\\ -3 & -6 & 0\\ -3 & -6 & 0\end{bmatrix}\xrightarrow{r}\begin{bmatrix}1 & 2 & 0\\ 0 & 0 & 0\\ 0 & 0 & 0\end{bmatrix},$$

得一基础解系 $\boldsymbol{P}_1=[-2,1,0]^{\mathrm{T}}$, $\boldsymbol{P}_2=[0,0,1]^{\mathrm{T}}$ ，它们是 $\boldsymbol{A}$ 属于特征值 1 的特征向量，显然 $\boldsymbol{P}_1,\boldsymbol{P}_2$ 线性无关.

当 $\lambda_2=-2$ 时，解方程组 $(\boldsymbol{A}+2\boldsymbol{E})\boldsymbol{X}=\boldsymbol{0}$,

$$\begin{bmatrix}6 & 6 & 0\\ -3 & -3 & 0\\ -3 & -6 & 3\end{bmatrix}\xrightarrow{r}\begin{bmatrix}1 & 0 & 1\\ 0 & 1 & -1\\ 0 & 0 & 0\end{bmatrix},$$

得一基础解系 $\boldsymbol{P}_3=[-1,1,1]^{\mathrm{T}}$ ，它是 $\boldsymbol{A}$ 属于特征值−2 的特征向量.

因此，$\boldsymbol{P}_1,\boldsymbol{P}_2,\boldsymbol{P}_3$ 分别是 $\boldsymbol{A}$ 的属于特征值 $1,1,-2$ 的特征向量，且 $\boldsymbol{P}_1,\boldsymbol{P}_2,\boldsymbol{P}_3$ 线性无关，所以 $\boldsymbol{A}$ 可以对角化. 取矩阵

$$\boldsymbol{P}=[\boldsymbol{P}_1,\boldsymbol{P}_2,\boldsymbol{P}_3]=\begin{bmatrix}-2 & 0 & -1\\ 1 & 0 & 1\\ 0 & 1 & 1\end{bmatrix},$$

则 $\boldsymbol{P}$ 可逆，且

$$\boldsymbol{P}^{-1}\boldsymbol{A}\boldsymbol{P}=\begin{bmatrix}-1 & -1 & 0\\ -1 & -2 & 1\\ 1 & 2 & 0\end{bmatrix}\begin{bmatrix}4 & 6 & 0\\ -3 & -5 & 0\\ -3 & -6 & 1\end{bmatrix}\begin{bmatrix}-2 & 0 & -1\\ 1 & 0 & 1\\ 0 & 1 & 1\end{bmatrix}=\begin{bmatrix}1 & & \\ & 1 & \\ & & -2\end{bmatrix}=\boldsymbol{\Lambda}.$$

例 4.3.2　对于例 4.3.1 中的矩阵 $\boldsymbol{A}$，求 $\boldsymbol{A}^{10}$.

解　由例 4.3.1 知 $\boldsymbol{A}$ 与对角矩阵 $\boldsymbol{\Lambda}$ 相似. 则由 $\boldsymbol{P}^{-1}\boldsymbol{A}\boldsymbol{P}=\boldsymbol{\Lambda}$ 解得 $\boldsymbol{A}=\boldsymbol{P}\boldsymbol{\Lambda}\boldsymbol{P}^{-1}$, 从而

$$\begin{aligned}\boldsymbol{A}^{10}&=\boldsymbol{P}\boldsymbol{\Lambda}^{10}\boldsymbol{P}^{-1}\\ &=\begin{bmatrix}-2 & 0 & -1\\ 1 & 0 & 1\\ 0 & 1 & 1\end{bmatrix}\begin{bmatrix}1^{10} & & \\ & 1^{10} & \\ & & (-2)^{10}\end{bmatrix}\begin{bmatrix}-1 & -1 & 0\\ -1 & -2 & 1\\ 1 & 2 & 0\end{bmatrix}\end{aligned}$$

$$=\begin{bmatrix} -1022 & -2046 & 0 \\ 1023 & 2047 & 0 \\ 1023 & 2046 & 1 \end{bmatrix}.$$

通过上边的例子可以看到，一般说来，任意一个 n 阶方阵未必和对角矩阵相似. 但是，可以证明：任意一个 n 阶方阵 $\boldsymbol{A}$ 与一个上三角矩阵

$$\boldsymbol{J}=\begin{bmatrix} \boldsymbol{J}_1 & & & \\ & \boldsymbol{J}_2 & & \\ & & \ddots & \\ & & & \boldsymbol{J}_s \end{bmatrix}$$

相似，其中

$$\boldsymbol{J}_i=\begin{bmatrix} \lambda_i & 1 & & & \\ & \lambda_i & 1 & & \\ & & \ddots & \ddots & \\ & & & \lambda_i & 1 \\ & & & & \lambda_i \end{bmatrix}_{n_i}$$

称为一个 n_i 阶若尔当块，$\boldsymbol{J}$ 称为若尔当形矩阵，λ_i 为 $\boldsymbol{A}$ 的 n_i 重特征值，$i=1,2,\cdots,s$. 也称 $\boldsymbol{J}$ 为 $\boldsymbol{A}$ 的**相似标准形**或**若尔当标准形**. 矩阵的若尔当标准形也是一种重要的等价标准形，在理论讨论和若干计算问题中都有重要作用. 限于篇幅，本书不再细讲，有兴趣的读者可参考相关文献，比如北京大学数学系编的《高等代数》.

一个 n 阶矩阵满足什么条件才能够对角化，是一个比较复杂的问题. 对称矩阵的对角化问题具有重要和广泛的实用价值，下面仅讨论 $\boldsymbol{A}$ 为对称阵的情形.

4.3.3　对称矩阵的对角化

定理 4.7　实对称矩阵的特征值是实数.

证　设 λ 是实对称矩阵 $\boldsymbol{A}$ 的特征值，$\boldsymbol{\xi}$ 是对应于 λ 的一个特征向量，则 $\boldsymbol{A\xi}=\lambda\boldsymbol{\xi}$. 两边取共轭转置得 $\overline{\boldsymbol{\xi}}^{\mathrm{T}}\boldsymbol{A}=\overline{\lambda\boldsymbol{\xi}}^{\mathrm{T}}$. 于是

$$\overline{\lambda}\|\boldsymbol{\xi}\|^2=\overline{\lambda}(\overline{\boldsymbol{\xi}}^{\mathrm{T}}\boldsymbol{\xi})=(\overline{\lambda\boldsymbol{\xi}}^{\mathrm{T}})\boldsymbol{\xi}=(\overline{\boldsymbol{\xi}}^{\mathrm{T}}\boldsymbol{A})\boldsymbol{\xi}=\overline{\boldsymbol{\xi}}^{\mathrm{T}}(\boldsymbol{A\xi})=\lambda\overline{\boldsymbol{\xi}}^{\mathrm{T}}\boldsymbol{\xi}=\lambda\|\boldsymbol{\xi}\|^2.$$

故由 $\|\lambda\|\neq 0$ 得 $\overline{\lambda}=\lambda$，即 λ 是实数.

定理 4.8　对称矩阵 $\boldsymbol{A}$ 属于不同特征值的特征向量正交.

证　设 $\lambda_1\neq\lambda_2$ 是对称矩阵 $\boldsymbol{A}$ 的两个特征值，$\boldsymbol{p}_1,\boldsymbol{p}_2$ 分别是 $\boldsymbol{A}$ 对应于 λ_1,λ_2 的特

征向量，则 $\lambda_1 \boldsymbol{p}_1 = \boldsymbol{A}\boldsymbol{p}_1, \lambda_2 \boldsymbol{p}_2 = \boldsymbol{A}\boldsymbol{p}_2$. 因为 $\boldsymbol{A}$ 为对称阵，所以

$$(\lambda_1 \boldsymbol{p}_1, \boldsymbol{p}_2) = (\boldsymbol{A}\boldsymbol{p}_1, \boldsymbol{p}_2) = (\boldsymbol{A}\boldsymbol{p}_1)^{\mathrm{T}} \boldsymbol{p}_2 = \boldsymbol{p}_1^{\mathrm{T}} \boldsymbol{A}^{\mathrm{T}} \boldsymbol{p}_2 = \boldsymbol{p}_1^{\mathrm{T}} \boldsymbol{A} \boldsymbol{p}_2 = (\boldsymbol{p}_1, \boldsymbol{A}\boldsymbol{p}_2) = (\boldsymbol{p}_1, \lambda_2 \boldsymbol{p}_2).$$

因此 $\lambda_1(\boldsymbol{p}_1, \boldsymbol{p}_2) = \lambda_2(\boldsymbol{p}_1, \boldsymbol{p}_2)$. 于是由 $\lambda_1 \neq \lambda_2$ 得 $(\boldsymbol{p}_1, \boldsymbol{p}_2) = 0$，即 $\boldsymbol{p}_1, \boldsymbol{p}_2$ 正交.

定理 4.9　对于 n 阶实对称矩阵 $\boldsymbol{A}$，必有正交矩阵 $\boldsymbol{P}$，使 $\boldsymbol{P}^{-1}\boldsymbol{A}\boldsymbol{P} = \boldsymbol{\Lambda}$，其中 $\boldsymbol{\Lambda}$ 是以 $\boldsymbol{A}$ 的 n 个特征值为对角元的对角矩阵.

证　对 $\boldsymbol{A}$ 的阶数 n 采用归纳法证明. 当 $n=1$ 时，结论明显成立. 假设结论对 $n-1$ 阶矩阵都成立，我们来证明定理的结论对 n 阶矩阵 $\boldsymbol{A}$ 成立. 设 λ_1 是 $\boldsymbol{A}$ 的一个特征值，$\boldsymbol{\xi}_1$ 是对应于 λ_1 的单位特征向量，则由定理 4.2，能够找到 $n-1$ 个单位向量 $\boldsymbol{e}_2, \boldsymbol{e}_3, \cdots, \boldsymbol{e}_n$ 使得 $\boldsymbol{\xi}_1, \boldsymbol{e}_2, \boldsymbol{e}_3, \cdots, \boldsymbol{e}_n$ 是单位正交向量组，从而以它们为列构成的矩阵 $\boldsymbol{P}_1 = [\boldsymbol{\xi}_1, \boldsymbol{e}_2, \cdots, \boldsymbol{e}_n]$ 是一个正交矩阵. 并且由 $\boldsymbol{A}\boldsymbol{\xi}_1 = \lambda_1 \boldsymbol{\xi}_1, \|\boldsymbol{\xi}_1\| = 1, (\boldsymbol{\xi}_1, \boldsymbol{e}_i) = 0, i = 2, \cdots, n$，以及 $\boldsymbol{A}$ 的对称性，不难算出

$$\boldsymbol{P}_1^{-1}\boldsymbol{A}\boldsymbol{P}_1 = \boldsymbol{P}_1^{\mathrm{T}}\boldsymbol{A}\boldsymbol{P}_1 = \begin{bmatrix} \boldsymbol{\xi}_1^{\mathrm{T}} \\ \boldsymbol{e}_2^{\mathrm{T}} \\ \vdots \\ \boldsymbol{e}_n^{\mathrm{T}} \end{bmatrix} \boldsymbol{A}[\boldsymbol{\xi}_1, \boldsymbol{e}_2, \cdots, \boldsymbol{e}_n] = \begin{bmatrix} \lambda_1 & 0 & \cdots & 0 \\ 0 & \boldsymbol{e}_2^{\mathrm{T}}\boldsymbol{A}\boldsymbol{e}_2 & \cdots & \boldsymbol{e}_2^{\mathrm{T}}\boldsymbol{A}\boldsymbol{e}_n \\ \vdots & \vdots & & \vdots \\ 0 & \boldsymbol{e}_n^{\mathrm{T}}\boldsymbol{A}\boldsymbol{e}_2 & \cdots & \boldsymbol{e}_n^{\mathrm{T}}\boldsymbol{A}\boldsymbol{e}_n \end{bmatrix}.$$

记

$$\boldsymbol{B} = (b_{ij}) = \begin{bmatrix} \boldsymbol{e}_2^{\mathrm{T}}\boldsymbol{A}\boldsymbol{e}_2 & \cdots & \boldsymbol{e}_2^{\mathrm{T}}\boldsymbol{A}\boldsymbol{e}_n \\ \vdots & & \vdots \\ \boldsymbol{e}_n^{\mathrm{T}}\boldsymbol{A}\boldsymbol{e}_2 & \cdots & \boldsymbol{e}_n^{\mathrm{T}}\boldsymbol{A}\boldsymbol{e}_n \end{bmatrix},$$

则由 $\boldsymbol{A}^{\mathrm{T}} = \boldsymbol{A}$ 可得

$$b_{ij} = \boldsymbol{e}_{i+1}^{\mathrm{T}}\boldsymbol{A}\boldsymbol{e}_{j+1} = (\boldsymbol{e}_{i+1}^{\mathrm{T}}\boldsymbol{A}\boldsymbol{e}_{j+1})^{\mathrm{T}} = \boldsymbol{e}_{j+1}^{\mathrm{T}}\boldsymbol{A}\boldsymbol{e}_{i+1} = b_{ji}, \quad i, j = 1, \cdots, n-1,$$

所以 $\boldsymbol{B}$ 是一个 $n-1$ 阶实对称矩阵. 由归纳假设，存在一个 $n-1$ 阶正交矩阵 $\boldsymbol{Q}$ 使得

$$\boldsymbol{Q}^{-1}\boldsymbol{B}\boldsymbol{Q} = \boldsymbol{Q}^{\mathrm{T}}\boldsymbol{B}\boldsymbol{Q} = \begin{bmatrix} \lambda_2 & & & \\ & \lambda_3 & & \\ & & \ddots & \\ & & & \lambda_n \end{bmatrix}.$$

令 $\boldsymbol{P}_2 = \begin{bmatrix} 1 & \\ & \boldsymbol{Q} \end{bmatrix}$. 由 $\boldsymbol{Q}$ 是正交矩阵易知 $\boldsymbol{P}_2$ 是 n 阶正交矩阵. 从而矩阵 $\boldsymbol{P} = \boldsymbol{P}_1\boldsymbol{P}_2$ 是正交矩阵，满足

$$P^{-1}AP=(P_1P_2)^{-1}A(P_1P_2)=P_2^{-1}(P_1^{-1}AP_1)P_2$$
$$=\begin{bmatrix}1 & \\ & Q^{-1}\end{bmatrix}\begin{bmatrix}\lambda_1 & \\ & B\end{bmatrix}\begin{bmatrix}1 & \\ & Q\end{bmatrix}=\Lambda,$$

其中 $\Lambda=\mathrm{diag}(\lambda_1,\lambda_2,\cdots,\lambda_n)$，并且容易看出 $\lambda_1,\lambda_2,\cdots,\lambda_n$ 就是 A 的 n 个特征值.

因此欲求正交矩阵 P 使 $P^{-1}AP$ 为对角矩阵，可经过以下三个步骤.

(1)求出 A 的全部特征值：设 A 的互不相同的特征值是 $\lambda_1,\lambda_2,\cdots,\lambda_s$，它们的重数依次为 $k_1,\cdots,k_s$，其中 $k_1+\cdots+k_s=n$.

(2)对每一个 k_i 重特征值（$i=1,2,\cdots,s$），求方程组 $(A-\lambda_iE)X=0$ 的基础解系，得出 k_i 个线性无关的特征向量. 再用施密特正交化过程将其正交化、单位化，求出与其等价的单位正交向量组. 由于 $k_1+\cdots+k_s=n$, 所以共得 n 个两两正交的单位特征向量.

(3)以这 n 个两两正交的单位特征向量为列向量构造矩阵 P，则 P 即为所求的正交矩阵. 此时 $P^{-1}AP$ 的主对角线元素就是 A 的全部特征值.

例 4.3.3　设

$$A=\begin{bmatrix}2 & 2 & -2\\ 2 & 5 & -4\\ -2 & -4 & 5\end{bmatrix},$$

试求一个正交矩阵 P，使 $P^{-1}AP$ 为对角矩阵.

解　矩阵 A 的特征多项式为

$$|A-\lambda E|=\begin{vmatrix}2-\lambda & 2 & -2\\ 2 & 5-\lambda & -4\\ -2 & -4 & 5-\lambda\end{vmatrix}=(\lambda-1)^2(10-\lambda),$$

A 的特征值是 $\lambda_1=1$（二重），$\lambda_2=10$.

当 $\lambda_1=1$ 时，解方程组 $(A-E)X=0$,

$$\begin{bmatrix}1 & 2 & -2\\ 2 & 4 & -4\\ -2 & -4 & 4\end{bmatrix}\xrightarrow{r}\begin{bmatrix}1 & 2 & -2\\ 0 & 0 & 0\\ 0 & 0 & 0\end{bmatrix},$$

得与其对应的线性无关特征向量为

$$\alpha_1=[2,0,1]^{\mathrm{T}},\quad \alpha_2=[-2,1,0]^{\mathrm{T}}.$$

当 $\lambda_2=10$ 时，解方程组 $(A-10E)X=0$,

$$\begin{bmatrix} -8 & 2 & -2 \\ 2 & -5 & -4 \\ -2 & -4 & -5 \end{bmatrix} \xrightarrow{r} \begin{bmatrix} 2 & 0 & 1 \\ 0 & 1 & 1 \\ 0 & 0 & 0 \end{bmatrix},$$

得与其特征值 10 对应的特征向量 $\boldsymbol{\alpha}_3 = [-1, -2, 2]^{\mathrm{T}}$.

将 $\boldsymbol{\alpha}_1, \boldsymbol{\alpha}_2$ 正交化得到

$$\boldsymbol{\beta}_1 = \boldsymbol{\alpha}_1, \quad \boldsymbol{\beta}_2 = \boldsymbol{\alpha}_2 - \frac{(\boldsymbol{\alpha}_2, \boldsymbol{\beta}_1)}{(\boldsymbol{\beta}_1, \boldsymbol{\beta}_1)}\boldsymbol{\beta}_1 = \begin{bmatrix} -2 \\ 1 \\ 0 \end{bmatrix} + \frac{4}{5}\begin{bmatrix} 2 \\ 0 \\ 1 \end{bmatrix} = \frac{1}{5}\begin{bmatrix} -2 \\ 5 \\ 4 \end{bmatrix},$$

则 $\boldsymbol{\beta}_1, \boldsymbol{\beta}_2, \boldsymbol{\beta}_3 = \boldsymbol{\alpha}_3$ 是一个正交向量组. 取

$$\boldsymbol{p}_1 = \frac{\boldsymbol{\beta}_1}{\|\boldsymbol{\beta}_1\|} = \begin{bmatrix} \frac{2}{\sqrt{5}} \\ 0 \\ \frac{1}{\sqrt{5}} \end{bmatrix}, \quad \boldsymbol{p}_2 = \frac{\boldsymbol{\beta}_2}{\|\boldsymbol{\beta}_2\|} = \begin{bmatrix} -\frac{2\sqrt{5}}{15} \\ \frac{\sqrt{5}}{3} \\ \frac{4\sqrt{5}}{15} \end{bmatrix}, \quad \boldsymbol{p}_3 = \frac{\boldsymbol{\beta}_3}{\|\boldsymbol{\beta}_3\|} = \begin{bmatrix} -\frac{1}{3} \\ -\frac{2}{3} \\ \frac{2}{3} \end{bmatrix},$$

以它们为列向量构造矩阵

$$\boldsymbol{P} = [\boldsymbol{p}_1, \boldsymbol{p}_2, \boldsymbol{p}_3] = \begin{bmatrix} 2/\sqrt{5} & -2/3\sqrt{5} & -1/3 \\ 0 & \sqrt{5}/3 & -2/3 \\ 1/\sqrt{5} & 4/3\sqrt{5} & 2/3 \end{bmatrix},$$

则 $\boldsymbol{P}$ 是正交矩阵，且使 $\boldsymbol{P}^{-1}\boldsymbol{A}\boldsymbol{P} = \begin{bmatrix} 1 & 0 & 0 \\ 0 & 1 & 0 \\ 0 & 0 & 10 \end{bmatrix}$.

习　题　4.3

1. 指出习题 4.2 的第 1 题中的矩阵，哪些能对角化，哪些不能对角化. 对能对角化的矩阵，求相似变换矩阵 $\boldsymbol{P}$ 和与其相似的对角矩阵.

2. 已知矩阵 $\boldsymbol{A}$ 与 $\boldsymbol{B}$ 相似，其中

$$\boldsymbol{A} = \begin{bmatrix} 3 & -1 & -2 \\ 2 & 0 & -2 \\ 2 & -1 & a \end{bmatrix}, \quad \boldsymbol{B} = \begin{bmatrix} 0 & 0 & 0 \\ 9 & 1 & 0 \\ 8 & 2 & b \end{bmatrix},$$

求 a, b 的值.

3. 设三阶矩阵 $\boldsymbol{A}$ 的特征值为 $\lambda_1=-1$, $\lambda_2=9$, $\lambda_3=0$, 相应的特征向量依次为

$$\boldsymbol{p}_1=\begin{bmatrix}1\\-1\\0\end{bmatrix},\quad \boldsymbol{p}_2=\begin{bmatrix}1\\1\\2\end{bmatrix},\quad \boldsymbol{p}_3=\begin{bmatrix}1\\1\\1\end{bmatrix}.$$

求矩阵 $\boldsymbol{A}$.

4. 证明：如果 n 阶方阵 $\boldsymbol{A}$ 与 $\boldsymbol{B}$ 相似，那么 $\boldsymbol{A}^{\mathrm{T}}$ 与 $\boldsymbol{B}^{\mathrm{T}}$ 相似，$\boldsymbol{A}^m$ 与 $\boldsymbol{B}^m$ 相似.

5. 证明：如果 $\boldsymbol{A},\boldsymbol{B}$ 都是 n 阶可逆矩阵且 $\boldsymbol{A}$ 与 $\boldsymbol{B}$ 相似，那么 $\boldsymbol{A}^{-1}$ 与 $\boldsymbol{B}^{-1}$ 相似.

6. 设 $\boldsymbol{A},\boldsymbol{B}$ 都是 n 阶方阵且 $\boldsymbol{A}$ 可逆，证明 $\boldsymbol{AB}$ 与 $\boldsymbol{BA}$ 相似.

7. 用正交矩阵把下列实对称矩阵对角化.

(1) $\begin{bmatrix}3&-1&0\\-1&2&-1\\0&-1&3\end{bmatrix}$;　　(2) $\begin{bmatrix}1&1&0&-1\\1&1&-1&0\\0&-1&1&1\\-1&0&1&1\end{bmatrix}$.

8. 设三阶实对称矩阵 $\boldsymbol{A}$ 与对角矩阵 $\mathrm{diag}(6,3,3)$ 相似，$\boldsymbol{p}_1=[1,1,1]^{\mathrm{T}}$ 是 $\boldsymbol{A}$ 的属于特征值 6 的特征向量. 求 $\boldsymbol{A}$.

4.4 二 次 型

4.4.1 二次型的基本概念

定义 4.9 一个系数在数域 P 上的关于 n 个变元 $x_1,x_2,\cdots,x_n$ 的二次齐次多项式 $f(x_1,x_2,\cdots,x_n)$，称为数域 P 上的一个 n 元**二次型**，简称为二次型.

二次型的一般形式是

$$\begin{aligned}f(x_1,x_2,\cdots,x_n)=&\,a_{11}x_1^2+2a_{12}x_1x_2+\cdots+2a_{1n}x_1x_n\\&+a_{22}x_2^2+2a_{23}x_2x_3+\cdots+2a_{2n}x_2x_n+\cdots+a_{nn}x_n^2.\end{aligned}\tag{4.5}$$

令 $a_{ij}=a_{ji}(i,j=1,2,\cdots,n)$，则式(4.5)可写为

$$\begin{aligned}f(x_1,x_2,\cdots,x_n)=&\,a_{11}x_1^2+a_{12}x_1x_2+\cdots+a_{1n}x_1x_n\\&+a_{21}x_2x_1+a_{22}x_2^2+\cdots+a_{2n}x_2x_n+\cdots+a_{n1}x_nx_1+a_{n2}x_nx_2+\cdots+a_{nn}x_n^2\\=&\sum_{i=1}^{n}\sum_{j=1}^{n}a_{ij}x_ix_j.\end{aligned}$$

记

$$A=\begin{bmatrix} a_{11} & a_{12} & \cdots & a_{1n} \\ a_{21} & a_{22} & \cdots & a_{2n} \\ \vdots & \vdots & & \vdots \\ a_{n1} & a_{n2} & \cdots & a_{nn} \end{bmatrix}, \quad X=\begin{bmatrix} x_1 \\ x_2 \\ \vdots \\ x_n \end{bmatrix},$$

式(4.5)可改写为矩阵形式

$$f(X)=X^{\mathrm{T}}AX. \tag{4.6}$$

这样，任给一个二次型就唯一的确定一个对称矩阵A；反之，任给一个对称矩阵A，利用式(4.6)也可唯一确定一个二次型. 因此，二次型与对称矩阵之间就存在着一一对应关系，称对称矩阵A为二次型(4.6)的矩阵，也把二次型(4.6)称为对称矩阵A的二次型. 对称矩阵A的秩称为该**二次型的秩**.

如$f(x,y,z)=x^2+3y^2-4xy+2yz$，用矩阵记号写出来就是

$$f(x,y,z)=[x,y,z]\begin{bmatrix} 1 & -2 & 0 \\ -2 & 3 & 1 \\ 0 & 1 & 0 \end{bmatrix}\begin{bmatrix} x \\ y \\ z \end{bmatrix}.$$

系数在实数域中的二次型称为**实二次型**；系数在复数域中的二次型称为**复二次型**. 例如

$$f(x_1,x_2,x_3)=2x_1^2+4x_1x_2+6x_2x_3+5x_2^2+3x_2x_3+7x_3^2,$$

$$f(x_1,x_2,x_3)=x_1^2-\sqrt{2}x_1x_2+4x_2x_3+3x_2^2+6x_2x_3+\sqrt{3}x_3^2,$$

$$f(x_1,x_2,x_3)=x_1x_2+x_1x_3+x_2x_3$$

都是实二次型. 而

$$\mathrm{i}x_1x_2+5x_2^2+(3+\mathrm{i})x_2x_3+\sqrt{3}x_1x_4 \quad (\text{此处 } \mathrm{i}=\sqrt{-1} \text{ 为虚数单位})$$

是复二次型.

4.4.2 矩阵的合同

定义 4.10　设$x_1, x_2,\cdots, x_n$和$y_1, y_2,\cdots, y_n$是两组变量，则关系式

$$\begin{cases} x_1=c_{11}y_1+c_{12}y_2+\cdots+c_{1n}y_n, \\ x_2=c_{21}y_1+c_{22}y_2+\cdots+c_{2n}y_n, \\ \qquad\cdots\cdots \\ x_n=c_{n1}y_1+c_{n2}y_2+\cdots+c_{nn}y_n \end{cases} \tag{4.7}$$

称为由变量 $x_1, x_2, \cdots, x_n$ 到变量 $y_1, y_2, \cdots, y_n$ 的一个**线性替换**.

线性替换(4.7)可以表示为矩阵形式 $\boldsymbol{X}=\boldsymbol{C}\boldsymbol{Y}$, 其中

$$\boldsymbol{C}=\begin{bmatrix} c_{11} & c_{12} & \cdots & c_{1n} \\ c_{21} & c_{22} & \cdots & c_{2n} \\ \vdots & \vdots & & \vdots \\ c_{n1} & c_{n2} & \cdots & c_{nn} \end{bmatrix}, \quad \boldsymbol{Y}=\begin{bmatrix} y_1 \\ y_2 \\ \vdots \\ y_n \end{bmatrix}.$$

$\boldsymbol{C}$ 称为线性替换的系数矩阵. 当 $\boldsymbol{C}$ 为可逆矩阵时，称线性替换(4.7)为**非退化线性替换**，也称**满秩变换**. 当 $\boldsymbol{C}$ 为正交矩阵时，称其为**正交替换**.

对于二次型，要讨论的主要问题是寻求一个可逆线性变换(4.7)使二次型(4.5)转换成

$$f=k_1y_1^2+k_2y_2^2+\cdots+k_ny_n^2. \tag{4.8}$$

称式(4.8)为二次型(4.5)的**标准形**，当 $k_i\,(i=1,2,\cdots,n)$ 在 $1, 0, -1$ 三个数中取值时，式(4.8)为

$$f=y_1^2+\cdots+y_p^2-y_{p+1}^2-y_r^2.$$

把此式称为二次型(4.5)的**规范形**.

经过线性替换(4.7)，把以 $x_1, x_2, \cdots, x_n$ 为变量的二次型 $f(\boldsymbol{X})=\boldsymbol{X}^{\mathrm{T}}\boldsymbol{A}\boldsymbol{X}$ 转化为以 $y_1, y_2, \cdots, y_n$ 为变量的二次型 $f(\boldsymbol{Y})=\boldsymbol{Y}^{\mathrm{T}}(\boldsymbol{C}^{\mathrm{T}}\boldsymbol{A}\boldsymbol{C})\boldsymbol{Y}$.

定义 4.11 对于 n 阶矩阵 $\boldsymbol{A},\boldsymbol{B}$, 如果存在 n 阶可逆矩阵 $\boldsymbol{C}$, 使得 $\boldsymbol{C}^{\mathrm{T}}\boldsymbol{A}\boldsymbol{C}=\boldsymbol{B}$, 则称矩阵 $\boldsymbol{A}$ **合同于**矩阵 $\boldsymbol{B}$, 称由 $\boldsymbol{A}$ 到 $\boldsymbol{B}$ 的变换为**合同变换**，并称 $\boldsymbol{C}$ 为**合同变换矩阵**.

矩阵的合同关系也是一种等价关系，同样具有**反身性**、**对称性**和**传递性**. 因此矩阵 $\boldsymbol{A}$ 合同于 $\boldsymbol{B}$ 也可以说成 $\boldsymbol{B}$ 合同于 $\boldsymbol{A}$.

经过可逆变换 $\boldsymbol{X}=\boldsymbol{C}\boldsymbol{Y}$, 二次型(4.6)的矩阵由 $\boldsymbol{A}$ 变为 $\boldsymbol{A}$ 的合同矩阵 $\boldsymbol{B}=\boldsymbol{C}^{\mathrm{T}}\boldsymbol{A}\boldsymbol{C}$, 且二次型的秩不变.

要使二次型 f 经过可逆变换 $\boldsymbol{X}=\boldsymbol{C}\boldsymbol{Y}$ 变为标准形

$$f=\boldsymbol{Y}^{\mathrm{T}}\boldsymbol{C}^{\mathrm{T}}\boldsymbol{A}\boldsymbol{C}\boldsymbol{Y}=k_1y_1^2+k_2y_2^2+\cdots+k_ny_n^2$$

$$=[y_1,y_2,\cdots,y_n]\begin{bmatrix} k_1 & & & \\ & k_2 & & \\ & & \ddots & \\ & & & k_n \end{bmatrix}\begin{bmatrix} y_1 \\ y_2 \\ \vdots \\ y_n \end{bmatrix}$$

就是使 $\boldsymbol{C}^{\mathrm{T}}\boldsymbol{A}\boldsymbol{C}$ 成为对角阵. 因此，主要目的是对于对称阵 $\boldsymbol{A}$，寻找可逆矩阵 $\boldsymbol{C}$，使

$\boldsymbol{C}^{\mathrm{T}}\boldsymbol{A}\boldsymbol{C}$ 成为对角阵.

由定理 4.9 可知，对于对称阵 $\boldsymbol{A}$，总有正交阵 $\boldsymbol{P}$，使 $\boldsymbol{P}^{-1}\boldsymbol{A}\boldsymbol{P}=\boldsymbol{\Lambda}$ 为对角阵，于是有如下定理.

定理 4.10　一个 n 元实二次型 $f(x_1,x_2,\cdots,x_n)=\sum\limits_{i=1}^{n}\sum\limits_{j=1}^{n}a_{ij}x_ix_j\ (a_{ij}=a_{ji})$，总可以经正交线性替换 $\boldsymbol{X}=\boldsymbol{P}\boldsymbol{Y}$ 化成平方和形式，即 $f=\lambda_1y_1^2+\lambda_2y_2^2+\cdots+\lambda_ny_n^2$，其中 $\lambda_1,\lambda_2,\cdots,\lambda_n$ 为矩阵 $\boldsymbol{A}$ 的特征值.

4.4.3　化二次型为标准形

1. 正交变换法

例 4.4.1　用正交替换把二次型

$$f(x_1,x_2,x_3)=2x_1^2+5x_2^2+5x_3^2+4x_1x_2-4x_1x_3-8x_2x_3$$

化为标准形，并写出所用的正交替换.

解　二次型 $f(x_1,x_2,x_3)$ 的矩阵为

$$\boldsymbol{A}=\begin{bmatrix}2&2&-2\\2&5&-4\\-2&-4&5\end{bmatrix}.$$

例 4.3.3 已求出 $\boldsymbol{A}$ 的特征值是 $\lambda_1=1$（二重），$\lambda_2=10$，并求出了对应于 $\lambda_1=1$ 的相互正交的单位特征向量 $\boldsymbol{p}_1,\boldsymbol{p}_2$；对应于 $\lambda_2=10$ 的单位特征向量 $\boldsymbol{p}_3$，以及以它们为列向量构成的相似变换矩阵 $\boldsymbol{P}$，

$$\boldsymbol{P}=\begin{bmatrix}\dfrac{2}{\sqrt5}&-\dfrac{2\sqrt5}{15}&-\dfrac{1}{3}\\0&\dfrac{\sqrt5}{3}&-\dfrac{2}{3}\\\dfrac{1}{\sqrt5}&\dfrac{4\sqrt5}{15}&\dfrac{2}{3}\end{bmatrix}$$

是一个正交矩阵，那么线性替换 $\boldsymbol{X}=\boldsymbol{P}\boldsymbol{Y}$ 是一个正交替换，且使

$$f(x_1,x_2,x_3)=\boldsymbol{X}^{\mathrm{T}}\boldsymbol{A}\boldsymbol{X}=\boldsymbol{Y}^{\mathrm{T}}(\boldsymbol{P}^{\mathrm{T}}\boldsymbol{A}\boldsymbol{P})\boldsymbol{Y}$$

$$=[y_1,y_2,y_3]\begin{bmatrix}1&&\\&1&\\&&10\end{bmatrix}\begin{bmatrix}y_1\\y_2\\y_3\end{bmatrix}$$

$$=y_1^2+y_2^2+10y_3^2.$$

2. 配方法

例 4.4.2　用非退化线性替换将二次型

$$f(x_1,x_2,x_3)=x_1^2+2x_1x_2+2x_1x_3+2x_2^2+6x_2x_3+5x_3^2$$

化简为标准形，并写出所用的线性替换.

解　$f(x_1,x_2,x_3)=x_1^2+2x_1x_2+2x_1x_3+2x_2^2+6x_2x_3+5x_3^2$

$$\begin{aligned}&=x_1^2+2(x_2+x_3)x_1+2x_2^2+6x_2x_3+5x_3^2\\&=(x_1+x_2+x_3)^2-(x_2+x_3)^2+2x_2^2+6x_2x_3+5x_3^2\\&=(x_1+x_2+x_3)^2+x_2^2+4x_2x_3+4x_3^2\\&=(x_1+x_2+x_3)^2+(x_2+2x_3)^2,\end{aligned}$$

取

$$\begin{cases}y_1=x_1+x_2+x_3,\\y_2=x_2+2x_3,\\y_3=x_3,\end{cases}\quad 即\begin{cases}x_1=y_1-y_2+y_3,\\x_2=y_2-2y_3,\\x_3=y_3,\end{cases}$$

则有

$$f(x_1,x_2,x_3)=y_1^2+y_2^2.$$

所用线性替换的系数矩阵 $\boldsymbol{C}$ 满足

$$\boldsymbol{C}=\begin{bmatrix}1&1&1\\0&1&2\\0&0&1\end{bmatrix}^{-1}=\begin{bmatrix}1&-1&1\\0&1&-2\\0&0&1\end{bmatrix},$$

故所用替换是非退化线性替换 $\boldsymbol{X}=\boldsymbol{C}\boldsymbol{Y}$.

例 4.4.3　用非退化线性替换化二次型

$$f(x_1,x_2,x_3)=2x_1x_2+2x_1x_3-6x_2x_3$$

为平方和形式，并写出所用线性替换.

解　取

$$\begin{cases} x_1 = y_1 + y_2, \\ x_2 = y_1 - y_2, \\ x_3 = \qquad\quad y_3, \end{cases}$$

代入原式得

$$\begin{aligned} f(x_1,x_2,x_3) &= 2(y_1+y_2)(y_1-y_2)+2(y_1+y_2)y_3-6(y_1-y_2)y_3 \\ &= 2y_1^2-2y_2^2-4y_1y_3+8y_2y_3 \\ &= 2(y_1^2-2y_1y_3+y_3^2-y_3^2)-2y_2^2+8y_2y_3 \\ &= 2(y_1-y_3)^2-2y_2^2+8y_2y_3-2y_3^2 \\ &= 2(y_1-y_3)^2-2(y_2^2-4y_2y_3+4y_3^2-4y_3^2)-2y_3^2 \\ &= 2(y_1-y_3)^2-2(y_2-2y_3)^2+6y_3^2, \end{aligned}$$

再取

$$\begin{cases} z_1 = y_1 \qquad - \ y_3, \\ z_2 = \qquad y_2 - 2y_3, \\ z_3 = \qquad\qquad y_3, \end{cases} \quad 即 \begin{cases} y_1 = z_1 + \qquad z_3, \\ y_2 = \qquad z_2 + 2z_3, \\ y_3 = \qquad\qquad z_3 \end{cases}$$

$\left(系数矩阵 \boldsymbol{C}_1 满足, \boldsymbol{Y} = \boldsymbol{C}_1\boldsymbol{Z}, \boldsymbol{C}_1 = \begin{bmatrix} 1 & 0 & -1 \\ 0 & 1 & -2 \\ 0 & 0 & 1 \end{bmatrix}^{-1} = \begin{bmatrix} 1 & 0 & 1 \\ 0 & 1 & 2 \\ 0 & 0 & 1 \end{bmatrix}\right)$代入上式，则有 $f(x_1, x_2, x_3) = 2z_1^2 - 2z_2^2 + 6z_3^2$. 所用线性替换是

$$\begin{cases} x_1 = y_1 + y_2 \quad = z_1 + z_2 + 3z_3, \\ x_2 = y_1 - y_2 \quad = z_1 - z_2 - \ z_3, \\ x_3 = \qquad\ y_3 \ \ = \qquad\qquad z_3, \end{cases}$$

其系数矩阵

$$\boldsymbol{C} = \begin{bmatrix} 1 & 1 & 3 \\ 1 & -1 & -1 \\ 0 & 0 & 1 \end{bmatrix}$$

可逆，说明所用线性替换是非退化的，且 $\boldsymbol{X} = \boldsymbol{C}\boldsymbol{Z}$.

3. 初等变换法

在例 4.4.2 和例 4.4.3 中，通过非退化线性替换化二次型为标准形，实质上是

找可逆矩阵 C, 使 $C^{\mathrm{T}}AC=\Lambda$ 为对角矩阵. 因 C 可逆，所以上述过程可以通过矩阵的初等变换实现.

设 $C=Q_1Q_2\cdots Q_s$, 其中 $Q_i\,(i=1,2,\cdots,s)$ 都是初等矩阵，则有

$$C=EQ_1Q_2\cdots Q_s,\quad C^{\mathrm{T}}AC=Q_s^{\mathrm{T}}\cdots Q_2^{\mathrm{T}}Q_1^{\mathrm{T}}AQ_1Q_2\cdots Q_s.$$

由此可见，对 A 和 E 同时实施初等列变换 $Q_1,Q_2,\cdots,Q_s$ 后，再对 A 实施相应的初等行变换 $Q_1,Q_2,\cdots,Q_s$，在把矩阵 A 化为 $C^{\mathrm{T}}AC$ 的同时，就把单位矩阵 E 化成了 C, 其中 $C=Q_1Q_2\cdots Q_s$. 基于此，可以给出下述化二次型为标准形的初等变换法：

(1) 构造 $2n\times n$ 矩阵 $\begin{bmatrix}A\\E\end{bmatrix}$.

(2) 对 A 每实施一次初等行变换，就对 $\begin{bmatrix}A\\E\end{bmatrix}$ 实施一次同样的初等列变换. 由此，当把 A 化为对角矩阵 Λ 时，E 就化为满秩变换的矩阵 C, 即有

$$\begin{bmatrix}A\\E\end{bmatrix}\to\begin{bmatrix}\Lambda\\C\end{bmatrix}.$$

(3) 给出满秩变换 $X=CY$ 和二次型的标准形.

例 4.4.4　用初等变换方法求一非退化线性替换，将二次型

$$f(x_1,x_2,x_3)=2x_1x_2+2x_1x_3-6x_2x_3$$

化为标准形，并写出所用的线性替换.

解　二次型 $f(x_1,x_2,x_3)$ 的矩阵为

$$A=\begin{bmatrix}0&1&1\\1&0&-3\\1&-3&0\end{bmatrix},$$

$$\begin{bmatrix}A\\E\end{bmatrix}=\begin{bmatrix}0&1&1\\1&0&-3\\1&-3&0\\1&0&0\\0&1&0\\0&0&1\end{bmatrix}\xrightarrow[c_1+c_2]{r_1+r_2}\begin{bmatrix}2&1&-2\\1&0&-3\\-2&-3&0\\1&0&0\\1&1&0\\0&0&1\end{bmatrix}\xrightarrow[c_3+c_1]{r_3+r_1}\begin{bmatrix}2&1&0\\1&0&-2\\0&-2&-2\\1&0&1\\0&1&1\\0&0&1\end{bmatrix}$$

$$\xrightarrow[c_2-\frac{1}{2}c_1]{r_2-\frac{1}{2}r_1}\begin{bmatrix}2&0&0\\0&-1/2&-2\\0&-2&-2\\1&-1/2&1\\1&1/2&1\\0&0&1\end{bmatrix}\xrightarrow[c_3-4c_2]{r_3-4r_2}\begin{bmatrix}2&0&0\\0&3/2&0\\0&0&-2\\1&-3/2&1\\1&-1/2&1\\0&0&1\end{bmatrix}.$$

取

$$\boldsymbol{C}=\begin{bmatrix}1&-3/2&1\\1&-1/2&1\\0&0&1\end{bmatrix},\quad \boldsymbol{X}=\begin{bmatrix}x_1\\x_2\\x_3\end{bmatrix},\quad \boldsymbol{Z}=\begin{bmatrix}z_1\\z_2\\z_3\end{bmatrix},$$

则线性替换 $\boldsymbol{X}=\boldsymbol{CZ}$ 就将二次型 $f(x_1,x_2,x_3)$ 化成了标准形式 $f=2z_1^2-\frac{1}{2}z_2^2+6z_3^2$.

由于所用的线性替换不同，例 4.4.4 的结果与例 4.4.3 的结果从形式上看不一致，这说明二次型的标准形不是唯一的，它与所作的线性替换有关. 但需要指出的是，我们有下述重要定理.

定理 4.11　二次型的标准形中非零平方项的个数是唯一确定的，它就是二次型的矩阵 $\boldsymbol{A}$ 的秩.

这是因为，如果二次型 $f=\boldsymbol{X}^{\mathrm{T}}\boldsymbol{AX}$ 经由非退化线性替换 $\boldsymbol{X}=\boldsymbol{CY}$ 化为平方和形式 $\boldsymbol{Y}^{\mathrm{T}}\boldsymbol{\Lambda Y}$，则 $\boldsymbol{\Lambda}$ 是一个对角矩阵. 由二次型矩阵的唯一性及

$$f=\boldsymbol{X}^{\mathrm{T}}\boldsymbol{AX}=(\boldsymbol{CY})^{\mathrm{T}}\boldsymbol{A}(\boldsymbol{CY})=\boldsymbol{Y}^{\mathrm{T}}(\boldsymbol{C}^{\mathrm{T}}\boldsymbol{AC})\boldsymbol{Y}=\boldsymbol{Y}^{\mathrm{T}}\boldsymbol{\Lambda Y}$$

知 $\boldsymbol{\Lambda}=\boldsymbol{C}^{\mathrm{T}}\boldsymbol{AC}$. 由于 $\boldsymbol{C}$ 是可逆矩阵，所以 $\boldsymbol{A}$, $\boldsymbol{\Lambda}$ 的秩均为 $\boldsymbol{\Lambda}$ 中非零元的个数，即 $\boldsymbol{A}$ 的秩就是二次型 f 的标准形中非零平方项的项数.

下面简单介绍一种有广泛应用的特殊实二次型——正定二次型.

4.4.4　正定二次型

定理 4.12（惯性定理）　设二次型 $f=\boldsymbol{X}^{\mathrm{T}}\boldsymbol{AX}$ 的秩为 r，并设有两个可逆变换 $\boldsymbol{X}=\boldsymbol{CY}$ 和 $\boldsymbol{X}=\boldsymbol{PZ}$ 使

$$f=k_1y_1^2+\cdots+k_py_p^2-k_{p+1}y_{p+1}^2-\cdots-k_ry_r^2,$$

以及

$$f=\lambda_1z_1^2+\cdots+\lambda_qz_q^2-\lambda_{q+1}z_{q+1}^2-\cdots-\lambda_rz_r^2,$$

其中 $k_i, \lambda_i > 0,\ i = 1,2,\cdots,r$, 则 $p = q$, 即标准形中正项的个数相等.

证　由假设易见，在可逆变换 $\boldsymbol{Y} = \boldsymbol{C}^{-1}\boldsymbol{P}\boldsymbol{Z}$ 之下，

$$k_1 y_1^2 + \cdots + k_p y_p^2 - k_{p+1} y_{p+1}^2 - \cdots - k_r y_r^2 = \lambda_1 z_1^2 + \cdots + \lambda_q z_q^2 - \lambda_{q+1} z_{q+1}^2 - \cdots - \lambda_r z_r^2 . \quad (4.9)$$

记 $\boldsymbol{T} = \boldsymbol{C}^{-1}\boldsymbol{P} = (t_{ij})$, 则 $\boldsymbol{TZ} = \boldsymbol{Y}$. 若 $q > p$, 考虑齐次线性方程组

$$\begin{cases} t_{11}z_1 + t_{12}z_2 + \cdots + t_{1n}z_n = 0, \\ \cdots\cdots \\ t_{p1}z_1 + t_{p2}z_2 + \cdots + t_{pn}z_n = 0, \\ z_{q+1} = 0, \\ \cdots\cdots \\ z_n = 0. \end{cases}$$

容易看出，该方程组中方程的个数 $p+n-q$ 小于未知数的个数 n ，故它有非零解 $\boldsymbol{Z} = [z_1,\cdots,z_n]$. 注意，此解满足 $y_1 = \cdots = y_p = 0$. 再注意 $z_{q+1} = \cdots = z_n = 0$, 故 $z_1,\cdots,z_q$ 不全为 0. 将此解代入式(4.5)，可见其右边必大于 0，但其左边不大于 0. 这是矛盾的. 所以不会有 $q > p$. 类似地，也不会有 $p > q$. 故必有 $q = p$.

称二次型的标准形中正系数的个数为二次型的**正惯性指数**，负系数的个数为**负惯性指数**. 当秩为 r 的二次型的正惯性指数是 p 时，它的规范形为

$$f = y_1^2 + \cdots + y_p^2 - y_{p+1}^2 - \cdots - y_r^2 .$$

可以看到，一个二次型的规范形是唯一的.

定义 4.12　设有二次型 $f(\boldsymbol{X}) = \boldsymbol{X}^{\mathrm{T}}\boldsymbol{A}\boldsymbol{X}$, 如果对于任意 $\boldsymbol{X} \neq \boldsymbol{0}$, 都有 $f(\boldsymbol{X}) > 0$, 则称实二次型 $f(x_1, x_2, \cdots, x_n)$ 为**正定二次型**，并称实对称矩阵 $\boldsymbol{A}$ 为**正定矩阵**; 如果对于任意 $\boldsymbol{X} \neq \boldsymbol{0}$, 都有 $f(\boldsymbol{X}) < 0$, 则称实二次型 $f(x_1, x_2, \cdots, x_n)$ 为**负定二次型**，并称实对称矩阵 $\boldsymbol{A}$ 为**负定矩阵**.

定理 4.13　实二次型 $f(\boldsymbol{X}) = \boldsymbol{X}^{\mathrm{T}}\boldsymbol{A}\boldsymbol{X}$ 为正定二次型的充分必要条件是它的标准形中 n 个平方项的系数全是正数.

证　设非退化线性替换 $\boldsymbol{X} = \boldsymbol{C}\boldsymbol{Y}$ 将二次型 $f(\boldsymbol{X}) = \boldsymbol{X}^{\mathrm{T}}\boldsymbol{A}\boldsymbol{X}$ 化成了平方和形式：

$$f(\boldsymbol{X}) = \boldsymbol{X}^{\mathrm{T}}\boldsymbol{A}\boldsymbol{X} = \boldsymbol{Y}^{\mathrm{T}}(\boldsymbol{C}^{\mathrm{T}}\boldsymbol{A}\boldsymbol{C})\boldsymbol{Y} = k_1 y_1^2 + k_2 y_2^2 + \cdots + k_n y_n^2 .$$

充分性　若 $k_i > 0\ (i = 1, 2, \cdots, n)$ ，任给 $\boldsymbol{X} \neq \boldsymbol{0}$, 得

$$\boldsymbol{Y} = \boldsymbol{C}^{-1}\boldsymbol{X} \neq \boldsymbol{0}, \quad y_i^2 \geqslant 0, \quad i = 1, 2, \cdots, n,$$

且至少有一个 $y_i \neq 0$. 从而有

$$f(\boldsymbol{X}) = k_1 y_1^2 + k_2 y_2^2 + \cdots + k_n y_n^2 > 0,$$

所以 $f(\boldsymbol{X}) = \boldsymbol{X}^{\mathrm{T}} \boldsymbol{A} \boldsymbol{X}$ 是正定二次型.

必要性　设 $f(\boldsymbol{X}) = \boldsymbol{X}^{\mathrm{T}} \boldsymbol{A} \boldsymbol{X}$ 是正定二次型，此时，如果有某一个 $k_i \leqslant 0$, 则取 $y_i = 1$, 其余分量为 0 构造向量 $\boldsymbol{Y}_0 = [y_1, y_2, \cdots, y_n]^{\mathrm{T}}$, 可得 $\boldsymbol{X}_0 = \boldsymbol{C}\boldsymbol{Y}_0 \neq \boldsymbol{0}$ 使 $f(\boldsymbol{X}_0) = k_i \leqslant 0$, 与已知矛盾. 所以 $f(\boldsymbol{X})$ 是正定二次型时，必有 $k_i > 0, i = 1, 2, \cdots, n$.

推论 4.4.1　二次型 $f(\boldsymbol{X}) = \boldsymbol{X}^{\mathrm{T}} \boldsymbol{A} \boldsymbol{X}$ 是正定的充分必要条件是 $\boldsymbol{A}$ 的所有特征值均为正数.

定义 4.13　n 阶方阵 $\boldsymbol{A} = (a_{ij})_n$ 中前 k 行、前 k 列构成的 k 阶子块的行列式

$$D_k = \begin{vmatrix} a_{11} & a_{12} & \cdots & a_{1k} \\ a_{21} & a_{22} & \cdots & a_{2k} \\ \vdots & \vdots & & \vdots \\ a_{k1} & a_{n2} & \cdots & a_{kk} \end{vmatrix}$$

称为矩阵 $\boldsymbol{A}$ 的 k 阶**顺序主子式**.

例如，三阶矩阵

$$\boldsymbol{A} = \begin{bmatrix} 1 & 3 & 3 \\ 2 & 1 & 1 \\ 1 & 2 & 0 \end{bmatrix}$$

的三个顺序主子式依次为

$$D_1 = 1, \quad D_2 = \begin{vmatrix} 1 & 3 \\ 2 & 1 \end{vmatrix}, \quad D_3 = |\boldsymbol{A}| = \begin{vmatrix} 1 & 3 & 3 \\ 2 & 1 & 1 \\ 1 & 1 & 0 \end{vmatrix}.$$

下述定理对判断二次型的正定或负定是有用的.

定理 4.14 (赫尔维茨定理)　实对称矩阵 $\boldsymbol{A}$ 为正定矩阵的充分必要条件是 $\boldsymbol{A}$ 的所有顺序主子式均为正数. 实对称矩阵 $\boldsymbol{A}$ 为负定矩阵的充分必要条件是：$\boldsymbol{A}$ 的奇数阶主子式为负，而偶数阶主子式为正，即

$$(-1)^r \begin{vmatrix} a_{11} & \cdots & a_{1r} \\ \vdots & & \vdots \\ a_{r1} & \cdots & a_{rr} \end{vmatrix} > 0 \quad (r = 1, 2, \cdots, n).$$

不难看出，正定矩阵的逆矩阵及两个正定矩阵的和仍是正定的.

习 题 4.4

1. 用正交变换把下列实二次型化成标准形，并且写出所用的线性替换.

(1) $2x_1^2+5x_2^2+5x_3^2+4x_1x_2-4x_1x_3-8x_2x_3$;

(2) $x_1^2+x_2^2+x_3^2+x_4^2+4x_1x_2+4x_1x_3+4x_1x_4-4x_2x_3-4x_2x_4-4x_3x_4$;

(3) $2x_1x_2+2x_1x_3-2x_1x_4-2x_2x_3+2x_2x_4+2x_3x_4$.

2. 下列各题中 $\boldsymbol{A},\boldsymbol{B}$ 均为对称矩阵，求可逆矩阵 $\boldsymbol{C}$，使 $\boldsymbol{C}^{\mathrm{T}}\boldsymbol{A}\boldsymbol{C}=\boldsymbol{B}$.

(1) $\boldsymbol{A}=\begin{bmatrix}0&1&1\\1&0&-2\\1&-2&0\end{bmatrix},\boldsymbol{B}=\begin{bmatrix}2&0&0\\0&-1/2&-3/2\\0&-3/2&-1/2\end{bmatrix}$;

(2) $\boldsymbol{A}=\begin{bmatrix}2&1&1\\1&0&1\\1&1&0\end{bmatrix},\boldsymbol{B}=\begin{bmatrix}0&1&1\\1&2&1\\1&1&2\end{bmatrix}$.

3. 用非退化线性替换把下列二次型化成标准形，并写出所用的非退化线性替换.

(1) $x_1^2+2x_2^2+2x_1x_2-2x_1x_3$;

(2) $x_1^2-x_3^2+2x_1x_2+2x_2x_3$;

(3) $2x_1x_2-2x_3x_4$;

(4) $x_1^2+2x_2^2+x_4^2+4x_1x_2+4x_1x_3+2x_1x_4+2x_2x_3+2x_2x_4+2x_3x_4$.

4. 判断下列实二次型是否为正定二次型.

(1) $5x_1^2+6x_2^2+4x_3^2-4x_1x_2-4x_2x_3$;

(2) $x_1^2+2x_2^2+x_3^2+8x_1x_2+24x_1x_3-28x_2x_3$.

5. 如果对于 $x_1\neq 0,x_2\neq 0,\cdots,x_n\neq 0$，实二次型 $f(x_1,x_2,\cdots,x_n)$ 恒大于零，$f(x_1,x_2,\cdots,x_n)$ 是否一定是正定二次型?

6. 证明：对任何实可逆矩阵 $\boldsymbol{A}$, $\boldsymbol{A}\boldsymbol{A}^{\mathrm{T}}$ 和 $\boldsymbol{A}^{\mathrm{T}}\boldsymbol{A}$ 都是正定矩阵.

7. 设 n 阶实对称矩阵 $\boldsymbol{A}$ 是正定的，如果对任意 $\boldsymbol{X}\neq\boldsymbol{0}$，恒有 $(\boldsymbol{A}\boldsymbol{X},\boldsymbol{X})>0$. 证明对于任何可逆矩阵 $\boldsymbol{A}$, $\boldsymbol{A}\boldsymbol{A}^{\mathrm{T}}$ 和 $\boldsymbol{A}^{\mathrm{T}}\boldsymbol{A}$ 都是正定实对称矩阵.

8. 验证两个正定实对称矩阵的和是正定实对称矩阵.

4.5 MATLAB 软件应用

4.5.1 一些命令格式及其意义

(1)求向量 $\boldsymbol{X}$ 与向量 $\boldsymbol{Y}$ 内积的命令是：`X'*Y`；

(2)给定矩阵 $\boldsymbol{A}$，生成矩阵 $\boldsymbol{Q}$ 和 $\boldsymbol{R}$ 使得 $\boldsymbol{A}=\boldsymbol{Q}\boldsymbol{R}$, 其中 $\boldsymbol{Q}$ 是正交矩阵，$\boldsymbol{R}$ 是上三角矩阵的命令是：`[Q,R]= qr(A)`；

(3) 给定矩阵 $\boldsymbol{A}$，生成 $\boldsymbol{A}$ 的特征多项式之系数构成向量的命令是：`poly(A)`；

(4) 给定矩阵 $\boldsymbol{A}$，生成 $\boldsymbol{A}$ 的特征值构成向量的命令是：`eig(A)`；

(5) 给定矩阵 $\boldsymbol{A}$，生成矩阵 $\boldsymbol{D}$ 和 $\boldsymbol{X}$ 使得 $\boldsymbol{D}$ 中对角线元素是 $\boldsymbol{A}$ 的特征值，且 $\boldsymbol{X}$ 各列是对应的特征向量的命令是：`[X,D]=eig(A)`.

4.5.2　应用举例

例 4.5.1　求向量 $\boldsymbol{X}=[1,1,0,0]$ 和 $\boldsymbol{Y}=[1,0,1,0]$ 的内积.

输入命令：`X'*Y`，得到结果：ans =1.

例 4.5.2　用施密特正交化方法，求与线性无关向量组

$$\boldsymbol{\alpha}_1=[1,1,0,0],\quad \boldsymbol{\alpha}_2=[1,0,1,0],\quad \boldsymbol{\alpha}_3=[-1,0,0,1],\quad \boldsymbol{\alpha}_4=[1,-1,-1,1]$$

等价的单位正交向量组.

解　以 $\boldsymbol{\alpha}_1,\boldsymbol{\alpha}_2,\boldsymbol{\alpha}_3,\boldsymbol{\alpha}_4$ 为列向量，构造矩阵

$$\boldsymbol{B}=[\boldsymbol{\alpha}_1,\boldsymbol{\alpha}_2,\boldsymbol{\alpha}_3,\boldsymbol{\alpha}_4]=\begin{bmatrix}1&1&-1&1\\1&0&0&-1\\0&1&0&-1\\0&0&1&1\end{bmatrix}.$$

输入矩阵 $\boldsymbol{B}$，并输入命令：`[Q,R]=qr(B)`，输出矩阵 $\boldsymbol{Q}$．$\boldsymbol{Q}$ 的列向量组即为与 $\boldsymbol{\alpha}_1,\boldsymbol{\alpha}_2$，$\boldsymbol{\alpha}_3,\boldsymbol{\alpha}_4$ 等价的单位正交向量组.

$$\boldsymbol{Q}=\begin{bmatrix}-0.7071&0.4082&0.2887&0.5000\\-0.7071&-0.4082&-0.2887&-0.5000\\0&0.8156&-0.2887&-0.5000\\0&0&-0.8660&0.5000\end{bmatrix}.$$

例 4.5.3　求矩阵 $\boldsymbol{A}$ 的特征值与特征向量，其中

$$\boldsymbol{A}=\begin{bmatrix}1&2&2\\2&1&2\\2&2&1\end{bmatrix}.$$

解　输入命令：`poly(A)`，得到结果 $[1,-3,-9,-5]$．该结果表明 $\boldsymbol{A}$ 的特征多项式为 $|\lambda\boldsymbol{E}-\boldsymbol{A}|=\lambda^3-3\lambda^2-9\lambda-5$．再输入命令：`eig(A)`，`[X,D]= eig(A)`，得到结果

$$X=\begin{bmatrix}0.6015 & 0.5522 & 0.5774\\ 0.1775 & -0.7970 & 0.5774\\ -0.7789 & 0.2448 & 0.5774\end{bmatrix},\quad D=\begin{bmatrix}-1 & 0 & 0\\ 0 & -1 & 0\\ 0 & 0 & 5\end{bmatrix},$$

其中 $\boldsymbol{D}$ 的三个对角线元素是 $\boldsymbol{A}$ 的三个特征值，$\boldsymbol{X}$ 中三个列向量依次是相应于特征值-1, -1, 5 的特征向量的近似值.

例 4.5.4 设 $f(x_1,x_2,x_3)=2x_1x_2-6x_2x_3+2x_1x_3$，求其标准形.

解 输入矩阵 $A=\begin{bmatrix}0 & 1 & 1\\ 1 & 0 & -3\\ 1 & -3 & 0\end{bmatrix}$.

输入命令：`eig(A)`，得到结果：$\text{ans}=[-3.5616,\ 0.5616, 3.0000]^{\mathrm{T}}$，它们是 f 的标准形中各平方项系数的近似值，由此可得到 f 的标准形

$$f(x_1,x_2,x_3)=-3.5616y_1^2+0.5616y_2^2+3y_3^2.$$

习 题 4.5

1. 求向量 $X=[1,2,3,4]^{\mathrm{T}}$ 与 $Y=[3,4,2,1]^{\mathrm{T}}$ 的内积.

2. 用施密特正交化方法把下列各组向量标准正交化.

(1) $\alpha_1=[1,0,0,0,1]$, $\alpha_2=[1,-1,0,1,0]$, $\alpha_3=[2,1,1,0,0]$;

(2) $\alpha_1=[2,2,-1]$, $\alpha_2=[2,-1,2]$, $\alpha_3=[1,-2,-2]$.

3. 求下列矩阵的特征值与特征向量.

(1) $C=\begin{bmatrix}-9 & -5/7\\ 2/5 & 1\end{bmatrix}$;　　(2) $D=\begin{bmatrix}2 & -5\\ 10 & -3/8\end{bmatrix}$;

(3) $B=\begin{bmatrix}4 & 0 & 8\\ 2 & 1 & 5\\ -3 & 2/3 & 0\end{bmatrix}$;　　(4) $A=\begin{bmatrix}3 & 8 & 2 & 4\\ 6 & 1 & 5 & 3\\ 0 & 1 & 7 & 0\\ -1 & 2 & 0 & 0\end{bmatrix}$.

4. 将下列矩阵化为对角矩阵，并求出所用的相似变换矩阵.

(1) $A=\begin{bmatrix}5 & 6 & -3\\ -1 & 0 & 1\\ 1 & 2 & -1\end{bmatrix}$;　　(2) $B=\begin{bmatrix}0 & 2 & 1\\ -2 & 0 & 3\\ -1 & -3 & 0\end{bmatrix}$;

(3) $C=\begin{bmatrix}-5 & 4 & -1\\ 4 & 2 & 3\\ -1 & 3 & 0\end{bmatrix}$;　　(4) $D=\begin{bmatrix}1 & 1 & 1 & 1\\ 1 & 1 & -1 & -1\\ 1 & -1 & 1 & -1\\ 1 & -1 & -1 & 1\end{bmatrix}$.

5. 用正交线性替换化下列二次型为标准形.

(1) $x_1^2+2x_2^2+3x_3^2-4x_1x_2-4x_2x_3$;

(2) $x_1^2-2x_2^2-2x_3^2-4x_1x_2+4x_1x_3+8x_2x_3$;

(3) $2x_1x_2+2x_3x_4$;

(4) $x_1^2+x_2^2+x_3^2+x_4^2-2x_1x_2+6x_1x_3-4x_1x_4-4x_2x_3+6x_2x_4-2x_3x_4$.

附 加 题 A

1. 下列结论是否正确？为什么？

(1) 正交矩阵可逆；

(2) 两个正交矩阵的和是正交矩阵；

(3) 如果 $\boldsymbol{A}$ 是正交矩阵，k 是任意常数时 $k\boldsymbol{A}$ 都是正交矩阵；

(4) 矩阵 $\boldsymbol{A}$ 的特征值是实数；

(5) 与对角矩阵相似的矩阵都是可逆矩阵；

(6) 设三阶矩阵 $\boldsymbol{A}$ 的二重特征值 4 对应的特征向量为

$$\boldsymbol{\alpha}_1=[1,0,-1]^{\mathrm{T}},\quad \boldsymbol{\alpha}_2=[0,1,2]^{\mathrm{T}},$$

则 $\boldsymbol{A}$ 必与对角矩阵相似；

(7) $3x_1+2x_2+x_3$ 是关于 x_1,x_2,x_3 的三元正定二次型；

(8) 任何实二次型都能经由非退化线性替换化成标准形.

2. 请将下列句子补充完整.

(1) 设 $\boldsymbol{A}^*$ 是 n 阶方阵 $\boldsymbol{A}$ 的伴随矩阵，$|\boldsymbol{A}|=2$, 则方阵 $\boldsymbol{A}\boldsymbol{A}^*$ 的特征值为__________，特征向量为__________.

(2) 三阶方阵 $\boldsymbol{A}$ 的特征值为 1, -1, 2，则 $\boldsymbol{A}^3-3\boldsymbol{A}^2$ 的特征值为__________.

(3) 设三阶矩阵 $\boldsymbol{A}$ 与对角矩阵 $\mathrm{diag}(2,3,3)$ 相似，则 $|\boldsymbol{A}|=$__________.

(4) 已知 $\boldsymbol{A}=\begin{bmatrix}2&0&0\\0&0&1\\0&1&a\end{bmatrix}$ 与 $\boldsymbol{B}=\begin{bmatrix}2&0&0\\0&b&0\\0&0&-1\end{bmatrix}$ 相似，则 $a=$__________, $b=$__________.

(5) 二次型 $f=x_1^2+2x_2^2+3x_3^2+4x_1x_3+2x_2x_3$ 的矩阵是__________.

(6) 当 t 满足__________时，二次型 $f=tx_1^2+tx_2^2+tx_3^2+2x_1x_2+2x_1x_3-2x_2x_3$ 是负定的.

3. 请从每个小题的四个选项中选择适当的选项填空.

(1) 设 $\boldsymbol{A}$ 与 $\boldsymbol{B}$ 是相似矩阵，则__________.

(a) $\lambda\boldsymbol{E}-\boldsymbol{A}=\lambda\boldsymbol{E}-\boldsymbol{B}$　　(b) $R(\boldsymbol{A})=R(\boldsymbol{B})$

(c) $\boldsymbol{A}$ 与 $\boldsymbol{B}$ 都能对角化　　(d) $\boldsymbol{A}$ 与 $\boldsymbol{B}$ 都可逆

(2) 若 $\boldsymbol{B}=\boldsymbol{C}^{\mathrm{T}}\boldsymbol{A}\boldsymbol{C}$ 且 $\boldsymbol{C}$ 可逆，则____________.

(a) $\boldsymbol{A}$ 与 $\boldsymbol{B}$ 有相同的特征值　　(b) $R(\boldsymbol{A})=R(\boldsymbol{B})$

(c) $\boldsymbol{A}$ 与 $\boldsymbol{B}$ 都能对角化　　(d) $|\lambda\boldsymbol{E}-\boldsymbol{A}|=|\lambda\boldsymbol{E}-\boldsymbol{B}|$

(3) n 元二次型 $f=\boldsymbol{X}^{\mathrm{T}}\boldsymbol{A}\boldsymbol{X}$ 是正定二次型的充分必要条件是____________.

(a) $\boldsymbol{A}$ 的特征值全为正　　(b) $\boldsymbol{A}$ 的特征值没有负的

(c) 秩 $(\boldsymbol{A})=n$　　(d) $|\boldsymbol{A}|>0$

附 加 题 B

1. 试由 $\boldsymbol{\alpha}_1=[1,1,1]$ 出发，求出 3 维空间的一个正交规范基，并求向量 $\boldsymbol{\beta}=[7,-1,0]$ 在此基下的坐标.

2. 设向量 $\boldsymbol{\alpha}=[a_1,a_2,\cdots,a_n]^{\mathrm{T}}$, $\boldsymbol{\beta}=[b_1,b_2,\cdots,b_n]^{\mathrm{T}}$ 都是非零向量，且满足条件 $\boldsymbol{\alpha}^{\mathrm{T}}\boldsymbol{\beta}=\boldsymbol{0}$, 记 n 阶矩阵 $\boldsymbol{A}=\boldsymbol{\alpha}\boldsymbol{\beta}^{\mathrm{T}}$, 求

(1) $\boldsymbol{A}^2$; (2) 矩阵 $\boldsymbol{A}$ 的特征值和特征向量.

3. 对任意可逆矩阵 $\boldsymbol{A}$，证明:

(1) $\boldsymbol{A}$ 的特征值不等于零;

(2) 如果数 λ 是 $\boldsymbol{A}$ 的一个特征值，则 λ^{-1} 是 $\boldsymbol{A}^{-1}$ 的特征值.

4. 设三阶方阵 $\boldsymbol{A}$ 的特征值为 1, 0, −1，对应的特征向量为

$$\boldsymbol{\alpha}_1=[1,2,2]^{\mathrm{T}},\quad \boldsymbol{\alpha}_2=[2,-2,1]^{\mathrm{T}},\quad \boldsymbol{\alpha}_3=[-2,-1,2]^{\mathrm{T}}.$$

(1) 求 $\boldsymbol{A}$; (2) 令 $\boldsymbol{P}=[-2\boldsymbol{\alpha}_2,3\boldsymbol{\alpha}_3,\boldsymbol{\alpha}_1]$，求 $\boldsymbol{P}^{-1}\boldsymbol{A}\boldsymbol{P}$.

5. 设矩阵

$$\boldsymbol{A}=\begin{bmatrix} a & -1 & c \\ 5 & b & 3 \\ 1-c & 0 & -a \end{bmatrix},$$

$|\boldsymbol{A}|=-1$, λ_0 是 $\boldsymbol{A}^*$ 的一个特征值，对应的特征向量 $\boldsymbol{\alpha}=[-1,-1,1]^{\mathrm{T}}$，求 a,b,c 和 λ_0 的值.

6. 设 $\boldsymbol{A}$ 是一个 n 阶方阵，如果有正整数 k 使 $\boldsymbol{A}^k=\boldsymbol{O}$, 则称 $\boldsymbol{A}$ 是幂零矩阵. 试证幂零矩阵的特征值只能是零.

7. 当方阵 $\boldsymbol{A}$ 满足 $\boldsymbol{A}^2=\boldsymbol{A}$ 时称其为幂等矩阵. 试证幂等矩阵的特征值只能是 1 或 0.

8. 设矩阵

$$A=\begin{bmatrix}-2&0&0&0\\0&-2&2&0\\0&2&x&0\\0&0&0&2\end{bmatrix} \quad 与 \quad B=\begin{bmatrix}2&0&0&0\\0&2&0&0\\0&0&-3&0\\0&0&0&y\end{bmatrix}$$

相似.

(1)求 x, y; (2)求一个正交矩阵 $\boldsymbol{Q}$, 使 $\boldsymbol{Q}^{-1}\boldsymbol{AQ}=\boldsymbol{B}$.

9. 设向量 $\boldsymbol{\alpha}_1=[-1,2,-1]^{\mathrm{T}}$, $\boldsymbol{\alpha}_2=[0,-1,1]^{\mathrm{T}}$ 是线性方程组 $\boldsymbol{AX}=\boldsymbol{0}$ 的两个解, 三阶实对称矩阵 $\boldsymbol{A}$ 的各行元素之和均为 3.

(1)求 $\boldsymbol{A}$ 的特征值和特征向量;

(2)求正交矩阵 $\boldsymbol{Q}$ 和对角矩阵 $\boldsymbol{\Lambda}$, 使得 $\boldsymbol{Q}^{\mathrm{T}}\boldsymbol{AQ}=\boldsymbol{\Lambda}$;

(3)求 $\boldsymbol{A}$ 及 $[\boldsymbol{A}-(3\boldsymbol{E})/2]^6$, 其中 $\boldsymbol{E}$ 为三阶单位矩阵.

10. 设 $\boldsymbol{A}$ 是正交矩阵, 试证:

(1)如果 $\boldsymbol{A}$ 有实特征值, 它的特征值只能是 ± 1;

(2)如果 $|\boldsymbol{A}|=-1$, 则 -1 是 $\boldsymbol{A}$ 的特征值;

(3)如果 $|\boldsymbol{A}|=1$, 且 $\boldsymbol{A}$ 是奇数阶正交矩阵, 则 1 是 $\boldsymbol{A}$ 的特征值.

11. 设 $\boldsymbol{A},\boldsymbol{B}$ 均是 n 阶正交阵, 且 $|\boldsymbol{A}|\neq|\boldsymbol{B}|$, 试求 $|\boldsymbol{A}+\boldsymbol{B}|$.

12. 设 $f(x_1,x_2,x_3)=5x_1^2+5x_2^2+cx_3^2-2x_1x_2+6x_1x_3-6x_2x_3$ 的秩为 2.

(1)求 c; (2)用正交变换方法求 f 的标准形.

13. 已知 $f(x_1,x_2,x_3)=(1-\alpha)x_1^2+(1-\alpha)x_2^2+2x_3^2+2(1+\alpha)x_1x_2$ 的秩为 2.

(1)求 α 的值;

(2)求正交变换 $\boldsymbol{X}=\boldsymbol{QY}$, 把 $f(x_1,x_2,x_3)$ 化为标准形;

(3)求方程 $f(x_1,x_2,x_3)=0$ 的解.

14. 证明: 二次型 $f=\boldsymbol{X}^{\mathrm{T}}\boldsymbol{AX}$ 在 $\|\boldsymbol{X}\|=1$ 时的最大值为矩阵 $\boldsymbol{A}$ 的最大特征值.

15. 证明下列结论:

(1)若 $\boldsymbol{A},\boldsymbol{B}$ 是两个 n 阶正定矩阵, 则 $\boldsymbol{A}+\boldsymbol{B}$ 也是正定矩阵;

(2)若 $\boldsymbol{A}$ 是 n 阶正定矩阵, 则对任意自然数 k, $\boldsymbol{A}^k$ 也是正定矩阵;

(3)若 $\boldsymbol{A}$ 是实对称矩阵, 则必可找到一个数 a, 使 $\boldsymbol{A}+a\boldsymbol{E}$ 为正定矩阵.

16. 设 $\boldsymbol{A}$ 为 m 阶正定矩阵, $\boldsymbol{B}$ 为 $m\times n$ 实矩阵, 试证: $\boldsymbol{B}^{\mathrm{T}}\boldsymbol{AB}$ 为正定矩阵的充分必要条件是 $R(\boldsymbol{B})=n$.

17. 设 n 阶矩阵 $\boldsymbol{A}$ 是正定矩阵, 证明存在可逆矩阵 $\boldsymbol{B}$, 使得 $\boldsymbol{A}=\boldsymbol{B}^{\mathrm{T}}\boldsymbol{B}$.

18. 实对称矩阵 $\boldsymbol{A}$ 为正定矩阵的充分必要条件是 $\boldsymbol{A}$ 与 $\boldsymbol{E}$ 合同.

19. 实对称矩阵 $\boldsymbol{A}$ 为正定矩阵的充分必要条件是它的所有顺序主子式均为正数.

延伸阅读　线性代数发展概述[①]

通常，当考虑关联多个因素的问题时，一般需要考察多元函数. 如果所涉及的关联是线性的，那么称这个问题为线性问题. 线性代数讨论的问题和对象一般是线性问题. 历史上，线性代数中的第一个问题是关于解线性方程组的问题. 而线性方程组理论的发展又促成了作为工具的矩阵论和行列式理论的创立与发展. 这些内容现在已构成线性代数教材的主体.

最初关于线性方程组的具体问题，大都是来源于生活实践，而正是研究实际问题的需要，才刺激了线性代数这一学科的诞生与发展. 而近现代数学分析与几何学等数学分支的需要，则进一步促进了线性代数的发展，丰富了线性代数的内容和应用.

1. 线性方程组

线性方程组(linear equations)早在中国古代的数学著作《九章算术》的方程章中，就已经有了比较完整的论述，其中所载方法实质上相当于现在对方程组的增广矩阵实施初等行变换，从而消去未知元的高斯消元法. 在西方，线性方程组的系统研究是在 17 世纪后期由德国数学家莱布尼茨(Leibniz)开创的，他曾研究含 2 个未知元的线性方程组成的方程组. 英国数学家麦克劳林在 18 世纪上半叶研究了具有 2, 3, 4 个未知元的线性方程组，得到了现在称为克拉默法则的定理. 瑞士数学家克拉默是在麦克劳林之后不久才发表这个法则的.

18 世纪下半叶，法国数学家贝祖(Bezout)对线性方程组理论进行了一系列研究，证明了 n 元齐次线性方程组有非零解的条件是其系数行列式等于 0. 19 世纪，英国数学家史密斯(Smith)和道奇森(Dodgson)继续研究线性方程组理论. 前者引进了方程组的增广矩阵和非增广矩阵的概念，后者证明了 n 个未知元 m 个方程的方程组相容的充要条件是系数矩阵和增广矩阵的秩相同，这正是线性方程组现代理论中的重要结果之一.

大量的科学技术问题，最终往往归结为解线性方程组问题. 但对于十分复杂的问题，精确的求解往往是困难的. 因此在线性方程组解的结构等理论性工作取得令人满意进展的同时，线性方程组的数值解法也得到快速发展. 现在，线性方程组的数值解法在计算数学中占有重要地位.

2. 矩阵

矩阵(matrix)是数学中一个重要的基本概念，是代数学的一个主要研究对象，

注：① 本材料参考自百度文库：https://wenku.baidu.com/view/59d59d2a647d27284b735166.html.

也是数学研究和应用的一个重要工具. “矩阵”这个词是由西尔维斯特首先使用的，他是为了将数字的矩形阵列区别于行列式而发明了这个术语的. 而实际上，矩阵这个课题在诞生之前就已经发展得很好了. 从行列式的大量工作中能够明显表现出来的是，为了很多目的，不管行列式的值是否与问题有关，方阵本身都可以研究和使用. 矩阵的许多基本性质也是在行列式的发展中建立起来的. 在逻辑上，矩阵的概念应先于行列式的概念，然而在历史上次序正好相反.

英国数学家凯莱一般被公认为是矩阵论的创立者，因为他首先把矩阵作为一个独立的数学概念提出来，并发表了关于这个题目的一系列文章. 1858 年，他发表了关于这一课题的第一篇论文《矩阵论的研究报告》，系统地阐述了关于矩阵的理论. 文中他定义了矩阵的相等、矩阵的运算法则、矩阵的转置以及矩阵的逆等一系列基本概念，指出了矩阵加法的可交换性与可结合性. 另外，凯莱还给出了方阵的特征方程和特征值以及有关矩阵的一些基本结果.

1855 年，法国数学家埃尔米特(Hermite)证明了其他的数学家发现的一些矩阵类的特征值的特殊性质，如现在称为埃尔米特矩阵的特征根性质等. 后来，克莱伯施(Clebsch)、布克海姆(Buchheim)等证明了对称矩阵的特征值性质. 泰伯(Taber)引入矩阵的迹的概念并给出了一些有关的结论. 在矩阵论的发展史上，弗罗贝尼乌斯(Frobenius)的贡献是不可磨灭的. 他讨论了最小多项式问题，引进了矩阵的秩、不变因子和初等因子、正交矩阵、矩阵的相似变换、合同矩阵等概念，以合乎逻辑的形式整理了不变因子和初等因子的理论，并讨论了正交矩阵与合同矩阵的一些重要性质. 1854 年，若尔当研究了矩阵化为标准形的问题. 1892 年，梅茨勒(Metzler)引进了矩阵的超越函数概念并将其写成矩阵的幂级数的形式. 傅里叶、庞加莱(Poincaré)等的著作中还讨论了无限阶矩阵问题，这主要是适应方程发展的需要而开始的.

矩阵本身所具有的性质依赖于元素的性质，矩阵由最初作为一种工具经过两个多世纪的发展，现在已成为独立的一门数学分支——矩阵论. 而矩阵论又可分为矩阵方程论、矩阵分解论和广义逆矩阵论等矩阵的现代理论. 矩阵及其理论现已广泛地应用于现代科技的各个领域.

3. 线性代数的进一步深入发展——二次型

二次型也称为“二次形式”，数域 P 上的 n 元二次齐次多项式称为数域 P 上的 n 元二次型. 二次型是线性代数教材的后继内容. 二次型的系统研究是从 18 世纪开始的，它起源于对二次曲线和二次曲面的分类问题的讨论. 将二次曲线和二次曲面的方程变形，选有主轴方向的轴作为坐标轴以简化方程的形状，这个问题是在 18 世纪引进的. 柯西在其著作中给出结论：当方程是标准形时，二次曲面用二次项的符号来进行分类. 然而，那时并不太清楚，在化简成标准形时，为何总是得到同样数目的正项和负项. 西尔维斯特回答了这个问题，他给出了 n 个变数的二次型的惯性定律，但没有证明. 这个定律后被雅可比重新发现和证明.

1801 年，高斯(Gauss)在《算术研究》中引进了二次型的正定、负定、半正定和半负定等术语. 二次型化简的进一步研究涉及二次型或行列式的特征方程的概念. 特征方程的概念隐含地出现在欧拉的著作中，拉格朗日(Lagrange)在其关于线性微分方程组的著作中首先明确地给出了这个概念. 而 3 个变数的二次型的特征值的实性则是由阿歇特(Hachette)、蒙日(Monge)和泊松(Poisson)建立的.

柯西在他人著作的基础上，着手研究化简变数的二次型问题，并证明了特征方程在直角坐标系的任何变换下的不变性. 后来，他又证明了 n 个变数的两个二次型能用同一个线性变换同时化成平方和. 1851 年，魏尔斯特拉斯(Weierstrass)在研究二次曲线和二次曲面的切触和相交时需要考虑这种二次曲线和二次曲面束的分类. 在魏尔斯特拉斯的分类方法中，他引进了初等因子和不变因子的概念，但他没有证明“不变因子组成两个二次型的不变量的完全集”这一结论. 1858 年，魏尔斯特拉斯对同时化两个二次型成平方和给出了一个一般方法，并证明，如果二次型之一是正定的，那么即使某些特征值相等，这个化简也是可能的. 魏尔斯特拉斯比较系统地完成了二次型的理论并将其推广到双线性型.

4. 线性代数的扩展——从解方程到群论的产生

求根问题是方程理论的一个中心课题. 16 世纪，数学家们给出了 3 次和 4 次方程的求根公式. 更高次方程的求根公式是否存在，成为当时数学家们探讨的一个核心问题. 这个问题花费了不少数学家们大量的时间和精力，经历了屡次失败，但总是摆脱不了困境. 到了 18 世纪下半叶，拉格朗日认真总结分析了前人失败的经验，深入研究了高次方程的根与置换之间的关系，提出了预解式概念，并预见到预解式和各根在排列置换下的形式不变性有关. 但他最终没能解决高次方程问题. 拉格朗日的弟子鲁菲尼(Ruffini)也做了许多努力，但都以失败告终. 高次方程的根式解的讨论，在挪威杰出数学家阿贝尔(Abel)那里取得了很大进展. 阿贝尔只活了 27 岁，他一生贫病交加，但却留下了许多创造性工作. 1824 年，阿贝尔证明了次数大于 4 次的一般代数方程不可能有根式解. 但问题仍没有彻底解决，因为有些特殊方程可以用根式求解. 因此，高于 4 次的代数方程何时没有根式解，是需要进一步解决的问题. 这一问题由法国数学家伽罗瓦(Galois)全面透彻地给予解决.

伽罗瓦仔细研究了拉格朗日和阿贝尔的著作，建立了方程的根的“容许”置换，提出了置换群的概念，得到了代数方程用根式解的充分必要条件是置换群的自同构群可解. 从这种意义上，我们说伽罗瓦是群论的创立者. 置换群的概念和结论是最终产生抽象群的第一个主要来源. 抽象群产生的第二个主要来源则是戴德金(Dedekind)和克罗内克(Kronecker)的有限群及有限交换群的抽象定义以及凯莱关于有限抽象群的研究工作. 另外，F. 克莱因(F. Klein)和庞加莱给出了无限变换群和其他类型的无限群. 19 世纪 70 年代，李(Lie)开始研究连续变换群，并建立了连续群的一般理论，这些工作构成抽象群论的第三个主要来源.

1882—1883 年，迪克的论文把上述三个主要来源的工作纳入抽象群的概念之中，建立了抽象群的定义. 到 19 世纪 80 年代，数学家们终于成功地概括出抽象群论的公理体系. 20 世纪 80 年代，群的概念已经普遍地被认为是数学及其许多应用中最基本的概念之一. 它不但渗透到诸如几何学、代数拓扑学、函数论、泛函分析及其他许多数学分支中，并起着重要作用，而且还形成了一些新的学科，如拓扑群、李群、代数群等，它们还具有与群结构相联系的其他结构，如拓扑、解析流形、代数簇等，并且在结晶学、理论物理、量子化学以及编码学、自动机理论等方面，都起着重要作用.

第5章　数值计算初步

数学家 赵访熊

赵访熊是我国著名的计算数学家、数学教育家，1931 年获哈佛大学硕士学位，1933 年回国在清华大学任教，1935 年被聘为教授，并一直参与理工科数学教学和教育实践. 他编写了我国第一部工科《高等微积分》教材，在方程求根及应用数学研究等方面颇有建树；参与创办国内第一个计算数学专业，是我国最早提倡和从事应用数学与计算数学教学和研究的学者之一.

赵访熊曾说，写读书笔记是帮助我们深入思考所学知识和总结巩固学习收获的重要方法. 有些同学过于相信自己的记忆，懒于动手把看书的收获写下来. 而脑子只有那么大，能记得了多少东西呢？收获写出来就是“罐头菜”，随时打开都是新鲜的.

关于写读书笔记的方法他说过：有些同学也写笔记，但我看了几本，几乎都是整段地抄书，只把知识搬了个家，结果书是书，笔记是笔记，并没有真正装进自己的脑子. 其实，这些书将来还是容易找到的，你抄得再好也没有书上印得好，何必费劲这么抄呢？我写笔记的方法是：看完了把书搁在一边，拿张白纸，用自己的话写下自己所体会到的内容和心得. 这样可能写不了多少，但那是自己真正拿到手的东西. 如果一点写不出来，那就说明自己没有收获，或者这本书根本就不值得看.

在实际应用中，要给出一个问题的精确解，往往是十分困难的. 因此对于许多应用问题，人们常常希望找到系统的计算方法，来给出它们的近似解. 对于线性方程组的求解，以及特征值和特征向量的计算也是如此. 本章将先引入矩阵级数的概念，然后分别介绍求线性方程组近似解的迭代法和求矩阵特征值及特征向量近似值的一种方法.

基本概念　矩阵序列，矩阵级数，迭代法，和法，幂法.

基本运算　求线性方程组解的迭代法，求矩阵特征值和特征向量近似值的和法及幂法.

基本要求　理解矩阵级数的概念，会用迭代法求线性方程组的近似解，会用和法及幂法求矩阵特征值和特征向量的近似值.

5.1 矩阵级数

5.1.1 矩阵级数的定义

本节在数列和数项级数的基础上，讨论矩阵序列、矩阵级数、矩阵序列的极限和矩阵级数的收敛性问题. 设

$$\boldsymbol{A}^{(k)}=(a_{ij}^{(k)})_{m\times n},\quad k=1,2,\cdots$$

都是 $m\times n$ 矩阵，那么

$$\boldsymbol{A}^{(1)},\boldsymbol{A}^{(2)},\cdots,\boldsymbol{A}^{(k)},\cdots \tag{5.1}$$

和形如

$$\sum_{k=1}^{\infty}\boldsymbol{A}^{(k)}=\boldsymbol{A}^{(1)}+\boldsymbol{A}^{(2)}+\cdots \tag{5.2}$$

的和式分别称为**矩阵序列**和**矩阵级数**.

定义 5.1　如果矩阵序列(5.1)满足

$$\lim_{k\to\infty}a_{ij}^{(k)}=a_{ij},\quad i=1,2,\cdots,m,\quad j=1,2,\cdots,n,$$

则称式(5.1)收敛，并称 $\boldsymbol{A}=(a_{ij})_{m\times n}$ 为该序列的极限，记为 $\lim\limits_{k\to\infty}\boldsymbol{A}^{(k)}=\boldsymbol{A}$.

定义 5.2　如果矩阵级数(5.2)的部分和序列

$$\boldsymbol{B}^{(k)}=\boldsymbol{A}^{(1)}+\boldsymbol{A}^{(2)}+\cdots+\boldsymbol{A}^{(k)},\quad k=1,2,\cdots$$

收敛，则称式(5.2)收敛，并称 $\lim\limits_{k\to\infty}\boldsymbol{B}^{(k)}=\boldsymbol{B}$ 为该矩阵级数的和，记为

$$\sum_{k=1}^{\infty}\boldsymbol{A}^{(k)}=\boldsymbol{B}.$$

例 5.1.1　设 $\boldsymbol{A}^{(k)}=\begin{bmatrix}\dfrac{1}{2^k} & \dfrac{1}{k}\\ \dfrac{2k}{k+1} & \dfrac{1}{3^k}\end{bmatrix}$，则当 $k\to\infty$ 时，$\boldsymbol{A}^{(k)}\to\begin{bmatrix}0&0\\2&0\end{bmatrix}$.

例 5.1.2　对于 r 阶若尔当块

$$J=\begin{bmatrix}\lambda & 1 & & & \\ & \lambda & 1 & & \\ & & \ddots & \ddots & \\ & & & \ddots & 1\\ & & & & \lambda\end{bmatrix}_{r\times r},$$

由于

$$\boldsymbol{J}^k=\begin{bmatrix}\lambda^k & k\lambda^{k-1} & \mathrm{C}_k^2\lambda^{k-2} & \cdots & \mathrm{C}_k^{r-2}\lambda^{k-r} & \mathrm{C}_k^{r-1}\lambda^{k-r+1}\\ & \lambda^k & k\lambda^{k-1} & \ddots & & \mathrm{C}_k^{r-2}\lambda^{k-r}\\ & & \lambda^k & \ddots & \ddots & \vdots\\ & & & \ddots & k\lambda^{k-1} & \mathrm{C}_k^2\lambda^{k-2}\\ & & & & \lambda^k & k\lambda^{k-1}\\ & & & & & \lambda^k\end{bmatrix}_{r\times r},\quad k=1,2,\cdots,$$

那么，当且仅当 $|\lambda|<1$ 时，$\boldsymbol{J}^k\to\boldsymbol{O}(k\to\infty)$，其中 $|\lambda|$ 为复数 λ 的模.

例 5.1.3　向量级数 $\sum\limits_{k=1}^{\infty}\left[\dfrac{1}{2^k},\dfrac{1}{k}\right]$ 是发散的，因为数项级数 $\sum\limits_{k=1}^{\infty}\dfrac{1}{k}$ 发散.

5.1.2　关于矩阵序列极限的几个定理

定理 5.1　对于 n 阶矩阵 $\boldsymbol{A},\boldsymbol{A}^k\to\boldsymbol{O}(k\to\infty)$ 的充分必要条件是矩阵 $\boldsymbol{A}$ 的一切特征值的模均小于 1.

证　如果 $\boldsymbol{A}$ 与对角矩阵相似，则存在 n 阶可逆矩阵 $\boldsymbol{P}$，使得 $\boldsymbol{A}=\boldsymbol{P}^{-1}\boldsymbol{B}\boldsymbol{P}$，其中 $\boldsymbol{B}$ 是以 $\boldsymbol{A}$ 的特征值为对角线元素构成的对角矩阵，即

$$\boldsymbol{B}=\begin{bmatrix}\lambda_1 & & & \\ & \lambda_2 & & \\ & & \ddots & \\ & & & \lambda_n\end{bmatrix}.$$

由于 $\boldsymbol{A}^k = \boldsymbol{P}^{-1}\boldsymbol{B}^k\boldsymbol{P}$ 及

$$\boldsymbol{B}^k = \begin{bmatrix} \lambda_1^k & & & \\ & \lambda_2^k & & \\ & & \ddots & \\ & & & \lambda_n^k \end{bmatrix},$$

所以 $\boldsymbol{A}^k \to \boldsymbol{O}(k \to \infty)$ 当且仅当 $\boldsymbol{B}^k \to \boldsymbol{O}(k \to \infty)$．从而 $\boldsymbol{A}^k \to \boldsymbol{O}(k \to \infty)$ 的充分必要条件是，对 $i = 1, 2, \cdots, n$ 有 $\left|\lambda_i^k\right| \to 0(k \to \infty)$，即

$$\left|\lambda_i\right| < 1 \quad (i = 1, 2, \cdots, n).$$

如果 $\boldsymbol{A}$ 不与对角矩阵相似，则 $\boldsymbol{A}$ 总是与一个若尔当矩阵相似. 此时可以用若尔当矩阵代替对角矩阵进行讨论，证明思想与上述对角矩阵的情况完全一样，只是叙述稍微复杂，请读者自己给出细节.

引理 5.1.1　对于 n 阶方阵 $\boldsymbol{A} = (a_{ij})$，如果

$$\sum_{j=1}^{n}\left|a_{ij}\right| < 1, \quad i = 1, 2, \cdots, n \tag{5.3}$$

或

$$\sum_{i=1}^{n}\left|a_{ij}\right| < 1, \quad j = 1, 2, \cdots, n \tag{5.4}$$

中有一个成立，则 $\boldsymbol{A}$ 的所有特征值的模均小于 1.

证　如果式(5.3)成立，设 λ 是 $\boldsymbol{A}$ 的任一特征值，相应的特征向量为 $\boldsymbol{X} = [x_1, x_2, \cdots, x_n]^{\mathrm{T}}$，则 $\boldsymbol{AX} = \lambda\boldsymbol{X}$，即

$$\sum_{j=1}^{n} a_{ij}x_j = \lambda x_i, \quad i = 1, 2, \cdots, n.$$

设 $\max\limits_{1 \leqslant j \leqslant n}\left|x_j\right| = \left|x_k\right|$，则 $x_k \neq 0$．在上式中取 $i = k$ 得

$$|\lambda| = \left|\lambda\frac{x_k}{x_k}\right| = \left|\sum_{j=1}^{n} a_{kj}\frac{x_j}{x_k}\right| \leqslant \sum_{j=1}^{n}\left|a_{kj}\frac{x_j}{x_k}\right| = \sum_{j=1}^{n}\left|a_{kj}\right|\frac{\left|x_j\right|}{\left|x_k\right|} \leqslant \sum_{j=1}^{n}\left|a_{kj}\right|,$$

所以由式(5.3)得

$$|\lambda| \leqslant \sum_{j=1}^{n}\left|a_{kj}\right| < 1.$$

如果式(5.4)成立，由于 $\boldsymbol{A}$ 与 $\boldsymbol{A}^{\mathrm{T}}$ 有相同的特征值，所以对矩阵 $\boldsymbol{A}^{\mathrm{T}}$ 使用已证明的结论，即知定理成立.

由该引理 5.1.1 和定理 5.1 可得如下定理.

定理 5.2 如果矩阵 $\boldsymbol{A}=(a_{ij})_{n\times n}$ 满足

$$\sum_{j=1}^{n}\left|a_{ij}\right|<1,\quad i=1,2,\cdots,n$$

或

$$\sum_{i=1}^{n}\left|a_{ij}\right|<1,\quad j=1,2,\cdots,n,$$

则当 $k\to\infty$ 时，$\boldsymbol{A}^k\to\boldsymbol{O}$.

定理 5.3 矩阵级数 $\sum\limits_{k=1}^{\infty}\boldsymbol{A}^k$ 收敛的充分必要条件是 $\lim\limits_{k\to\infty}\boldsymbol{A}^k=\boldsymbol{O}$，且当 $\lim\limits_{k\to\infty}\boldsymbol{A}^k=\boldsymbol{O}$ 时，

$$\sum_{k=1}^{\infty}\boldsymbol{A}^k=(\boldsymbol{E}-\boldsymbol{A})^{-1}.$$

证 必要性显然成立. 关于充分性，由定理 5.1，矩阵 $\boldsymbol{A}$ 的一切特征值的模小于 1，可见 1 不是 $\boldsymbol{A}$ 的特征值，即 $\left|\boldsymbol{E}-\boldsymbol{A}\right|\neq 0$. 因此，$\boldsymbol{E}-\boldsymbol{A}$ 是可逆矩阵. 由矩阵乘法，得

$$(\boldsymbol{E}+\boldsymbol{A}+\boldsymbol{A}^2+\cdots+\boldsymbol{A}^k)(\boldsymbol{E}-\boldsymbol{A})=\boldsymbol{E}-\boldsymbol{A}^{k+1}.$$

两端同时右乘 $(\boldsymbol{E}-\boldsymbol{A})^{-1}$，得

$$\boldsymbol{E}+\boldsymbol{A}+\boldsymbol{A}^2+\cdots+\boldsymbol{A}^k=(\boldsymbol{E}-\boldsymbol{A})^{-1}-\boldsymbol{A}^{k+1}(\boldsymbol{E}-\boldsymbol{A})^{-1}.$$

由于当 $k\to\infty$ 时，$\boldsymbol{A}^{k+1}\to\boldsymbol{O}$，从而有

$$\boldsymbol{E}+\boldsymbol{A}+\boldsymbol{A}^2+\cdots+\boldsymbol{A}^k\to(\boldsymbol{E}-\boldsymbol{A})^{-1},\quad k\to\infty,$$

所以

$$\sum_{k=1}^{\infty}\boldsymbol{A}^k=(\boldsymbol{E}-\boldsymbol{A})^{-1}.$$

下面定理的证明，已经超出了本书讨论的范围，我们直接引用它.

定理 5.4 设 $\boldsymbol{A}=(a_{ij})_{n\times n}$ 为非负不可约矩阵(即满足 $a_{ij}\geqslant 0$，且不能经过第一种初等变换化简为准对角矩阵的矩阵)，则

(1) $\boldsymbol{A}$ 的主特征值 λ (按模最大的特征值)是其特征多项式的正单根，相应特征向量称为主特征向量；

(2) 对应于 $\boldsymbol{A}$ 的主特征值 λ，有正的特征向量 $\boldsymbol{\rho}$ 与其对应；

(3) $\lim\limits_{k\to\infty}\dfrac{\boldsymbol{A}^k\boldsymbol{e}}{\boldsymbol{e}^{\mathrm{T}}\boldsymbol{A}^k\boldsymbol{e}}=\boldsymbol{W}$，其中 $\boldsymbol{e}=[1,1,\cdots,1]^{\mathrm{T}}$，$\boldsymbol{W}$ 是 $\boldsymbol{A}$ 的对应于主特征值 λ 的归一化特征向量.

实际上，$\boldsymbol{A}^k\boldsymbol{e}$ 是由 $\boldsymbol{A}^k$ 的各行元素相加得到的列向量，而 $\boldsymbol{e}^{\mathrm{T}}\boldsymbol{A}^k\boldsymbol{e}$ 是 $\boldsymbol{A}^k$ 的所有元素(或说是 $\boldsymbol{A}^k\boldsymbol{e}$ 的所有元素)之和，因此

$$\frac{\boldsymbol{A}^k\boldsymbol{e}}{\boldsymbol{e}^{\mathrm{T}}\boldsymbol{A}^k\boldsymbol{e}}$$

是由 $\boldsymbol{A}^k\boldsymbol{e}$ 归一化得到的向量. 定理 5.4 说明，当 $k\to\infty$ 时，它收敛于 $\boldsymbol{A}$ 的主特征向量.

显然正矩阵 $\boldsymbol{A}=(a_{ij})_{n\times n}$ (即 $a_{ij}>0$) 是不可约矩阵，因此定理 5.4 对正矩阵成立.

习　题　5.1

1. 验证下列矩阵序列

$$\boldsymbol{A}^{(k)}=\begin{bmatrix}\dfrac{1}{k^2} & \dfrac{1}{(k-1)!}\\ \dfrac{1}{k(k+1)} & \dfrac{1}{3^k}\end{bmatrix},\quad k=1,2,\cdots$$

的收敛性.

2. 验证矩阵

$$\boldsymbol{A}=\begin{bmatrix}0 & \dfrac{1}{20} & -\dfrac{1}{5} & \dfrac{1}{10}\\ \dfrac{1}{6} & 0 & -\dfrac{1}{12} & \dfrac{1}{12}\\ -\dfrac{1}{21} & -\dfrac{2}{21} & 0 & -\dfrac{1}{21}\\ -\dfrac{1}{11} & -\dfrac{1}{11} & -\dfrac{3}{11} & 0\end{bmatrix}$$

的所有特征值的模小于 1.

3. 以 $\boldsymbol{A}=\begin{bmatrix}0 & -2 & 2\\ -1 & 0 & -1\\ -1 & -2 & 0\end{bmatrix}$ 为例，说明定理 5.2 的逆命题不成立.

5.2 求解线性方程组的迭代法

一般说来，迭代法是重复一系列步骤，给出一个问题近似解的过程，通常需要考虑迭代算法、收敛条件、误差分析和收敛速度等问题. 求解线性方程组的迭代法是求线性方程组近似解的一种方法. 在该方法中，线性方程组的解是作为一个向量序列的极限给出的，而向量序列是重复某种确定的步骤逐次求得的. 当求得的向量序列收敛于方程组的解时，它们就可看作方程组的近似解. 本节只简单介绍求解线性方程组的迭代方法及收敛条件，对于收敛速度和误差分析问题，不予讨论.

与线性方程组的直接解法相比较，迭代法具有算法简单，易于在计算机上实现等特点. 但在大多数情况下，用迭代法求出的只是方程组的近似解，它和准确解之间有一定的误差，因此在实际应用时应注意误差方面的要求.

5.2.1 基本思路

我们先通过例子说明迭代法求解线性方程组的基本思路.

例 5.2.1 用迭代法解线性方程组

$$\begin{cases}20x_1+x_2+4x_3-2x_4=23,\\-2x_1+12x_2+x_3-x_4=10,\\x_1+2x_2+21x_3+3x_4=27,\\x_1+x_2+3x_3+11x_4=16.\end{cases}$$

解 将原方程组中的 4 个方程依次乘以 1/20,1/12,1/21,1/11，得

$$\begin{cases}x_1= -\frac{1}{20}x_2-\frac{1}{5}x_3+\frac{1}{10}x_4+\frac{23}{20},\\x_2=\frac{1}{6}x_1-\frac{1}{12}x_3+\frac{1}{12}x_4+\frac{5}{6},\\x_3=-\frac{1}{21}x_1-\frac{2}{21}x_2-\frac{3}{21}x_4+\frac{27}{21},\\x_4=-\frac{1}{11}x_1-\frac{1}{11}x_2-\frac{3}{11}x_3+\frac{16}{11}.\end{cases}$$

该方程组可用矩阵形式表示为 $\boldsymbol{X}=\boldsymbol{A}\boldsymbol{X}+\boldsymbol{b}$. 取 $\boldsymbol{X}_0=\boldsymbol{0}$ 作为初始解向量，代入上式右端进行计算，将得到的值作为线性方程组的第 1 个近似解，记为 $\boldsymbol{X}_1$；然后，将 $\boldsymbol{X}_1$ 代入右端进行计算，将得到的值作为方程组的第 2 个近似解，记为 $\boldsymbol{X}_2$；依次类推，可得该线性方程组的如下近似解.

$$\boldsymbol{X}_0=[0.0000, 0.0000, 0.0000, 0.0000]^{\mathrm{T}},$$

$$X_1=[1.1500, 0.8333, 1.2857, 1.4545]^T,$$

$$X_2=[0.9966, 1.0391, 0.9438, 0.9236]^T,$$

$$X_3=[1.0016, 0.9978, 1.0074, 1.0121]^T,$$

$$X_4=[0.9998, 1.0007, 0.9984, 0.9980]^T,$$

$$X_5=[1.0001, 0.9999, 1.0002, 1.0004]^T,$$

$$X_6=[1.0000, 1.0000, 0.9999, 0.9999]^T,$$

$$X_7=[1.0000, 1.0000, 1.0000, 1.0000]^T,$$

……

注意到该方程组的准确解是 $X=[1,1,1,1]^T$. 所以，上述解序列收敛于它的准确解. 以上计算线性方程组近似解的方法就是迭代法.

但是，如果将原方程组改写为如下形式

$$\begin{cases} x_1=-19x_1-x_2-4x_3+2x_4+23, \\ x_2=2x_1-11x_2-x_3+x_4+10, \\ x_3=-x_1-2x_2-20x_3-3x_4+27, \\ x_4=-x_1-x_2-3x_3-10x_4+16. \end{cases}$$

仍取 $X_0=\mathbf{0}$ 作为初始解进行迭代，迭代 6 次的结果如下.

$$X_0=[0,0,0,0]^T,$$

$$X_1=[23,10,27,16]^T,$$

$$X_2=[-500,-65,-604,-258]^T,$$

$$X_3=[11488,71,13511,4973]^T,$$

$$X_4=[-262418,-13667,-296742,-101806]^T,$$

$$X_5=[5955654,-480227,6475369,2157053]^T,$$

$$X_6=[-134264546,12875499,-140973712,-46472048]^T.$$

容易看出，此时得到的一系列向量 $X_k(k=1,2,\cdots)$ 不是越来越接近于方程组的准确解 $X=[1,1,1,1]^T$，而是随着迭代次数的增加，与准确解的差别越来越大，说明此时用迭代法求得的解序列不收敛. 因此，怎样改写原方程组，怎样选取初始解，是用迭代法求解线性方程组要面临的问题. 下面就来回答这些问题，并介绍求解线性方程组的迭代公式.

5.2.2 迭代公式

为得到求解线性方程组的迭代公式，将线性方程组转化为如下形式

$$\begin{cases} x_1 = a_{11}x_1 + a_{12}x_2 + \cdots + a_{1n}x_n + b_1, \\ x_2 = a_{21}x_1 + a_{22}x_2 + \cdots + a_{2n}x_n + b_2, \\ \cdots\cdots \\ x_n = a_{n1}x_1 + a_{n2}x_2 + \cdots + a_{nn}x_n + b_n. \end{cases} \tag{5.5}$$

记

$$\boldsymbol{A} = \begin{bmatrix} a_{11} & a_{12} & \cdots & a_{1n} \\ a_{21} & a_{22} & \cdots & a_{2n} \\ \vdots & \vdots & & \vdots \\ a_{n1} & a_{n2} & \cdots & a_{nn} \end{bmatrix}, \quad \boldsymbol{X} = \begin{bmatrix} x_1 \\ x_2 \\ \vdots \\ x_n \end{bmatrix}, \quad \boldsymbol{b} = \begin{bmatrix} b_1 \\ b_2 \\ \vdots \\ b_n \end{bmatrix},$$

则方程组(5.5)可以用矩阵形式表示为

$$\boldsymbol{X} = \boldsymbol{A}\boldsymbol{X} + \boldsymbol{b}. \tag{5.6}$$

迭代过程是，给出向量 $\boldsymbol{X}$ 任意的初始值 $\boldsymbol{X}_0$，代入方程组(5.6)的右端，将计算结果记为 $\boldsymbol{X}_1$. 如果 $\boldsymbol{X}_1 = \boldsymbol{X}_0$，则 $\boldsymbol{X}_0$ 是方程组(5.6)的解；如果 $\boldsymbol{X}_1 \neq \boldsymbol{X}_0$，将 $\boldsymbol{X}_1$ 代入方程组(5.6)右端，将计算结果记为 $\boldsymbol{X}_2$. 重复上述过程，可得与方程组(5.6)相关的向量序列

$$\boldsymbol{X}_0, \boldsymbol{X}_1, \cdots, \boldsymbol{X}_{k-1}, \boldsymbol{X}_k, \cdots,$$

其中

$$\boldsymbol{X}_k = \boldsymbol{A}^k \boldsymbol{X}_0 + (\boldsymbol{E} + \boldsymbol{A} + \boldsymbol{A}^2 + \cdots + \boldsymbol{A}^{k-1})\boldsymbol{b}.$$

因此，用上述迭代法得到的向量序列是否收敛，取决于级数

$$\boldsymbol{E} + \boldsymbol{A} + \boldsymbol{A}^2 + \cdots + \boldsymbol{A}^{k-1} + \cdots$$

是否收敛.

5.2.3 收敛条件

定理 5.5 对于线性方程组 $\boldsymbol{X} = \boldsymbol{A}\boldsymbol{X} + \boldsymbol{b}$，用上述迭代法求解得到的向量序列收敛于其准确解的充分必要条件是 $\boldsymbol{A}$ 的特征值的模均小于 1. 此时，向量序列中的任一向量都可看作方程组 $\boldsymbol{X} = \boldsymbol{A}\boldsymbol{X} + \boldsymbol{b}$ 的近似解.

根据定理 5.2，可得如下定理.

定理 5.6　对于线性方程组 $\boldsymbol{X}=\boldsymbol{AX}+\boldsymbol{b}$，当 $\boldsymbol{A}=(a_{ij})$ 满足

$$\sum_{j=1}^{n}\left|a_{ij}\right|<1,\ i=1,2,\cdots,n \quad 或 \quad \sum_{i=1}^{n}\left|a_{ij}\right|<1,\ j=1,2,\cdots,n$$

时，由迭代法得到的近似解序列收敛于方程组的准确解.

由以上讨论可以看到，要用迭代法求线性方程组的近似解，首先将方程组改写为 $\boldsymbol{X}=\boldsymbol{AX}+\boldsymbol{b}$ 的形式. 其中，为保证收敛性，通常采用例 5.2.1 的做法(必要时可作适当调整)，使得到的矩阵 $\boldsymbol{A}$ 满足定理 5.6 或定理 5.5 的条件. 一般情况下，当相邻两个近似解的对应分量之差的绝对值在指定范围内时，即可结束迭代，给出线性方程组的近似解.

习　题　5.2

用迭代法解下列方程组，并说明收敛性.

(1) $\begin{cases} x_1= \quad 0.4x_2-0.4x_3+0.6, \\ x_2=0.25x_1 \quad -0.25x_3+2, \\ x_3=0.4x_1+0.5x_2 \quad -0.4; \end{cases}$

(2) $\begin{cases} x_1= \quad -0.3x_2-0.1x_3+1.4, \\ x_2=0.2x_1 \quad +0.3x_3+0.5, \\ x_3=-0.1x_1-0.3x_2 \quad +1.4. \end{cases}$

5.3　矩阵特征值和特征向量的近似算法

一般说来，矩阵特征值和特征向量的近似算法，都是针对某些特殊情况的. 目前还没有能够用于所有情况的一般算法. 本节仅介绍计算矩阵主特征值和主特征向量的“和法”及“幂法”. 其中“和法”适用于精度要求不高且矩阵非负的情况，“幂法”适用于能够对角化的矩阵.

5.3.1　和法

定理 5.4 为求矩阵特征值和特征向量的近似值提供了理论依据. 根据定理 5.4，对任意非负不可约矩阵 $\boldsymbol{A}$，可以取某一正整数值 k，以 $\boldsymbol{A}^k$ 各列之和归一化后得到的向量作为 $\boldsymbol{A}$ 的主特征向量. 显然 k 取得越大，近似程度越高. 特别地，取 $k=1$，可以用 $\boldsymbol{A}$ 的各列元素之和归一化后得到的向量作为 $\boldsymbol{A}$ 的主特征向量的近似值. 当然这种方法只能应用于精度要求不高的情况. 例如第 6 章将要介绍的层次分析法，由实际问题得到的数据本身具有很强的主观性，对结果的精度要求不高，因此常常

采用和法计算矩阵的特征值和特征向量的近似值. 为了提高精度，可以先对 $\boldsymbol{A}$ 的各列归一化，然后对各行之和再次归一化作为主特征向量. 求出主特征向量 $\boldsymbol{W}$ 后，可用公式

$$\lambda=\frac{1}{n}\sum_{i=1}^{n}\frac{(\boldsymbol{AW})_i}{\boldsymbol{W}_i}$$

确定主特征值，其中 $(\boldsymbol{AW})_i$ 和 $\boldsymbol{W}_i$ 分别表示 $\boldsymbol{AW}$ 和 $\boldsymbol{W}$ 的第 i 个分量.

例 5.3.1 用和法求矩阵

$$\boldsymbol{A}=\begin{bmatrix}1 & 1/2 & 4 & 3\\ 2 & 1 & 7 & 5\\ 1/4 & 1/7 & 1 & 1/2\\ 1/3 & 1/5 & 2 & 1\end{bmatrix}$$

的主特征值和主特征向量.

解

$$\boldsymbol{A}=\begin{bmatrix}1 & 1/2 & 4 & 3\\ 2 & 1 & 7 & 5\\ 1/4 & 1/7 & 1 & 1/2\\ 1/3 & 1/5 & 2 & 1\end{bmatrix}$$

$$\xrightarrow[\text{归一化}]{\text{列向量}}\begin{bmatrix}0.2791 & 0.2713 & 0.2857 & 0.3158\\ 0.5581 & 0.5426 & 0.5000 & 0.5263\\ 0.0689 & 0.0755 & 0.0714 & 0.0526\\ 0.0930 & 0.1085 & 0.1429 & 0.1053\end{bmatrix}$$

$$\xrightarrow{\text{按行求和}}\begin{bmatrix}1.1519\\ 2.1271\\ 0.2713\\ 0.4497\end{bmatrix}\xrightarrow{\text{归一化}}\begin{bmatrix}0.2880\\ 0.5318\\ 0.0678\\ 0.1124\end{bmatrix}=\boldsymbol{W},$$

$$\boldsymbol{AW}=\begin{bmatrix}1.1623\\ 2.1444\\ 0.2720\\ 0.4504\end{bmatrix},$$

$$\lambda=\frac{1}{4}\left(\frac{1.1623}{0.2880}+\frac{2.1444}{0.5318}+\frac{0.2720}{0.0678}+\frac{0.4504}{0.1127}\right)=4.0191.$$

此处借用矩阵初等变换的写法，用箭线表示前一个矩阵经过箭杆上说明的变换变成下一个矩阵，但它已不再代表矩阵的等价变换关系.

5.3.2　幂法

幂法也是求矩阵的主特征值和主特征向量的近似值的一种迭代算法. 它适用于求可对角化矩阵的主特征值及主特征向量的近似值. 幂法的精度高于和法，是工程中常用的一种算法.

设矩阵 $\boldsymbol{A}$ 是一个可以对角化的 n 阶方阵，它的 n 个特征值按模的大小依次排列为

$$|\lambda_1| \geqslant |\lambda_2| \geqslant \cdots \geqslant |\lambda_n|,$$

其相应的 n 个线性无关的特征向量依次记为 $\boldsymbol{X}_1, \boldsymbol{X}_2, \cdots, \boldsymbol{X}_n$，则 $\boldsymbol{A}\boldsymbol{X}_i = \lambda_i \boldsymbol{X}_i$ $(i=1,2,\cdots,n)$. 对于任意 n 维非零向量 $\boldsymbol{X}^{(0)}$，设

$$\boldsymbol{X}^{(0)} = a_1\boldsymbol{X}_1 + a_2\boldsymbol{X}_2 + \cdots + a_n\boldsymbol{X}_n,$$

不妨假定 $a_1 \neq 0$（否则重新取 $\boldsymbol{X}^{(0)}$，使其满足这一假设）. 令

$$\boldsymbol{X}^{(k+1)} = \boldsymbol{A}\boldsymbol{X}^{(k)}, \quad k = 0, 1, 2, \cdots, \tag{5.7}$$

则

$$\begin{aligned} \boldsymbol{X}^{(k)} &= \boldsymbol{A}\boldsymbol{X}^{(k-1)} = \boldsymbol{A}^2\boldsymbol{X}^{(k-2)} = \cdots = \boldsymbol{A}^k\boldsymbol{X}^{(0)} \\ &= a_1\boldsymbol{A}^k\boldsymbol{X}_1 + a_2\boldsymbol{A}^k\boldsymbol{X}_2 + \cdots + a_n\boldsymbol{A}^k\boldsymbol{X}_n. \end{aligned}$$

根据 $\boldsymbol{A}\boldsymbol{X}_i = \lambda_i\boldsymbol{X}_i$ $(i=1, 2, \cdots, n)$，得

$$\boldsymbol{X}^{(k)} = a_1\lambda_1^k\boldsymbol{X}_1 + a_2\lambda_2^k\boldsymbol{X}_2 + \cdots + a_n\lambda_n^k\boldsymbol{X}_n. \tag{5.8}$$

下面讨论几种特殊情况.

(1) 矩阵 $\boldsymbol{A}$ 的主特征值 λ_1 是单实根的情况. 这种情况下式 (5.8) 可转化为

$$\boldsymbol{X}^{(k)} = \lambda_1^k\left[a_1\boldsymbol{X}_1 + a_2\left(\frac{\lambda_2}{\lambda_1}\right)^k\boldsymbol{X}_2 + \cdots + a_n\left(\frac{\lambda_n}{\lambda_1}\right)^k\boldsymbol{X}_n\right].$$

由于 $a_1 \neq 0$, $|\lambda_i/\lambda_1| < 1 (i \geqslant 2)$，当 k 充分大时，可取 $\boldsymbol{X}^{(k)} \approx \lambda_1^k a_1\boldsymbol{X}_1$，则有

$$\boldsymbol{X}^{(k+1)} \approx \lambda_1^{k+1}a_1\boldsymbol{X}_1 \approx \lambda_1\boldsymbol{X}^{(k)}. \tag{5.9}$$

从而有

$$\lambda_1 = \frac{x_i^{(k+1)}}{x_i^{(k)}}, \quad i = 1, 2, \cdots, n. \tag{5.10}$$

由式 (5.7) 及式 (5.9) 知

$$AX^{(k)} \approx \lambda_1 X^{(k)}.$$

因此，取 $X^{(k)}$ 作为矩阵 A 的对应于主特征值 λ_1 的特征向量的近似值.

这种求矩阵 A 的主特征值和主特征向量的近似值的算法称为**幂法**.

从上面的分析可以看出，幂法的收敛速度虽然与初始向量 $X^{(0)}$ 的选择有关，但更主要依赖矩阵 A 的特征值的分布. 比值 $|\lambda_2/\lambda_1|$ 越小，收敛越快；比值 $|\lambda_2/\lambda_1|$ 接近于 1，收敛速度会很慢. 这是幂法的缺点.

(2)矩阵 A 的主特征值是实数，但不是单根的情况. 比如 $\lambda_1=-\lambda_2, |\lambda_1|>|\lambda_i|$，$i=3,4,\cdots,n$. 此时式(5.8)转化为

$$X^{(k)}=\lambda_1^k\left[a_1X_1+(-1)^k a_2X_2+\sum_{i=3}^{n}a_i\left(\frac{\lambda_i}{\lambda_1}\right)^k X_i\right].$$

当 k 充分大时，取

$$X^{(k)} \approx \lambda_1^k\left[a_1X_1+(-1)^k a_2X_2\right]. \tag{5.11}$$

从式(5.11)可以看出，向量序列 $\{X^{(k)}\}$ 的分量变化规律和上一种情况不同，序列随 k 的增大而发生规律性摆动. 由式(5.11)可知

$$X^{(k+2)} \approx \lambda_1^{k+2}\left[a_1X_1+(-1)^{k+2}a_2X_2\right] \approx \lambda_1^2 X^{(k)},$$

从而有

$$\lambda_1^2 \approx x_j^{(k+2)}/x_j^{(k)}, \quad j=1,2,\cdots,n,$$

即

$$|\lambda_1| \approx \sqrt{x_j^{(k+2)}/x_j^{(k)}}, \quad j=1,2,\cdots,n.$$

由式(5.11)知

$$X^{(k+1)}+\lambda_1X^{(k)} \approx 2\lambda_1^{k+1}a_1X_1, \quad X^{(k+1)}-\lambda_1X^{(k)} \approx 2\lambda_1^{k+1}a_2X_2,$$

从而 $X^{(k+1)}+\lambda_1X^{(k)}, X^{(k+1)}-\lambda_1X^{(k)}$ 可以分别作为矩阵 A 对应于特征值 λ_1,λ_2 的特征向量的近似值.

(3)矩阵 A 的主特征值是一对共轭复数的情况. 由于讨论的矩阵 A 为实矩阵，则如果 A 有特征值 $\lambda_1=\rho e^{-i\theta}$，必有 $\lambda_2=\overline{\lambda_1}=\rho e^{-i\theta}$，并且 $X_2=\overline{X_1}$. 从而

$$X^{(0)}=a_1X_1+\overline{a}_1\overline{X}_1+\cdots+a_nX_n,$$

那么

$$\begin{aligned}\boldsymbol{X}^{(k)}&=\boldsymbol{A}^k(a_1\boldsymbol{X}_1+\bar{a}_1\bar{\boldsymbol{X}}_1+\cdots+a_n\boldsymbol{X}_n)\\&=a_1\rho^k\mathrm{e}^{\mathrm{i}k\theta}\boldsymbol{X}_1+\bar{a}_1\rho^k\mathrm{e}^{-\mathrm{i}k\theta}\bar{\boldsymbol{X}}_1+a_3\lambda_3^k\boldsymbol{X}_3+\cdots+a_n\lambda_n^k\boldsymbol{X}_n\\&=\rho^k\left[a_1\mathrm{e}^{\mathrm{i}k\theta}\boldsymbol{X}_1+\bar{a}_1\mathrm{e}^{-\mathrm{i}k\theta}\bar{\boldsymbol{X}}_1+\sum_{i=3}^n a_i\left(\frac{\lambda_i}{\rho}\right)^k\boldsymbol{X}_i\right].\end{aligned}$$

当 k 充分大时，取

$$\boldsymbol{X}^{(k)}\approx\rho^k(a_1\mathrm{e}^{\mathrm{i}k\theta}\boldsymbol{X}_1+\bar{a}_1\mathrm{e}^{-\mathrm{i}k\theta}\bar{\boldsymbol{X}}_1).\tag{5.12}$$

设 $\boldsymbol{X}^{(k)}$ 的第 j 个分量为 $x_j^{(k)}$, $a_1\boldsymbol{X}_1$ 的第 j 个分量为 $r_j\mathrm{e}^{\mathrm{i}\varphi}$, $j=1,2,\cdots,n$，则

$$x_j^{(k)}\approx\rho^k r_j\left(\mathrm{e}^{\mathrm{i}(k\theta+\varphi)}+\mathrm{e}^{-\mathrm{i}(k\theta+\varphi)}\right)=2\rho^k r_j\cos(k\theta+\varphi).\tag{5.13}$$

式(5.13)说明，随着 k 的增大，$x_j^{(k)}$ ($j=1,2,\cdots,n$) 的变化是不规则的，这与(1),(2)两种情况都不相同. 由式(5.13)还可以得到

$$x_j^{(k+1)}\approx2\rho^{k+1}r_j\cos[(k+1)\theta+\varphi],$$

$$x_j^{(k+2)}\approx2\rho^{k+2}r_j\cos[(k+2)\theta+\varphi].$$

又因 $\lambda_1+\lambda_2=2\rho\cos\theta, \lambda_1\lambda_2=\rho^2$, 从而

$$x_j^{(k+2)}-(\lambda_1+\lambda_2)x_j^{(k+1)}+\lambda_1\lambda_2x_j^{(k)}\approx0,\quad j=1,2,\cdots,n.\tag{5.14}$$

在式(5.14)中，令 $\lambda_1+\lambda_2=-p, \lambda_1\lambda_2=q$ ，从方程组(5.14)中任取两个方程解出 p 和 q，或用最小二乘原理求出 p 和 q，从而得

$$\lambda_1=-\frac{p}{2}+\mathrm{i}\sqrt{q-\left(\frac{p}{2}\right)^2},\quad\lambda_2=-\frac{p}{2}-\mathrm{i}\sqrt{q-\left(\frac{p}{2}\right)^2}.$$

根据式(5.12)，容易验证

$$\boldsymbol{X}^{(k+1)}-\lambda_2\boldsymbol{X}^{(k)}\approx\lambda_1^k(\lambda_1-\lambda_2)a_1\boldsymbol{X}_1,$$

$$\boldsymbol{X}^{(k+1)}-\lambda_1\boldsymbol{X}^{(k)}\approx\lambda_2^k(\lambda_2-\lambda_1)\bar{a}_1\bar{\boldsymbol{X}}_1,$$

因此与 λ_1,λ_2 对应的特征向量的近似值分别为

$$\boldsymbol{X}^{(k+1)}-\lambda_2\boldsymbol{X}^{(k)}\quad 和\quad \boldsymbol{X}^{(k+1)}-\lambda_1\boldsymbol{X}^{(k)}.$$

例 5.3.2 用幂法求矩阵

$$A=\begin{bmatrix}1&2&3\\2&1&3\\3&3&6\end{bmatrix}$$

的主特征值与相应的特征向量的近似值.(迭代四次，结果取四位有效数字)

解 取初始向量 $X^{(0)}=[1,0,0]^{\mathrm{T}}$，迭代公式为

$$X^{(k+1)}=AX^{(k)}, \qquad k=0, 1, 2, 3, 4.$$

计算结果见表 5.1. 由计算结果可见，矩阵 A 的主特征值 $\lambda\approx 8.999$，对应的特征向量为

$$X=[1094, 1093, 2187]^{\mathrm{T}}.$$

表 5.1 计算结果

迭代次数	x_1	x_2	x_3
1	1	2	3
2	14	13	27
3	121	122	243
4	1094	1093	2187
5	9841	9842	19683

需要说明的是，这里仅针对可以对角化的矩阵，研究求主特征值和主特征向量的近似值的幂法. 从适应性方面看，理论上有较大的局限性. 但对一些特殊矩阵使用幂法求主特征值和主特征向量还是比较方便的. 如 H 矩阵(实对称矩阵)可以对角化,因此用幂法求 H 矩阵(实对称矩阵)的主特征值和主特征向量是有效的. 另外根据定理 5.4 第 3 个结论计算非负不可约矩阵的主特征值和主特征向量，与用幂法计算的结果是一致的. 因此用幂法求主特征值和主特征向量，基本上可以满足应用方面的需要.

习 题 5.3

1. 用和法求下列矩阵的主特征值及相应的特征向量的近似值.

(1) $A=\begin{bmatrix}4&2&2\\2&5&1\\2&1&6\end{bmatrix}$； (2) $B=\begin{bmatrix}2&1&0\\1&2&1\\0&1&2\end{bmatrix}$，

2. 用幂法求下列矩阵的主特征值及相应的特征向量的近似值.

(1) $A=\begin{bmatrix}1 & -2 & 2\\ -2 & -2 & 4\\ 2 & 4 & -2\end{bmatrix}$；　(2) $B=\begin{bmatrix}1 & -3 & 2\\ 4 & 4 & -1\\ 6 & 3 & 5\end{bmatrix}$.

3. 如果 n 阶矩阵 A 有两个相等的实特征值，并且它们是按模最大的特征值，试导出计算这对特征值的计算公式.

5.4　MATLAB 软件应用

本节针对该章介绍的三种数值计算，利用三个简单例子，介绍 MATLAB 软件的使用.

5.4.1　迭代法的算法实现

例 5.4.1　求解线性方程组

$$\begin{cases}20x_1+x_2+4x_3-2x_4=23,\\ -2x_1+12x_2+x_3-x_4=10,\\ x_1+2x_2+21x_3+3x_4=27,\\ x_1+x_2+3x_3+11x_4=16.\end{cases}$$

解　按照 5.2 节中的方法，先将原方程组改写成 $\boldsymbol{X}=\boldsymbol{AX}+\boldsymbol{b}$ 形式，取初始解向量 $\boldsymbol{X}_0=\boldsymbol{0}$，误差 $e=0.0001$，迭代次数 $N=10$.

输入命令：`diedai(A,b,x0,e,N)`，得到的结果是：$k=8$；$\boldsymbol{X}=[1,1,1,1]^{\mathrm{T}}$，其中 $\boldsymbol{X}$ 就是近似解，k 是迭代次数.

5.4.2　和法的算法实现

例 5.4.2　用和法程序求矩阵

$$\boldsymbol{A}=\begin{bmatrix}1 & 1/2 & 4 & 3\\ 2 & 1 & 7 & 5\\ 1/4 & 1/7 & 1 & 1/2\\ 1/3 & 1/5 & 2 & 1\end{bmatrix}$$

的主特征值和主特征向量.

解　输入命令 `hefa(A,1)`，得到的结果是

$$\lambda=4.0216;\quad \boldsymbol{X}=[0.2880,0.5318,0.0678,001124]^{\mathrm{T}},$$

其中 λ 为 $\boldsymbol{A}$ 的主特征值的近似值，$\boldsymbol{X}$ 为 $\boldsymbol{A}$ 的对应于特征值 λ 的特征向量的近似值.

5.4.3　幂法的算法实现

例 5.4.3　用幂法程序求

$$\boldsymbol{A}=\begin{bmatrix}1&2&3\\2&1&3\\3&3&6\end{bmatrix}$$

的主特征值与相应的特征向量的近似值.

解　取初始解向量 $\boldsymbol{X}_0=[0,0,1]^{\mathrm{T}}$，误差 $e=0.01$，迭代次数 $N=10$.

输入命令：`mifa(A,x0,e,N)`，得到的结果是

$$k=5;\quad \lambda=9.0005,\quad \boldsymbol{X}=[9841,9842,19683]^{\mathrm{T}},$$

其中 λ 为 $\boldsymbol{A}$ 的主特征值的近似值，$\boldsymbol{X}$ 为 $\boldsymbol{A}$ 的对应于特征值 λ 的特征向量的近似值.

习　题　5.4

1. 用迭代法求解方程组

$$\begin{cases}4x_1+x_2-x_3=13,\\x_1-5x_2-3x_3=-8,\\2x_1-x_2-6x_3=-2.\end{cases}$$

2. 分别用和法、幂法求

$$\boldsymbol{A}=\begin{bmatrix}1&0&4\\4&3&6\\3&1&2\end{bmatrix}$$

的主特征值和相应的主特征向量的近似值.

延伸阅读　循环比赛的名次问题

若干个球队两两交锋进行单循环比赛，假设赛制规定每场比赛只计胜负，不计比分，且不允许出现平局. 那么，怎样根据两球队比赛胜负的结果，合理地排出全部球队的名次呢？

根据这种赛制规定，一种能够比较直观表示比赛结果的方法是“图”的方法. 把

每支球队作为图的一个“顶点”，用连接两个顶点并以箭头标明方向的线段显示两个球队的比赛胜负. 图 5.1 给出了 6 个球队的一种比赛结果，即 1 队战胜 2, 4, 5, 6 队，而输给了 3 队；5 队战胜 3, 6 队，而输给 1, 2, 4 队等. 像图 5.1 这样，每对顶点之间都有一条有向边相连的“有向图”称为**竞赛图**. 任何一种只计胜负、没有平局的循环比赛的结果都可以用竞赛图来表示. 这样，图 5.1 就是一个具有 6 个顶点的竞赛图，图 5.2 给出的是具有 4 个顶点的竞赛图的全部四种形式.

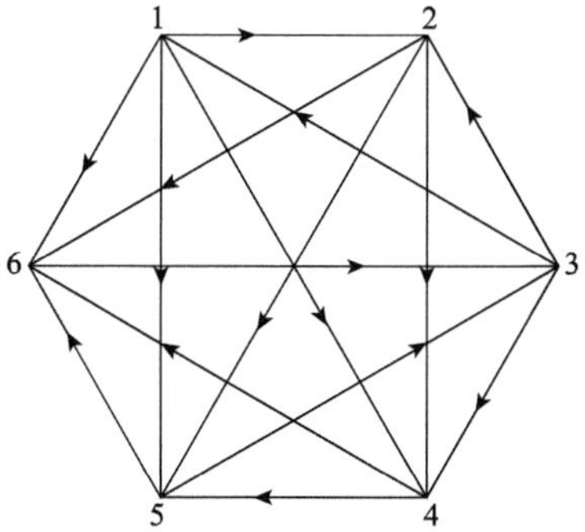

图 5.1　6 个球队的比赛结果

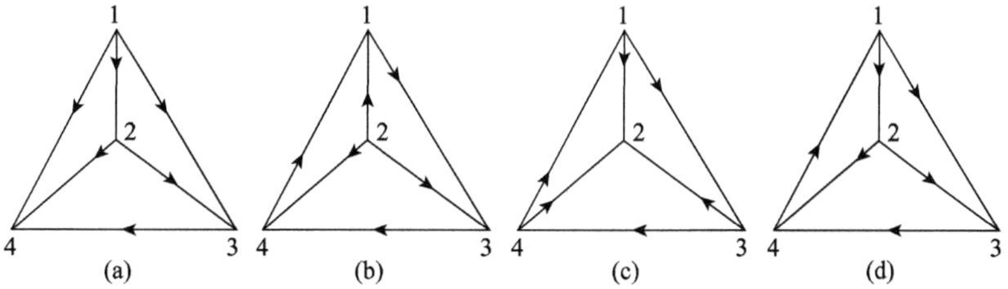

图 5.2　4 个球队的比赛结果图示

现在，问题就归结为，如何由竞赛图排出球队的名次. 下面先以图 5.2 所示的具有 4 个顶点的竞赛图为例，对这一问题进行分析.

(1) 在图 5.2(a)中，仅有唯一的一条通过全部顶点的“有向路径” 1→2→3→4. 这种路径称为**完全路径**. 此时，如果以每个球队取胜的场数作为它的得分，那么四支球队从第 1 到第 4 的得分依次为(3, 2, 1, 0)，因此，其比赛名次排序无疑应该是{1, 2, 3, 4}.

(2) 在图 5.2(b)中，如果仍以每个球队取胜的场数作为它的得分，那么四支球队从第 1 到第 4 的得分依次为(1, 3, 1, 1). 因此，四个队的名次排序应该是{2, {1, 3, 4}}，即第 2 队应该排在第一，而其余三个队名次相同，并列第二.

(3) 在图 5.2(c)中，类似于图 5.2(b)中的情况，四支球队的得分依次为(2, 0, 2, 2). 所以，其名次排序应该是{{1, 3, 4}, 2}，即第 2 个球队应排在最后，其余三个队名次相同，并列第一.

(4) 在图 5.2(d)中，存在有两条以上通过全部顶点的完全路径，比如 1→2→3→4 和 3→4→1→2. 此时，四支球队从第 1 到第 4 的得分依次为(2, 2, 1, 1)，因此无法简单地根据竞赛图本身排出名次. 这种情况需要进一步讨论.

为此，首先注意，图 5.2(d)具有这样的性质：对于任何一对顶点，均存在两条有向路径，每条路径有一条或几条边组成，使这两顶点可以按照同样的顺序相互连通，这种有向图称为**双向连通竞赛图**. 不难看出，图 5.2 中其余三个图都不是双向连通竞赛图.

事实上，上面这种对图 5.2 中四个图的分类讨论思想具有一般性. 对于 5 个顶点以上的竞赛图，虽然更加复杂，但我们可以证明：任意竞赛图必存在完全路径. 因此，其基本类型仍是如图 5.2 所示的三种情况：一是如图 5.2(a)那样有唯一的完全路径，此时由完全路径确定的顶点顺序就是比赛名次；二是如图 5.2(d)那样的双向连通竞赛图，这是下面我们将要讨论的情形；三是如图 5.2(b)和 5.2(c)那样的其他情况，此时会有并列情形出现，不能完全给出名次排序.

为了实现对双向连通竞赛图的顶点排序，首先定义 n 个顶点竞赛图的**邻接矩阵**

$$\boldsymbol{A}=(a_{ij})_{n\times n}, \qquad 其中\ a_{ij}=\begin{cases}1, & 如果 i 队战胜 j 队,\\ 0, & 否则.\end{cases}$$

把图中任意一个顶点的得分定义为由它出发按照箭头所指方向引出的边的数目，设 s_i 是顶点 i 的得分，记 $\boldsymbol{s}^{(1)}=[s_1,s_2,\cdots,s_n]^{\mathrm{T}}$，且称其为 1 级**得分向量**. 然后计算 $\boldsymbol{s}^{(2)}=\boldsymbol{A}\boldsymbol{s}^{(1)}$，并称其为 2 级得分向量. 按照这样的定义，每个顶点，即球队的 2 级得分是它战胜的各个球队的得分之和. 与 1 级得分相比，2 级得分显然更有理由作为排名次的依据. 继续这个程序，可进一步得到 k 级得分向量

$$\boldsymbol{s}^{(k)}=\boldsymbol{A}\boldsymbol{s}^{(k-1)}=\boldsymbol{A}^k\boldsymbol{e}, \quad k=1,2,\cdots,$$

其中 $\boldsymbol{s}^{(0)}=\boldsymbol{e}$ 是所有分量都是 1 的 n 维列向量. 显然，根据一般逻辑道理，k 越大，按照 $\boldsymbol{s}^{(k)}$ 中分量大小顺序作为各个顶点排序的依据便越合理. 作为最好的可能，如果 $k\to\infty$ 时，$\boldsymbol{s}^{(k)}$ 收敛于某一向量，那么最终就可以用该向量作为各个顶点排序的依据. 由定理 5.4 知，对于双向连通竞赛图的邻接矩阵 $\boldsymbol{A}$，当 $k\to\infty$ 时，k 级得分向量 $\boldsymbol{s}^{(k)}$ 确实收敛，并且趋向于 $\boldsymbol{A}$ 的主特征向量 $\boldsymbol{s}$. 因此看到，邻接矩阵 $\boldsymbol{A}$ 的主特征向量 $\boldsymbol{s}$ 就应该作为顶点排序的最终依据. 这样便比较圆满地实现了对双向连通竞赛图顶点的合理排序.

回到图 5.2(d)中的情形，此时的邻接矩阵为

$$\boldsymbol{A}=\begin{bmatrix}0&1&1&0\\0&0&1&1\\0&0&0&1\\1&0&0&0\end{bmatrix}.$$

容易算出，该双向连通竞赛图的 1 级得分向量 $\boldsymbol{s}^{(1)}=[2,2,1,1]^{\mathrm{T}}$. 继续计算，易得

$$\boldsymbol{s}^{(1)}=[2,2,1,1]^{\mathrm{T}},\qquad \boldsymbol{s}^{(2)}=[3,2,1,2]^{\mathrm{T}},$$

$$\boldsymbol{s}^{(3)}=[3,3,2,3]^{\mathrm{T}},\qquad \boldsymbol{s}^{(4)}=[5,5,3,3]^{\mathrm{T}},$$

$$\boldsymbol{s}^{(5)}=[8,6,3,5]^{\mathrm{T}},\qquad \boldsymbol{s}^{(6)}=[9,8,5,8]^{\mathrm{T}},$$

$$\boldsymbol{s}^{(7)}=[13,13,8,9]^{\mathrm{T}},\qquad \boldsymbol{s}^{(8)}=[21,17,9,13]^{\mathrm{T}}.$$

尽管在上面 8 个得分向量中 $\boldsymbol{s}^{(5)}$ 和 $\boldsymbol{s}^{(8)}$ 都能够给出 4 个球队的排名顺序，但由 $\boldsymbol{s}^{(8)}$ 给出的顺序{1, 2, 4, 3}显然更加合理：因为虽然 3 队胜了 4 队，但由于 4 队战胜了最强大的 1 队，所以 4 队排名就在 3 队之前. 进一步，从邻接矩阵 $\boldsymbol{A}$ 的主特征向量的角度看，不难算出，邻接矩阵 $\boldsymbol{A}$ 的最大特征值 $\lambda=1.4$，其对应的主特征向量 $\boldsymbol{s}=[0.323,0.280,0.167,0.230]^{\mathrm{T}}$. 以此为依据，4 个球队的排名顺序为{1, 2, 4, 3}. 显然，由 $\boldsymbol{s}^{(8)}$ 给出的排名顺序与此是相吻合的.

对于图 5.1 中的例子，不难直接验证，它也是一个双向连通竞赛图，其邻接矩阵为

$$\boldsymbol{A}=\begin{bmatrix}0&1&0&1&1&1\\0&0&0&1&1&1\\1&1&0&1&0&0\\0&0&0&0&1&1\\0&0&1&0&0&1\\0&0&1&0&0&0\end{bmatrix}.$$

可以算出，$\boldsymbol{A}$ 的主特征值 $\lambda=2.232$, 主特征向量

$$\boldsymbol{s}=[0.238,0.164,0.231,0.113,0.150,0.104]^{\mathrm{T}}.$$

从而知道六个球队的排名顺序为{1, 3, 2, 5, 4, 6}.

第6章 应用举例

数学家 丹齐格

丹齐格(Dantzig，1914—2005)是 20 世纪在应用数学领域中贡献巨大的数学家之一，但他在中学时的数学成绩并不好. 这似乎可以给我们一些启示.

1946 年，丹齐格在空军总部统计控制的战斗分析处找了一个职位，并设法为调动各地兵力和物资找出最有效的方法. 虽然这些问题能够用非数学方法大致解决，但丹齐格敏锐地看出，在数学上，这些问题可以通过像 $x+y+3z\leqslant 17$ 这样的线性不等式等更加精确地描述出来. 这种问题现在称为线性规划.

尽管丹齐格曾经为寻找答案而困惑，然而他后来发现，通过将这种不等式组转换为一个方程组，便能够使用线性代数中诸如高斯消元法等工具来解决这些问题. 进一步，几何学与线性代数相结合，使丹齐格能够创造出解线性规划问题的单纯形法. 这种方法至今仍广泛使用.

对现实中面临的问题给出量化分析和解答，是数学在应用中最根本的目的. 为此，首先应对现实问题进行深入分析，去粗取精，去伪存真，找出解决问题的要素以及它们之间的联系；接着，在适当假设的基础上，建立反映问题实质和核心的数学模型；然后，求解模型，给出问题的定量解答，为决策提供定量分析依据. 这一思想和过程就是数学建模. 本章将利用前面几章学习的知识，简单介绍三个应用广泛的实例，展现这种思想.

基本概念 投入产出模型，线性规划模型，层次分析模型.

基本运算 求解投入产出模型的平衡方程组，单纯形法解线性规划模型，建立并求解层次分析模型.

基本要求 了解三类模型的建模特点及意义；会解平衡方程组；会用单纯形法解线性规划模型；了解层次分析法的决策思想和求解过程.

6.1 投入产出模型简介

6.1.1 投入产出模型

投入产出模型是描述一个经济系统各部门之间投入与产出关系的一种数学模型. 通常，人们将一个经济系统分为 n 个经济部门，各部门分别用 $1,2,\cdots,n$ 表示，假设第 i 部门只生产第 i 种产品，并且部门间没有联合生产. 因为每一部门在生产过程中要消耗其他各个部门的产品，所以各部门之间形成了一个复杂的互相交错的关系，这一关系可以用**投入产出表**来表示. 投入产出表可以按实物形式编制，也可以按价值形式编制. 这里仅介绍按价值形式编制的价值型**投入产出模型**. 表 6.1 就是一个简化的价值型投入产出表.

表 6.1 价值型投入产出表

		中间产品				最终产品				总产值
		消耗部门				消费	积累	…	合计	
		1	2	…	n					
生产部门	1	x_{11}	x_{12}	…	x_{1n}				y_1	x_1
	2	x_{21}	x_{22}	…	x_{2n}				y_2	x_2
	⋮	⋮	⋮		⋮				⋮	⋮
	n	x_{n1}	x_{n2}	…	x_{nn}				y_n	x_n

续表

<table>
<tr><td colspan="2" rowspan="3"></td><td colspan="4">中间产品</td><td colspan="4">最终产品</td><td rowspan="3">总产值</td></tr>
<tr><td colspan="4">消耗部门</td><td rowspan="2">消费</td><td rowspan="2">积累</td><td rowspan="2">…</td><td rowspan="2">合计</td></tr>
<tr><td>1</td><td>2</td><td>…</td><td>n</td></tr>
<tr><td rowspan="3">新创造价值</td><td>劳动报酬</td><td>v_1</td><td>v_2</td><td>…</td><td>v_n</td><td colspan="4" rowspan="4"></td><td rowspan="4"></td></tr>
<tr><td>纯收入</td><td>m_1</td><td>m_2</td><td>…</td><td>m_n</td></tr>
<tr><td>合计</td><td>z_1</td><td>z_2</td><td>…</td><td>z_n</td></tr>
<tr><td colspan="2">总产值</td><td>x_1</td><td>x_2</td><td>…</td><td>x_n</td></tr>
</table>

其中，表中最右边一列和最后一行中的 x_i $(i=1,2,\cdots,n)$ 表示第 i 部门生产全部产品的总产值；从右边数第 2 列中的 y_i $(i=1,2,\cdots,n)$ 表示第 i 部门生产全部产品经过其他部门消耗之后形成的最终产品的产值；生产部门一栏和消耗部门一栏对应处的 x_{ij} $(i,j=1,2,\cdots,n)$ 表示第 i 部门分配给第 j 部门产品的产值，或者说是第 j 部门消耗第 i 部门产品的产值；新创造价值一栏和消耗部门一栏对应处的 v_j $(j=1,2,\cdots,n)$ 表示第 j 部门的劳动报酬；m_j $(j=1,2,\cdots,n)$ 表示第 j 部门创造的纯收入；z_j $(j=1,2,\cdots,n)$ 表示第 j 部门的新创造价值.

价值型投入产出平衡表分为 4 个部分，称为该表的**4 个象限**. 数字 x_{ij} 所处的部分称为第一象限. 在这一象限中，每一个部门都以生产者和消费者的双重身份出现. 每一行表示该部门作为生产部门将自己的产品分配给其他各部门的价值，每一列表示该部门作为消耗部门在生产过程中消耗其他各部门的产品价值. 行与列交叉点是部门间的流量. 这个量也是以双重身份出现的，它是所在行部门分配给所在列部门的产品价值，也是它所在列部门消耗所在行部门的产品价值. 这一部分反映了该经济系统生产部门之间的技术性联系，它是投入产出平衡表的最基本的部分.

数字 x_{ij} 所处位置的右边，称为第二象限. 它反映各部门生产的最终产品的价值及其分配情况. 每一行反映了该部门最终产品的分配情况，每一列表明用于消费、积累等方面的最终产品分别由各部门提供的情况.

数字 x_{ij} 所处位置的下边，称为第三象限. 它反映总产值中的新创造价值及其使用情况，其中每一列指出该部门的新创造价值，包括劳动报酬和该部门创造的纯收入.

数字 x_{ij} 所处位置的右下方，称为第四象限. 这部分反映总收入的再分配情况. 由于其本身比较复杂，并且与后面的讨论无关，所以本书将其略去.

6.1.2 平衡方程组

根据产品的分配原则，对于价值型投入产出平衡表第 i 个生产部门所处的第 i 行 $(i=1,2,\cdots,n)$，存在一个平衡方程

$$x_{i1}+x_{i2}+\cdots+x_{in}+y_i=x_i\,, \tag{6.1}$$

式(6.1)表示第 i 个部门生产的产品总价值 x_i 分别分配给第 j 部门 x_{ij} $(j=1,2,\cdots,n)$ 后,剩余的产品价值 y_i 就是它的最终产品. 由这 n 个方程构成的方程组称为**分配平衡方程组**.

同样,对于价值型投入产出平衡表第 j 个消费部门所处的第 j 列 $(j=1,2,\cdots,n)$，也存在一个平衡方程

$$x_{1j}+x_{2j}+\cdots+x_{nj}+z_j=x_j. \tag{6.2}$$

式(6.2)表示在第 j 部门生产总价值 x_j $(j=1,2,\cdots,n)$ 的产品时，分别消耗了第 i 部门 x_{ij} 价值的产品，因此其差便是第 j 部门的新创造价值，即

$$z_j=x_j-\sum_{i=1}^{n}x_{ij},\qquad j=1,2,\cdots,n,$$

这就是式(6.2). 由这 n 个方程构成的方程组称为**消耗平衡方程组**. 进一步,在 z_j 中用于支付劳动报酬等项开支后，剩余的部分就是第 j 部门的纯收入 m_j.

6.1.3 消耗系数

在生产实践中，第 j 部门对第 i 部门的产品消耗，可以分为直接消耗和间接消耗. 例如，在农业部门生产粮食时，要消耗机械部门的产品，这种消耗称为农业部门对机械部门的**直接消耗**. 而机械部门为了供应农业部门机械产品,要消耗电力部门的产品，这种农业部门通过其他部门消耗电力部门的产品价值，称为农业部门对电力部门的**间接消耗**. 第 j 部门对第 i 部门的直接消耗与间接消耗之和，称为它对第 i 部门的**完全消耗**.

定义 6.1 第 j 部门单位产品价值对第 i 部门产品价值的直接消耗，称为第 j 部门对第 i 部门的**直接消耗系数**，用 a_{ij} 表示. 第 j 部门单位产品价值对第 i 部门产品价值的完全消耗，称为第 j 部门对第 i 部门的**完全消耗系数**，用 c_{ij} 表示. 由这两类消耗系数构成的矩阵

$$\boldsymbol{A}=\begin{bmatrix} a_{11} & a_{12} & \cdots & a_{1n} \\ a_{21} & a_{22} & \cdots & a_{2n} \\ \vdots & \vdots & & \vdots \\ a_{n1} & a_{n2} & \cdots & a_{nn} \end{bmatrix},\quad \boldsymbol{C}=\begin{bmatrix} c_{11} & c_{12} & \cdots & c_{1n} \\ c_{21} & c_{22} & \cdots & c_{2n} \\ \vdots & \vdots & & \vdots \\ c_{n1} & c_{n2} & \cdots & c_{nn} \end{bmatrix}$$

分别称为**直接消耗系数矩阵**和**完全消耗系数矩阵**.

由消耗系数的定义，不难看出

$$a_{ij}=\frac{x_{ij}}{x_j},\quad i,j=1,2,\cdots,n, \tag{6.3}$$

$$c_{ij}=a_{ij}+c_{i1}a_{1j}+c_{i2}a_{2j}+\cdots+c_{in}a_{nj},\quad i,j=1,2,\cdots,n. \tag{6.4}$$

事实上，式(6.3)是明显的. 式(6.4)可以这样理解：完全消耗系数c_{ij}，应该是直接消耗系数a_{ij}与第j部门生产单位产品对任意第 $k(k=1,2,\cdots,n)$部门的间接消耗之和，而第j部门生产单位产品对第k部门的间接消耗是第j部门生产单位产品对第k部门的直接消耗a_{kj}与第k部门生产单位产品对第i部门的完全消耗系数c_{ik}的乘积. 记

$$\boldsymbol{M}=\begin{bmatrix} x_{11} & x_{12} & \cdots & x_{1n} \\ x_{21} & x_{22} & \cdots & x_{2n} \\ \vdots & \vdots & & \vdots \\ x_{n1} & x_{n2} & \cdots & x_{nn} \end{bmatrix},\qquad \boldsymbol{N}=\begin{bmatrix} x_1 & & & \\ & x_2 & & \\ & & \ddots & \\ & & & x_n \end{bmatrix},$$

则关系式(6.3)和(6.4)可用矩阵形式分别表示为

$$\boldsymbol{M}=\boldsymbol{AN}, \tag{6.5}$$

$$\boldsymbol{C}=\boldsymbol{A}+\boldsymbol{CA}. \tag{6.6}$$

注意，根据问题的实际意义，通常应有$x_{ij}\geqslant 0, x_j>0, z_j>0$. 同时，利用直接消耗系数的定义，消耗平衡方程组可以改写为

$$\left(1-\sum_{i=1}^{n}a_{ij}\right)x_j=z_j,\quad j=1,2,\cdots,n.$$

由此可得关于直接消耗系数的下述简单性质.

(1) $0\leqslant a_{ij}<1,\ i,j=1,2,\cdots,n$;

(2) $\sum\limits_{i=1}^{n}\left|a_{ij}\right|<1,\ j=1,2,\cdots,n.$

对于直接消耗系数矩阵$\boldsymbol{A}$，根据定理4.2、定理4.3及上述性质可知，$\boldsymbol{E}-\boldsymbol{A}$可逆，且由$\boldsymbol{C}=\boldsymbol{A}(\boldsymbol{E}-\boldsymbol{A})^{-1}=(\boldsymbol{E}+\boldsymbol{A}-\boldsymbol{E})(\boldsymbol{E}-\boldsymbol{A})^{-1}=(\boldsymbol{E}-\boldsymbol{A})^{-1}-\boldsymbol{E}$知

$$(\boldsymbol{E}-\boldsymbol{A})^{-1}=\boldsymbol{C}+\boldsymbol{E}. \tag{6.7}$$

式(6.7)显示了直接消耗系数矩阵$\boldsymbol{A}$和完全消耗系数矩阵$\boldsymbol{C}$之间的关系.

6.1.4 平衡方程组的解

为了便于表达，我们记

$$\boldsymbol{X}=\begin{bmatrix}x_1\\x_2\\\vdots\\x_n\end{bmatrix},\quad \boldsymbol{Y}=\begin{bmatrix}y_1\\y_2\\\vdots\\y_n\end{bmatrix},\quad \boldsymbol{Z}=\begin{bmatrix}z_1\\z_2\\\vdots\\z_n\end{bmatrix},\quad \boldsymbol{D}=\begin{bmatrix}\sum_{i=1}^{n}a_{i1} & & & \\ & \sum_{i=1}^{n}a_{i2} & & \\ & & \ddots & \\ & & & \sum_{i=1}^{n}a_{in}\end{bmatrix}.$$

于是，分配平衡方程组(6.1)和消耗平衡方程组(6.2)可以分别用矩阵形式表示为

$$\boldsymbol{X}=\boldsymbol{AX}+\boldsymbol{Y},\quad 即\,\boldsymbol{Y}=(\boldsymbol{E}-\boldsymbol{A})\boldsymbol{X}$$

和

$$\boldsymbol{X}=\boldsymbol{DX}+\boldsymbol{Z},\quad 即\,\boldsymbol{Z}=(\boldsymbol{E}-\boldsymbol{D})\boldsymbol{X}.$$

通常，直接消耗系数矩阵 $\boldsymbol{A}$ 是已知的，由 $\boldsymbol{E}-\boldsymbol{A}$ 和 $\boldsymbol{E}-\boldsymbol{D}$ 均为可逆矩阵知，可以从不同的已知条件出发,求出这两个平衡方程组的解. 进一步,当数据较多时，可以用线性方程组的迭代法求解分配平衡方程组. 注意，由直接消耗系数矩阵 $\boldsymbol{A}$ 的性质知道，迭代法一定是收敛的.

例 6.1.1 设有一个经济系统包括 3 个部门，在某一生产周期内各部门的直接消耗系数及最终产品如表 6.2 所示.

表 6.2

生产部门 \ a_{ij} \ 消耗部门	1	2	3	最终产品
1	0.25	0.1	0.1	245
2	0.2	0.2	0.1	90
3	0.1	0.1	0.2	175

求各部门的总产品、部门间流量及各部门的新创造价值.

解 设 $x_i\,(i=1,2,3)$ 表示第 i 部门的总产品. 已知直接消耗系数矩阵和各部门的最终产品为

$$A=(a_{ij})=\begin{bmatrix}0.25&0.1&0.1\\0.2&0.2&0.1\\0.1&0.1&0.2\end{bmatrix},\quad Y=\begin{bmatrix}245\\90\\175\end{bmatrix}.$$

容易算出

$$E-A=\begin{bmatrix}0.75&-0.1&-0.1\\-0.2&0.8&-0.1\\-0.1&-0.1&0.8\end{bmatrix},$$

$$(E-A)^{-1}=\begin{bmatrix}1.4141&0.20202&0.20202\\0.38159&1.3244&0.21324\\0.22447&0.1908&1.3019\end{bmatrix}.$$

故由 $X=AX+Y$ 得

$$X=(E-A)^{-1}Y=[400,250,300]^{\mathrm{T}}.$$

由式(6.5)，可以通过 A 及 X 确定部门间流量 $x_{ij}\,(i,j=1,2,3)$：

$$M=(x_{ij})_3=\begin{bmatrix}0.25&0.1&0.1\\0.2&0.2&0.1\\0.1&0.1&0.2\end{bmatrix}\begin{bmatrix}400&&\\&250&\\&&300\end{bmatrix}=\begin{bmatrix}100&25&30\\80&50&30\\40&25&60\end{bmatrix}.$$

再由

$$E-D=\begin{bmatrix}0.45&&\\&0.6&\\&&0.6\end{bmatrix},$$

可得

$$Z=(E-D)X=\begin{bmatrix}0.45&&\\&0.6&\\&&0.6\end{bmatrix}\begin{bmatrix}400\\250\\300\end{bmatrix}=\begin{bmatrix}180\\150\\180\end{bmatrix}.$$

作为本节的结束，我们来讨论某些部门最终产品的变化对于各部门总产品数量的影响. 为讨论方便，假设只有第 k 部门的最终产品 y_k 有改变量 Δy_k，其余部门的最终产品不变. 为满足第 k 部门总产品的增量需求，根据平衡性，应考虑各部门总产品的变化情况. 设第 i 部门总产品的改变量为 Δx_i，则由分配平衡方程组知

$$X=(E-A)^{-1}Y=(C+E)Y=CY+Y,$$

即

$$x_i = \sum_{j=1}^{n} c_{ij} y_j + y_i, \quad i = 1, 2, \cdots, n,$$

并且

$$x_i + \Delta x_i = \sum_{j=1}^{n} c_{ij} y_j + y_i + (c_{ik} + d)\Delta y_k,$$

其中，当 $i \neq k$ 时，$d = 0$，当 $i = k$ 时，$d = 1$. 从而有

$$\Delta x_i = (c_{ik} + d)\Delta y_k, \quad i = 1, 2, \cdots, n.$$

由此可见，当第 k 部门最终产品有改变量 Δy_k 时，每一部门的总产品都会有所变动，其中，第 i 部门的总产品变动量为 $(c_{ik} + d)\Delta y_k$. 这一事实阐明了完全消耗系数 c_{ij} 的下述经济意义，它表示：当第 k 部门最终产品增加一个单位时，第 $i(i \neq k)$ 部门的总产品需增加 c_{ik} 个单位，而第 k 部门的总产品需增加 $c_{kk}+1$ 个单位.

习 题 6.1

1. 设某企业有五个生产部门，它们在一个生产周期内的生产消耗量及各部门间的相互消耗、最终产品的相关数据列在表 6.3 中.

(1) 求各部门的总产品量 x_1, x_2, x_3, x_4, x_5;

(2) 求各部门新创造价值量 z_1, z_2, z_3, z_4, z_5;

(3) 求直接消耗系数矩阵 $\boldsymbol{A}$.

表 6.3

		消耗部门					最终产品	总产品
		1	2	3	4	5	合计	
生产部门	1	20	40	10	5	5	120	x_1
	2	10	100	30	10	10	240	x_2
	3	40	100	600	50	50	160	x_3
	4	20	10	30	5	10	20	x_4
	5	10	10	40	10	10	20	x_5
净产品价值	劳动报酬							
	纯收入							
	合计	z_1	z_2	z_3	z_4	z_5		
总产品价值		x_1	x_2	x_3	x_4	x_5		

2. 已知某经济系统在一个生产周期内直接消耗系数矩阵及最终产品如下：

$$\boldsymbol{A}=\begin{bmatrix}0.1 & 0.3\\0.2 & 0.4\end{bmatrix},\quad \boldsymbol{Y}=\begin{bmatrix}100\\200\end{bmatrix},$$

求它的总产品 $\boldsymbol{X}$.

3. 一个包括三个部门的经济系统，已知计划期直接消耗系数矩阵为

$$\boldsymbol{A}=\begin{bmatrix}0.2 & 0.2 & 0.31\\0.14 & 0.15 & 0.25\\0.16 & 0.5 & 0.19\end{bmatrix}.$$

(1) 若计划期最终产品 $\boldsymbol{Y}=[60, 55, 120]^{\mathrm{T}}$，求计划期各部门的总产品 $\boldsymbol{X}$;

(2) 若计划期最终产品 $\boldsymbol{Y}=[70, 55, 120]^{\mathrm{T}}$，求计划期各部门的总产品 $\boldsymbol{X}$.

6.2 线性规划模型简介

6.2.1 线性规划模型

线性规划模型是一类应用较为广泛的数学模型，主要用于研究有限资源的最佳分配问题，即研究如何最有效地使用有限资源，以获取最大的经济效益.

线性规划模型一般由一组描述主要因素的变量 $x_1, x_2, \cdots, x_n$，一个目标函数 $Z=c_1x_1+c_2x_2+\cdots+c_nx_n$ 和一组约束条件构成，其中目标函数和约束条件都是变量 $x_1, x_2, \cdots, x_n$ 的线性表达式，其标准形式如下：

$$\max Z=c_1x_1+c_2x_2+\cdots+c_nx_n,$$
$$\begin{cases}a_{11}x_1+a_{12}x_2+\cdots+a_{1n}x_n=b_1,\\a_{21}x_1+a_{22}x_2+\cdots+a_{2n}x_n=b_2,\\\qquad\cdots\cdots\\a_{m1}x_1+a_{m2}x_2+\cdots+a_{mn}x_n=b_m,\\x_j\geqslant 0,\ j=1,2,\cdots,n.\end{cases}\tag{6.8}$$

通常，$x_1, x_2, \cdots, x_n$ 称为**决策变量**，$c_1, c_2, \cdots, c_n$ 称为**价值系数**，$b_1, b_2, \cdots, b_m$ 表示资源限制，a_{ij} 是技术参数，$\max Z$ 表示求目标函数 Z 的最大值. 采用矩阵记号，模型(6.8)可以写成

$$\max Z=\boldsymbol{CX},$$
$$\begin{cases}\boldsymbol{AX}=\boldsymbol{b},\\\boldsymbol{X}\geqslant 0,\end{cases}\tag{6.9}$$

其中

$$\boldsymbol{A}=(a_{ij})_{m\times n},\quad \boldsymbol{C}=[c_1,c_2,\cdots,c_n],\quad \boldsymbol{X}=\begin{bmatrix}x_1\\x_2\\\vdots\\x_n\end{bmatrix},\quad \boldsymbol{b}=\begin{bmatrix}b_1\\b_2\\\vdots\\b_m\end{bmatrix},$$

而 $\boldsymbol{X}\geqslant 0$ 表示 $\boldsymbol{X}$ 的每一分量 x_j 均 $\geqslant 0$.

以下，称线性规划模型(6.8)及其矩阵表示形式(6.9)为线性规划问题 LP1，称 $\boldsymbol{AX}=\boldsymbol{b}$ 为约束方程组，称 $\boldsymbol{X}\geqslant 0$ 为非负限制. 通常，根据问题的实际需要，可能要求目标函数取最大，也可能要求目标函数取最小，但由于 $\min Z=-\max(-Z)$，所以对 Z 最小化问题求解可以转化为对 $-Z$ 的最大化问题求解. 因此，按照习惯，仅讨论最大化线性规划问题. 研究线性规划问题，就是要求出约束方程组的非负解，使目标函数 Z 达到最大值.

在对线性规划问题 LP1 的讨论中，总是假定

$$秩(\boldsymbol{A})=秩(\boldsymbol{Ab})=m<n.$$

这相当于假定约束方程组 $\boldsymbol{AX}=\boldsymbol{b}$ 有无穷多解并且不含多余方程. 在这种假定下，系数矩阵 $\boldsymbol{A}$ 中必然存在 m 阶可逆子块. $\boldsymbol{A}$ 中任意一个 m 阶可逆子块 $\boldsymbol{B}$ 称为 LP1 的一个**基**；以基 $\boldsymbol{B}$ 中列为系数的变量称为对应于基 $\boldsymbol{B}$ 的**基变量**，其余的变量称为对应于基 $\boldsymbol{B}$ 的**非基变量**. 显然，由于 $0<m<n$，基变量和非基变量都是存在的. 对于每一个确定的基，基变量是唯一确定的；对应于不同的基，基变量不同.

约束方程组 $\boldsymbol{AX}=\boldsymbol{b}$ 的解向量称为线性规划问题 LP1 的**解**，全体变量均非负的解称为 LP1 的**可行解**. 对于取定的基 $\boldsymbol{B}$，非基变量为 0 的解称为 LP1 关于基 $\boldsymbol{B}$ 的**基解**，非负的基解称为**基可行解**，对应基可行解的基称为**可行基**. 使目标函数达到最大值的可行解称为 LP1 的**最优解**. 对于一个取定的基 $\boldsymbol{B}$,取非基变量为 0 代入约束方程组，得到的基解是唯一的，因此基和基解一一对应.

例如，对于线性规划问题

$$\max Z=x_1+3x_2,$$
$$\begin{cases}5x_1+3x_2+x_3 & =25,\\ x_1+\ x_2\qquad +x_4 & =6,\\ \qquad x_2\qquad\qquad +x_5 & =4,\\ x_j\geqslant 0,\ j=1,2,\cdots,5.\end{cases}$$

在约束方程组的系数矩阵

$$A=\begin{bmatrix}5&3&1&0&0\\1&1&0&1&0\\0&1&0&0&1\end{bmatrix}$$

中，第 1, 2, 3 列、第 3, 4, 5 列、第 2, 3, 4 列分别构成 3 个三阶方阵，它们是

$$B_1=\begin{bmatrix}5&3&1\\1&1&0\\0&1&0\end{bmatrix},\quad B_2=\begin{bmatrix}1&0&0\\0&1&0\\0&0&1\end{bmatrix},\quad B_3=\begin{bmatrix}3&1&0\\1&0&1\\1&0&0\end{bmatrix}.$$

显然，B_1, B_2 和 B_3 都是可逆的，因此都是这个线性规划问题的基. 基 B_1 对应的基变量是 x_1,x_2,x_3，非基变量是 x_4,x_5；B_2 对应的基变量是 x_3,x_4,x_5，非基变量是 x_1,x_2；B_3 对应的基变量是 x_2,x_3,x_4，非基变量是 x_1,x_5. 取 $x_4=x_5=0$ 代入约束方程组得到对应于 B_1 的基解：$x_1=2, x_2=4, x_3=3, x_4=0, x_5=0$. 同样，取 $x_1=x_2=0$ 代入约束方程组得到对应于基 B_2 的基解：$x_1=0, x_2=0, x_3=25, x_4=6, x_5=4$. 显然这两个基解都是基可行解.

一般地，取定基 B 后，总是可以利用矩阵的分块运算写出约束方程组矩阵形式的通解. 为叙述方便，我们可以假设 B 就是矩阵 A 的前 m 列所构成的矩阵. 否则，只需调整一下矩阵 A 的列的顺序，并对 X 和 C 中元素的顺序作相应调整即可. 记

$$A=[B \mid N],\quad C=[C_B \mid C_N],\quad X=\begin{bmatrix}X_B\\X_N\end{bmatrix},$$

其中 X_B 是由 m 个基变量根据 B 中列的顺序构成的列向量，X_N 是由其他 $n-m$ 个非基变量根据 N 中列的顺序构成的列向量，C_B 和 C_N 分别是 X_B 和 X_N 中变量在 $Z=CX$ 中的系数依据 X_B 和 X_N 中变量的顺序所构成的行向量. 将它们代入 LP1，则 LP1 就转化为下述分块矩阵的形式

$$\max Z=C_BX_B+C_NX_N,\quad \begin{cases}BX_B+NX_N=b,\\X_B\geqslant 0, X_N\geqslant 0.\end{cases}\tag{6.10}$$

由于 B 可逆，所以可从约束方程组中解出 X_B:

$$X_B=B^{-1}b-B^{-1}NX_N,\tag{6.11}$$

这就是 B 对应的约束方程组的通解. 取非基变量为 0，可得对应于基 B 的基解：

$$X_B=B^{-1}b,\quad X_N=0.\tag{6.12}$$

进一步，从式(6.11)容易看出，当一个线性规划问题有可行解时，它一定有无

穷多个可行解. 因此, 如果按照最优解定义从可行解集合中去寻找最优解, 就犹如大海捞针, 很难做到. 然而, 幸运的是, 由于 $\boldsymbol{A}$ 的行数和列数都是有限的, 所以 $\boldsymbol{A}$ 中 m 阶可逆子块, 即基的个数便是有限的, 进而, **基可行解个数有限**. 并且, 在理论上我们可以证明, 如果一个线性规划问题存在最优解, 则它必可在基可行解上达到(证明见文献[8]). 这一事实使得人们只需在基可行解的范围内去寻找最优解, 从而寻找线性规划问题的最优解成为可能. 一个最直接的想法就是找出所有基可行解并将它们逐一代入目标函数, 比较这些目标函数的数值, 便可得到最优解. 下面介绍的单纯形法就是利用这一原理求解线性规划模型的一种有效算法.

6.2.2 单纯形法介绍

单纯形从几何上看, 是指 0 维空间中的点, 1 维空间中的线段, 2 维空间中的三角形, 3 维空间中的四面体, 直至 n 维空间中有 $n+1$ 个顶点的多面体. 这样, 当取定一个基 $\boldsymbol{B}$ 之后, 约束方程组(6.10)就是 $n-m$ 维空间中的一个单纯形. **单纯形法**就是从一个初始的单纯形出发, 通过迭代, 逐步判断一个线性规划问题是否有解, 并给出其最优解的一种方法. 首先介绍最优解的判别定理.

定理 6.1 (最优解判别定理) 线性规划问题 LP1 的基 $\boldsymbol{B}$ 对应的基解(6.12)是最优解的充分必要条件是 $\boldsymbol{B}^{-1}\boldsymbol{b} \geqslant 0$ 且 $\boldsymbol{C}-\boldsymbol{C}_B\boldsymbol{B}^{-1}\boldsymbol{A} \leqslant 0$.

证 首先, 仅当 $\boldsymbol{B}^{-1}\boldsymbol{b} \geqslant 0$ 时, 式(6.12)才是 LP1 的可行解. 其次, 把式(6.11)代入式(6.10)的目标函数 Z 中, 并将其化为仅含非基变量的表达式, 得

$$\begin{aligned} Z &= \boldsymbol{C}_B(\boldsymbol{B}^{-1}\boldsymbol{b}-\boldsymbol{B}^{-1}\boldsymbol{N}\boldsymbol{X}_N)+\boldsymbol{C}_N\boldsymbol{X}_N \\ &= \boldsymbol{C}_B\boldsymbol{B}^{-1}\boldsymbol{b}+(\boldsymbol{C}_N-\boldsymbol{C}_B\boldsymbol{B}^{-1}\boldsymbol{N})\boldsymbol{X}_N . \end{aligned}$$

由此可见, 当且仅当 $\boldsymbol{C}_N-\boldsymbol{C}_B\boldsymbol{B}^{-1}\boldsymbol{N} \leqslant 0$ 时, 目标函数 Z 才能达到最大值. 再由

$$\boldsymbol{C}-\boldsymbol{C}_B\boldsymbol{B}^{-1}\boldsymbol{A}=[\boldsymbol{C}_B \mid \boldsymbol{C}_N]-\boldsymbol{C}_B\boldsymbol{B}^{-1}[\boldsymbol{B} \mid \boldsymbol{N}]=[\boldsymbol{0} \mid \boldsymbol{C}_N-\boldsymbol{C}_B\boldsymbol{B}^{-1}\boldsymbol{N}]$$

知 $\boldsymbol{C}_N-\boldsymbol{C}_B\boldsymbol{B}^{-1}\boldsymbol{N} \leqslant 0$ 与 $\boldsymbol{C}-\boldsymbol{C}_B\boldsymbol{B}^{-1}\boldsymbol{A} \leqslant 0$ 等价.

最优解判别定理说明, 当 $\boldsymbol{B}^{-1}\boldsymbol{b} \geqslant 0$ 时, 看基解(6.12)是不是最优解, 只需看 $\boldsymbol{C}-\boldsymbol{C}_B\boldsymbol{B}^{-1}\boldsymbol{A}$ 中有没有正数. 因此可以把 $\boldsymbol{C}-\boldsymbol{C}_B\boldsymbol{B}^{-1}\boldsymbol{A}$ 视为对应于基 $\boldsymbol{B}$ 的**检验数**. 记

$$\boldsymbol{C}-\boldsymbol{C}_B\boldsymbol{B}^{-1}\boldsymbol{A}=[\sigma_1, \sigma_2, \cdots, \sigma_n],$$

其中 σ_j 称为 $x_j\ (j=1,2,\cdots,n)$ 的检验数. 用 $\boldsymbol{P}_j$ 表示 $\boldsymbol{A}$ 中第 j 个列向量, 则有

$$\sigma_j = c_j-\boldsymbol{C}_B\boldsymbol{B}^{-1}\boldsymbol{P}_j, \quad j=1,2,\cdots,n .$$

此外，显然对应于基变量的检验数为 0.

单纯形法的基本思想是从任意一个基可行解出发，在保持**可行性**，即 $\boldsymbol{B}^{-1}\boldsymbol{b}\geqslant 0$ 的前提下，逐步进行“换基迭代”，直到所有检验数非正，即获得**最优性**. 该方法在应用中的主要做法步骤可归纳如下.

步骤 1 把需要求解的数学模型化为标准形 LP1，并确定初始单纯形，这相当于确定初始可行基 $\boldsymbol{B}$，即满足 $\boldsymbol{B}^{-1}\boldsymbol{b}\geqslant 0$ 的基. 具体做法是这样的：

(1) 首先，利用 $\min Z=-\max(-Z)$ 总可以把最小化目标函数问题转化为最大化目标函数问题. 然后，可以通过加上或者减去非负变量的方法，把不等式约束转化为等式约束. 这样引入的变量称为**松弛变量**，它们是有一定经济意义的：比如，当 b_i 代表第 i 种资源供应量时，第 i 个约束条件中的松弛变量便代表第 i 种资源的不足量或剩余量. 其次，当某一变量 x_j 没有非负限制时，可令 $x_j=x_j'-x_j''$，其中 $x_j'\geqslant 0, x_j''\geqslant 0$ 均有非负限制. 因此，任意线性规划模型都可以转化为标准形式 LP1.

(2) 首先，通过用-1 去乘等式约束两边，总可以将其常数项化为非负数，即可设 $\boldsymbol{b}\geqslant 0$. 然后确定初始单纯形，即选取初始可行基. 通常，初始可行基总是取为单位矩阵，这是为了在保持可行性的前提下寻求最优性. 当 $\boldsymbol{A}$ 中含有单位矩阵作为其子块时，这是简单的. 如果 $\boldsymbol{A}$ 中不含有单位矩阵作为其子块，可以按照下述办法构造一个单位矩阵作为初始可行基：①依次在 m 个约束方程的左边分别加入“**人工变量**” $x_{n+1},\cdots,x_{n+m}$，构造出一个新的约束方程组，它所对应的系数矩阵中便明显含有单位矩阵作为子块；②取一个可以任意大的正数 M 作为参数，以 $-M$ 作为所有人工变量的系数加入目标函数做出一个新的目标函数；③求解由新的目标函数和新的约束方程组所形成的新的线性规划问题. 如果该问题存在人工变量全为 0 的最优解，则其余变量的值便构成原规划问题的最优解. 否则，原规划问题无最优解. 这里人工变量的作用只是为了引导出一个单位矩阵的初始可行基，它们没有经济意义.

步骤 2 写出由原约束方程组和目标函数共同组成的方程组 $\begin{cases}\boldsymbol{AX}=\boldsymbol{b},\\ \boldsymbol{CX}-Z=0\end{cases}$ 的增广矩阵

$$\begin{bmatrix}\boldsymbol{A} & 0 & \boldsymbol{b}\\ \boldsymbol{C} & -1 & 0\end{bmatrix}.$$

对于初始可行基 $\boldsymbol{B}$，基于定理 6.1，将该矩阵化为下述与上面方程组同解的方程组

$$\begin{cases} \boldsymbol{B}^{-1}\boldsymbol{A}\boldsymbol{X}=\boldsymbol{B}^{-1}\boldsymbol{b}, \\ (\boldsymbol{C}-\boldsymbol{C}_B\boldsymbol{B}^{-1}\boldsymbol{A})\boldsymbol{X}-Z=-\boldsymbol{C}_B\boldsymbol{B}^{-1}\boldsymbol{b} \end{cases}$$

的增广矩阵

$$\begin{bmatrix} \boldsymbol{B}^{-1}\boldsymbol{A} & 0 & \boldsymbol{B}^{-1}\boldsymbol{b} \\ \boldsymbol{C}-\boldsymbol{C}_B\boldsymbol{B}^{-1}\boldsymbol{A} & -1 & -\boldsymbol{C}_B\boldsymbol{B}^{-1}\boldsymbol{b} \end{bmatrix}.$$

该表最后一列给出对应于基 $\boldsymbol{B}$ 的基解和相应目标函数值的相反数；其最后一行给出相应的检验数，通过它们可以确定当前表中给出的基可行解是不是最优解. 在线性规划理论中，把这个矩阵以及后面经初等变换得到的结果，统称为**单纯形表**. 在实际计算时，由于 Z 的系数所在的列对迭代不起作用，故总是省略不写.

步骤 3 检查上表中的检验数是否符合 $\boldsymbol{C}-\boldsymbol{C}_B\boldsymbol{B}^{-1}\boldsymbol{A}\leqslant 0$. 若是，当前的基可行解就是最优解. 若否，检查所有正检验数对应的列. 不难证明，当存在一个正检验数，它所在的列中除了它本身之外没有其他正数时，则原规划问题无最优解. 若对任意一个正检验数，它们所在的列中除了它们本身之外还有其他正数，则进入下面的换基步骤.

步骤 4 首先，在 σ_j 中选择一个最大正检验数对应的列为**主元列**，亦称**进基列**；其次，用主元列中的其他正数去除该正数所在行中的常数项，即该行最后一列的数，选择使商最小的一行为**主元行**，亦称**出基行**. 主元行和主元列交叉点的元素称为**主元**. 最后，利用主元，对步骤 2 中的单纯形表进行初等行变换，将主元所在的列化为主元位置是 1 的单位向量，从而得到一个与原规划问题相对应的新的单纯形表. 重复步骤 3 和步骤 4，直到获得最优解. 这一步称为**换基迭代**. 从理论上不难分析，这样的换基迭代方法一般会给出比在步骤 2 中更好的基可行解.

需要说明的是：第一，进行换基迭代的方法并不止步骤 4 中给出的一种，事实上，还有其他换基迭代的方法；第二，在重复步骤 3 和步骤 4 的过程中，有时可能会出现循环的情况，这样用步骤 4 中的迭代便得不到最优解，因而有时需要其他换基迭代方法.

例 6.2.1 求解下列线性规划问题.

$$\max Z=4x_1+7x_2,$$

$$\begin{cases} 2x_1+3x_2\leqslant 8, \\ 4x_1+9x_2\leqslant 23, \\ 6x_1+4x_2\leqslant 27, \\ x_j\geqslant 0,\ j=1,2. \end{cases}$$

解 (1) 在约束条件中添加松弛变量 x_3,x_4,x_5 将其化为标准形

$$\max Z = 4x_1 + 7x_2,$$
$$\begin{cases} 2x_1 + 3x_2 + x_3 = 8, \\ 4x_1 + 9x_2 + x_4 = 23, \\ 6x_1 + 4x_2 + x_5 = 27, \\ x_j \geqslant 0, \quad j = 1, 2, \cdots, 5. \end{cases}$$

(2) 列出初始单纯形表：

$$\begin{bmatrix} 2 & 3 & 1 & 0 & 0 & 8 \\ 4 & (9) & 0 & 1 & 0 & 23 \\ 6 & 4 & 0 & 0 & 1 & 27 \\ 4 & 7 & 0 & 0 & 0 & 0 \end{bmatrix},$$

可以看出，9 是该表中的主元.

(3) 利用主元 9 对上表作初等行变换，得

$$\begin{bmatrix} \left(\frac{2}{3}\right) & 0 & 1 & -\frac{1}{3} & 0 & \frac{1}{3} \\ \frac{4}{9} & 1 & 0 & \frac{1}{9} & 0 & \frac{23}{9} \\ \frac{38}{9} & 0 & 0 & -\frac{4}{9} & 1 & \frac{151}{9} \\ \frac{8}{9} & 0 & 0 & -\frac{7}{9} & 0 & -\frac{161}{9} \end{bmatrix}.$$

(4) 不难看出，上表中的主元是 $\frac{2}{3}$，由它对上表作初等行变换，得

$$\begin{bmatrix} 1 & 0 & \frac{3}{2} & -\frac{1}{2} & 0 & \frac{1}{2} \\ 0 & 1 & -\frac{2}{3} & \frac{1}{3} & 0 & \frac{7}{3} \\ 0 & 0 & -\frac{19}{3} & \frac{5}{3} & 1 & \frac{132}{9} \\ 0 & 0 & -\frac{4}{3} & -\frac{1}{3} & 0 & -\frac{165}{9} \end{bmatrix}.$$

在该表中检验行已经没有正数了，所以它就是最优表. 从中可知最优解和最优目标函数值分别为：$x_1 = \frac{1}{2}, x_2 = \frac{7}{3}, x_3 = 0, x_4 = 0, x_5 = \frac{132}{9}$；$\max Z = \frac{165}{9}$.

例 6.2.2　求解下列线性规划模型.

$$\max Z = 2x_1 + 3x_2,$$
$$\begin{cases} x_1 + 2x_2 \leqslant 8, \\ 4x_1 + 0x_2 \leqslant 16, \\ 0x_1 + 4x_2 \leqslant 12, \\ x_1 \geqslant 0, x_2 \geqslant 0. \end{cases}$$

我们采取线性规划理论中的习惯用法，用表格形式展现求解计算过程.

解　(1)在约束条件中添加松弛变量 x_3, x_4, x_5 将原模型化为标准形

$$\max Z = 2x_1 + 3x_2,$$
$$\begin{cases} x_1 + 2x_2 + x_3 \quad = 8, \\ 4x_1 + 0x_2 \quad + x_4 = 16, \\ 0x_1 + 4x_2 \quad + x_5 = 12, \\ x_1, x_2, x_3, x_4, x_5 \geqslant 0. \end{cases}$$

(2)列出初始单纯形表：

$C_j \rightarrow$		2	3	0	0	0	常数项
C_B	X_B	x_1	x_2	x_3	x_4	x_5	
0	x_3	1	2	1	0	0	8
0	x_4	4	0	0	1	0	16
0	x_5	0	(4)	0	0	1	12
σ_j		2	3	0	0	0	0

初始单纯形表中有正检验数 2 和 3，故最大正检验数 3 对应的列为进基列；以这一列中的正数 2 和 4 分别去除它们所在行的常数项，并注意

$$\min\left\{\frac{8}{2}, \frac{12}{4}\right\} = \frac{12}{4},$$

所以选数字 4 所在的行，即 x_5 所在的行为出基行. 以 x_5 所在行及 x_2 所在列交叉处的元素 4 为主元进行换基迭代，得第二个单纯形表：

$C_j \rightarrow$		2	3	0	0	0	常数项
C_B	X_B	x_1	x_2	x_3	x_4	x_5	
0	x_3	(1)	0	1	0	−1/2	2

续表

$C_j \to$		2	3	0	0	0	常数项
C_B	X_B	x_1	x_2	x_3	x_4	x_5	
0	x_4	4	0	0	1	0	16
3	x_2	0	1	0	0	1/4	3
σ_j		2	0	0	0	−3/4	−9

该表中仍有正检验数2. 以x_3所在行及x_1所在列交叉处的元素1为主元进行换基迭代，得第三个单纯形表：

$C_j \to$		2	3	0	0	0	常数项
C_B	X_B	x_1	x_2	x_3	x_4	x_5	
2	x_1	1	0	1	0	−1/2	2
0	x_4	0	0	−4	1	(2)	8
3	x_2	0	1	0	0	1/4	3
σ_j		0	0	−2	0	1/4	−13

该表中仍有正检验数1/4. 再以x_4所在行及x_5所在列交叉处的元素2为主元进行换基迭代，得第四个单纯形表：

$C_j \to$		2	3	0	0	0	常数项
C_B	X_B	x_1	x_2	x_3	x_4	x_5	
2	x_1	1	0	0	1/4	0	4
0	x_5	0	0	−2	1/2	1	4
3	x_2	0	1	1/2	−1/8	0	2
σ_j		0	0	−3/2	−1/8	0	−14

该单纯形表中已经没有正检验数了，故为最优表. 它给出原规划问题的最优解及目标函数的最优值如下.

$$x_1 = 4, \quad x_2 = 2, \quad x_3 = 0, \quad x_4 = 0, \quad x_5 = 4, \quad \max Z = 14 .$$

习　题　6.2

1. 有一批原料钢每根长7.4米，现要做100套钢架，每套由长为2.9米的4根、2.1米的4根和1.5米的7根组成. 问应如何下料，使在满足配套要求的条件下，所用原材料最省. 请建立这一问题的数学模型并解决之.

2. 一个稳健型投资者用 50 万元人民币进行投资，目前已选定了 5 只股票、2 种债券、5 种基金计划进行投资组合. 一般情况下投资债券的风险较小，投资股票的风险较大，但在一定条件下投资股票的收益远高于投资债券的收益，投资基金的风险和收益均介于股票和债券之间. 请你自己设定各投资品种的收益率和风险损失率，建立解决这一投资组合问题的数学模型并解决之.

3. 求解下列线性规划模型.

(1) $$\max Z = x_1 + 3x_2,$$
$$\begin{cases} 5x_1 + 3x_2 + x_3 = 25, \\ x_1 + x_2 + x_4 = 6, \\ x_2 + x_5 = 4, \\ x_j \geqslant 0, j = 1, 2, \cdots, 5. \end{cases}$$

(2) $$\min Z = -5x_1 - 4x_2,$$
$$\begin{cases} x_1 + 3x_2 \leqslant 6, \\ 2x_1 - x_2 \leqslant 4, \\ 5x_1 + 3x_2 \leqslant 15, \\ x_1, x_2 \geqslant 0. \end{cases}$$

6.3 层次分析模型简介

6.3.1 层次分析法的概念和思想

层次分析法(analytical hierarchy process，AHP 方法)，是由美国运筹学家萨蒂(Saaty)在 20 世纪 70 年代提出的，它是一种通过对复杂系统的层次化、模型化和数量化，进而把定性与定量二者相结合的分析决策过程和方法.

复杂系统的决策一般是比较困难的. 人们常常会面临一些可能的方案，在按照某些标准衡量和比较时，它们各有优劣，难定取舍. 但是，当我们必须面临决策时，通常的想法总是把一个“大”型复杂问题分解为一系列相关的“小”问题，先通过分析处理这些“小”问题及其相互联系，然后再对复杂问题本身进行决策. 一般说来，这种决策都可以通过定性分析的办法给出.

萨蒂提出的层次分析法的基本思想，就是首先按照这些“小”问题之间的互相联系和逻辑关系，进一步把它们分为若干个**层**. 习惯上，最基本的分层办法是分为**目标层**、**准则层**和**措施**(或方案)**层**. 这是一个结合复杂问题的决策目标，利用人们的知识、经验、思考和判断等，进行定性分析的过程. 其次，考虑下层各因素对上层各个因素产生影响的重要程度，并将通常不易理清的错综复杂的多因素混合比较，转化为可以量化给出的同一层次各因素对上层某一因素产生影响的**两两定量比较**. 这是一个对“小”问题及其相互联系定量分析的过程. 这样，就把单纯的定性决策问题转化为定量与定性相结合的决策问题. 然后，以矩阵的特征值和特征向量理论为基础，比较合理地给出下层各因素对上层某一因素产生影响的权重，并最终给出措施层中各种可能方案对目标层中决策目标的优劣权重，从而为决策人的最终决策提供更多更准确的参考.

例如，假设一个大学毕业生毕业找工作时，面临三个同意接收他的用人单位. 第一个单位工资很高但离家太远；第二个单位目前还不太知名，工资也不算高，但管理层魄力可嘉，前途可观；第三个单位离家较近，工作比较适合自己的兴趣，但工资较低. 这种情况下，往往会看到许多学生患得患失、犹豫不决，不知道究竟与哪个单位签约合适. 但是，他又只能从这三个用人单位中选择一个. 这就是一个相对简单的复杂系统决策问题，其目标层是“确定一个工作单位”，准则层是“工作性质、发展前景、工资待遇、地理环境等”，措施层是“第一个工作单位、第二个工作单位、第三个工作单位”.

6.3.2　层次分析模型及决策实例

我们仅以上面的例子为模型来简明介绍层次分析法的决策步骤及有关概念. 具体来说，需要决策的问题如下.

例 6.3.1　一个大学生面临毕业分配的选择. 他经过详细考察后，初步确定了 3 个可供选择的方案，分别用 P_1, P_2, P_3 表示. 该生在选择工作单位时主要考虑 4 个因素：工作性质、发展前景、工资待遇、地理环境. 现在根据他提供的信息，用定量分析方法，通过计算，帮他确定一个合适的选择.

第一步　确定递阶层次结构图(图 6.1).

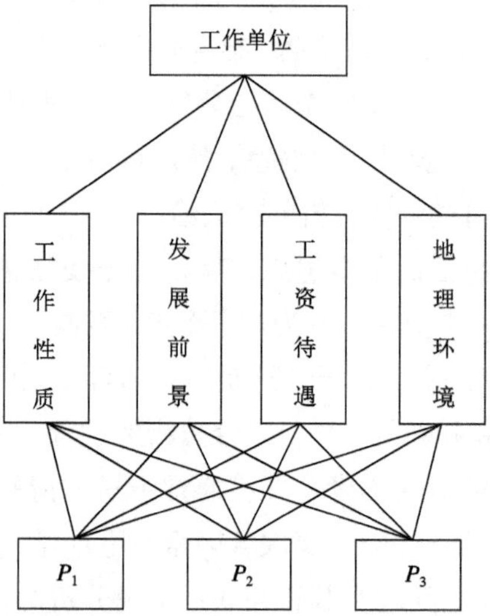

图 6.1　递阶层次结构图

将有关因素分为三层，第一层称为目标层，是待决策的目标，即选择工作单位. 最下层是方案层，由可供选择的 3 个方案 P_1,P_2,P_3 构成. 中间层为准则层，是决策的依据，这里指在选择工作单位时综合考虑到的 4 个因素，即工作性质、发展前景、工资待遇和地理环境. 如果下层某一元素对上层某一元素有影响关系，就在二者之间连一条线. 这样得到的图，称为**递阶层次结构图**.

第二步　确定下层对上层的成对比较矩阵.

1）成对比较矩阵

定义 6.2　递阶层次结构图中下层对上层的**成对比较矩阵**，也称**判断矩阵**，是指将下层中各种因素对与其紧邻的上层某一确定因素的重要程度进行两两比较，并将比较结果量化所构成的方阵.

2）量化尺度

根据定义 6.2，要确定成对比较矩阵，就必须将两两比较结果量化. 按照通常心理，在定性比较两个因素对另一因素产生影响的重要程度时，人们一般会有下述 5 个等级：两个因素的重要程度相同，一个比另一个稍重要一点，一个比另一个重要，一个比另一个重要得多，一个比另一个绝对重要. 萨蒂等结合心理学家的观点，经过反复实验后，确定用 1—9 这 9 个数字作为下层两个因素对上层某一因素影响大小的量化指标. 具体来说，用 1, 3, 5, 7, 9 依次作为上述 5 个等级的量化，而当两个因素的重要程度介于上述两个等级之间时，就用介于相应两数之间的整数来量化.

通常，两个因素重要程度比较的量化数值是由决策人给出的，对于决策人来说，这并不困难. 以本例子准则层中的 4 个因素为例，当认为工作性质比地理环境对于目标层来说重要得多时，就把工作性质与地理环境重要程度比较的比值取为 5. 相应地，地理环境与工作性质重要程度的比值就是 1/5. 如果认为取 5 显得太大，但取 3 又觉得太小，便可以把工作性质与地理环境重要程度的比值取为 4. 相应地，地理环境与工作性质重要程度的比值就用 1/4 来刻画.

下面，先来给出本例中第二层对第一层的成对比较矩阵. 假定决策者给出的第二层 4 个因素对目标层的成对比较结果如表 6.4 所示.

表 6.4　比较结果

	工作性质	发展前景	工资待遇	地理环境
工作性质	1	1/2	4	3
发展前景	2	1	7	5
工资待遇	1/4	1/7	1	1/2
地理环境	1/3	1/5	2	1

那么，该表中的数据就构成一个 4 阶方阵

$$A=\begin{bmatrix}1 & 1/2 & 4 & 3\\ 2 & 1 & 7 & 5\\ 1/4 & 1/7 & 1 & 1/2\\ 1/3 & 1/5 & 2 & 1\end{bmatrix},$$

它便是本例子中第二层对第一层的成对比较矩阵.

类似地，当决策者给出了第三层中 3 个因素对第二层中各因素各自的成对比较结果时，我们便可以做出第三层 3 个因素分别对第二层 4 个因素构成的 4 个成对比较矩阵. 假设它们依次是

$$B_1=\begin{bmatrix}1 & 2 & 5\\ 1/2 & 1 & 2\\ 1/5 & 1/2 & 1\end{bmatrix},\quad B_2=\begin{bmatrix}1 & 1/3 & 1/8\\ 3 & 1 & 1/3\\ 8 & 3 & 1\end{bmatrix},$$

$$B_3=\begin{bmatrix}1 & 1/4 & 1/5\\ 4 & 1 & 1/2\\ 5 & 2 & 1\end{bmatrix},\quad B_4=\begin{bmatrix}1 & 1/3 & 5\\ 3 & 1 & 7\\ 1/5 & 1/7 & 1\end{bmatrix}.$$

下面是一个与成对比较矩阵相关的概念.

定义 6.3　如果一个 n 阶方阵 $A=(a_{ij})_n$ 中每一个元素都是正数，且满足 $a_{ij}=1/a_{ji}\ (i,j=1,2,\cdots,n)$，则称 A 为**正互反矩阵**. 进一步，如果一个正互反矩阵 A 满足

$$a_{ik}a_{kj}=a_{ij},\quad i,\ j,\ k=1,\ 2,\ \cdots,\ n,$$

则称 A 为**一致阵**.

需要说明的是，成对比较矩阵 A 通常是由决策人自己填写，或对决策人进行询问得到的，受决策人主观因素影响较大. 这样得到的 A 一定是一个正互反矩阵，但一般未必是一致阵. 下面将会看到，用层次分析法分析复杂问题的决策效果不仅与数据本身密切相关，而且还与它们所构成的成对比较矩阵的一致性有关.

第三步　确定某层各因素对上层某一确定因素的权重向量，并分别作一致性检验.

1）几个术语

一个矩阵的最大特征值称为该矩阵的**主特征值**，属于主特征值的特征向量称为**主特征向量**；每个分量都是正数的向量称为**正向量**，一个正向量与其各分量之和倒数的数乘积称为该向量的**归一化向量**，**归一化主特征向量**是指主特征向量的归一化向量.

2）数学原理

定理 6.2 若$\boldsymbol{A}=(a_{ij})_{n\times n}$是一致阵，则

(1) $R(\boldsymbol{A})=1$；

(2) $\boldsymbol{A}$的唯一非0特征值为n；

(3) $\boldsymbol{A}$的最大特征值n对应正的特征向量$\boldsymbol{W}=[w_1,w_2,\cdots,w_n]^{\mathrm{T}}$，且

$$a_{ij}=\frac{w_i}{w_j},\quad i,j=1,2,\cdots,n;$$

(4) $\boldsymbol{A}$的任一列都是$\boldsymbol{A}$对应于特征值n的特征向量.

证 (1) 由于 $\boldsymbol{A}$ 是一致阵，即$a_{ij}>0$，$a_{ij}=a_{ji}^{-1}$，$a_{ik}a_{kj}=a_{ij}$ $(i,j,k=1,2,\cdots,n)$，从而

$$a_{ij}=a_{ik}/a_{jk}\ ,\qquad i,j,k=1,2,\cdots,n,$$

即$\boldsymbol{A}$中任意两行成比例，故$R(\boldsymbol{A})=1$.

(2) 设$\boldsymbol{A}$的n个特征值为$\lambda_1,\lambda_2,\cdots,\lambda_n$. 当$n=1$时结论是显然的. 当$n>1$时，$|\boldsymbol{A}|=0$，可见0是$\boldsymbol{A}$的特征值，其对应的特征方程组$(0\boldsymbol{E}-\boldsymbol{A})\boldsymbol{X}=\boldsymbol{0}$中只有一个独立方程，从而$\boldsymbol{A}$对应于特征值0有$n-1$个线性无关的特征向量，这说明0至少是$\boldsymbol{A}$的$n-1$重特征值. 根据特征值的性质，$\boldsymbol{A}$的迹

$$\operatorname{tr}(\boldsymbol{A})=\sum_{i=1}^{n}\lambda_i=\sum_{i=1}^{n}a_{ii}=n\,.$$

因此，$\boldsymbol{A}$至少有一个非0特征值，从而0是$\boldsymbol{A}$的$n-1$重特征值，n是$\boldsymbol{A}$的单特征值.

(3) 设$\boldsymbol{AW}=n\boldsymbol{W}$, $\boldsymbol{W}=[w_1,w_2,\cdots,w_n]^{\mathrm{T}}\neq\boldsymbol{0}$, 则

$$\sum_{k=1}^{n}a_{ik}w_k=nw_i,\quad i=1,2,\cdots,n\,.$$

由于

$$a_{ij}=\frac{a_{ik}}{a_{jk}}\ ,\ \ i,j,k=1,2,\cdots,n,$$

所以

$$nw_i=\sum_{k=1}^{n}a_{ik}w_k=\sum_{k=1}^{n}a_{ij}a_{jk}w_k=a_{ij}\left(\sum_{k=1}^{n}a_{jk}w_k\right)=a_{ij}(nw_j)\,.$$

由此及$\boldsymbol{W}\neq\boldsymbol{0}$知$w_j\neq 0, j=1,2,\cdots,n$. 故

$$a_{ij}=\frac{w_i}{w_j},\quad i,j=1,2,\cdots,n,$$

进而由$a_{ij}>0$知$w_j\neq 0, j=1,2,\cdots,n$的符号相同，因而不妨设其全为正.

(4)将$\boldsymbol{A}$的第j个列向量记为$\boldsymbol{A}_j$ $(j=1,2,\cdots,n)$，则直接验证易得

$$\boldsymbol{A}\boldsymbol{A}_j=n\boldsymbol{A}_j,\quad j=1,2,\cdots,n,$$

可见$\boldsymbol{A}_j$是$\boldsymbol{A}$的对应于特征值n的特征向量.

定理 6.3　n阶正互反矩阵$\boldsymbol{A}$的最大特征值$\lambda_{\max}\geqslant n$, 且$\boldsymbol{A}$为一致阵的充分必要条件是$\lambda_{\max}=n$.

该定理给出了判断一个矩阵是否为一致阵的条件. 但受篇幅及内容限制，我们略去其证明，有兴趣的读者可以参考文献[7]或[9].

3）权重向量

由成对比较矩阵的定义可以看出，其列向量的归一化向量体现的就是下层各因素对上层某一相应因素重要程度的定量刻画. 进一步，如果一个成对比较矩阵是一致阵，则由定理 6.2 可知，它的任意列向量的归一化是相同的，并且是主特征值$\boldsymbol{n}$对应的归一化主特征向量. 这就说明，对于一致阵，其归一化主特征向量自然应该作为下层各因素对上层相应因素重要程度刻画的权重向量.

但是，在实际应用中，当要比较的因素较多时，由人们主观给出的成对比较矩阵，往往不是一致阵. 然而，根据对一致阵的经验，当一个成对比较矩阵主特征值对应的主特征向量为正向量，并且与一致阵“比较近似”时，一个合理的选择当然是把该向量的归一化，“近似”作为下层各因素对上层相应因素重要程度刻画的权重向量. 这就是在层次分析法中确定权重向量的方法，即把一个成对比较矩阵的归一化主特征向量，作为下层各因素对上层相应因素重要程度的权重向量.

4）一致性检验

可以想见，上述“近似”的偏差，应该与成对比较矩阵自身的一致程度有关. 成对比较矩阵自身的一致性怎样，才能使得这种“近似”的偏差可以接受？这就自然提出了对成对比较矩阵进行一致性检验的问题. 我们需要给出一个办法来定量衡量一个成对比较矩阵接近一致阵的程度.

具体来说，当成对比较矩阵$\boldsymbol{A}$确定之后，总是能够从数学上求出它的主特征值和主特征向量. 由定理 6.3 我们知道$\lambda_{\max}\geqslant n$, 而当$\lambda_{\max}=n$时，$\boldsymbol{A}$是一致矩阵.

因此可以认为，$\lambda_{\max}$ 比 n 大的程度便反映了 $\boldsymbol{A}$ 的不一致程度，换句话说，可以用 $\lambda_{\max}-n$ 的大小来衡量 $\boldsymbol{A}$ 的不一致程度. 基于此，萨蒂给出衡量一致性的下述定义.

定义 6.4 n 阶矩阵 $\boldsymbol{A}$ 的**一致性指标** CI 定义为

$$\mathrm{CI}=\frac{\lambda_{\max}-n}{n-1}.$$

可以看出，CI 实际上是 $\boldsymbol{A}$ 除了 $\lambda_{\max}$ 以外其他 $n-1$ 个特征值的平均值的绝对值. 当 $\mathrm{CI}=0$ 时，$\boldsymbol{A}$ 为一致阵. CI 越大，$\boldsymbol{A}$ 的不一致程度越严重，此时，用归一化主特征向量作为权向量的偏差就越大. 但究竟一致性指标多大，这种偏差才是可以接受的呢?

为此，萨蒂随机构造了 500 个正互反矩阵，取它们一致性指标的平均值作为一个标准，称为**随机一致性指标**，通常用符号 RI 表示. 对 $n=1,2,\cdots,11$, 萨蒂的计算结果如表 6.5 所示.

表 6.5 随机一致性指标 RI 数值表

n	1	2	3	4	5	6	7	8	9	10	11
RI	0	0	0.58	0.90	0.12	1.24	1.32	1.41	1.45	1.49	1.51

定义 6.5 当 $n\geqslant 3$ 时，n 阶成对比较矩阵 $\boldsymbol{A}$ 的一致性指标 CI 与其随机一致性指标 RI 之比定义为它的**一致性比率**，用符号 CR 表示.

习惯上，人们约定当

$$\mathrm{CR}=\frac{\mathrm{CI}}{\mathrm{RI}}<0.1$$

时，认为 $\boldsymbol{A}$ 的不一致程度在允许范围之内，此时可用其归一化主特征向量作为权向量. 否则，就需要修正成对比较矩阵 $\boldsymbol{A}$，提高其一致性. 这种做法就称为**一致性检验**.

应该指出，上面使用的精度标准 0.1 是主观选取的，它也可以根据决策人对一致性的不同精度要求使用不同的数值.

现在回到本例子中来. 根据上述讨论，需要先从成对比较矩阵 $\boldsymbol{A}$ 和 $\boldsymbol{B}_j$ 出发，分别求出它们的主特征值和归一化主特征向量，并分别作一致性检验. 当一致性比率 CR 满足约定要求时，便可以用相应的归一化主特征向量作为第二层 4 个要素在目标层中的权重和第三层的 3 个要素在第二层各要素中的权重. 由于这是一个定性分析问题，精度要求不高，所以还可以采用近似算法来求 $\boldsymbol{A}$ 和 $\boldsymbol{B}_j$ 主特征值及主特征向量. 以下是关于该例子的计算结果，其中，我们在相关数据上用相应的矩阵符号作下标，用加括号的数字作上标，以便区分不同层的数据. 计算细节请读者自行补充.

对于 $\boldsymbol{A}$，归一化的主特征向量是

$$\boldsymbol{W}_A=\begin{bmatrix}0.2884\\0.5323\\0.0675\\0.1118\end{bmatrix},$$

主特征值是 $\lambda_A^{(2)}=4.025$, 一致性指标是 $\mathrm{CI}^{(2)}=0.0083$，一致性比率是 $\mathrm{CR}^{(2)}=0.008$.

对于 $\boldsymbol{B}_1,\boldsymbol{B}_2,\boldsymbol{B}_3,\boldsymbol{B}_4$，其归一化的主特征向量依次是

$$\boldsymbol{W}_{B_1}=\begin{bmatrix}0.5954\\0.2764\\0.1282\end{bmatrix},\quad \boldsymbol{W}_{B_2}=\begin{bmatrix}0.0819\\0.2363\\0.6818\end{bmatrix},\quad \boldsymbol{W}_{B_3}=\begin{bmatrix}0.0974\\0.3331\\0.5695\end{bmatrix},\quad \boldsymbol{W}_{B_4}=\begin{bmatrix}0.2790\\0.6491\\0.0719\end{bmatrix},$$

主特征值依次是

$$\lambda_{B_1}^{(3)}=3.0055,\quad \lambda_{B_2}^{(3)}=3.0015,\quad \lambda_{B_3}^{(3)}=3.0246,\quad \lambda_{B_4}^{(3)}=3.0649,$$

一致性指标依次是

$$\mathrm{CI}_{B_1}^{(3)}=0.0083,\quad \mathrm{CI}_{B_2}^{(3)}=0.0028,\quad \mathrm{CI}_{B_3}^{(3)}=0.0123,\quad \mathrm{CI}_{B_4}^{(3)}=0.0325,$$

一致性比率依次是

$$\mathrm{CR}_{B_1}^{(3)}=0.0047,\quad \mathrm{CR}_{B_2}^{(3)}=0.0013,\quad \mathrm{CR}_{B_3}^{(3)}=0.0212,\quad \mathrm{CR}_{B_4}^{(3)}=0.0559.$$

易见它们都在一致性的允许范围之内，因此 $\boldsymbol{A}$ 和 $\boldsymbol{B}_1,\boldsymbol{B}_2,\boldsymbol{B}_3,\boldsymbol{B}_4$ 均符合一致性要求.

第四步　确定组合权重向量并作组合一致性检验.

我们的最终目的是确定第三层各要素对第一层决策目标的优劣权重，因此还需要将第三层对第二层各因素的权重和第二层对第一层的权重组合在一起，形成一个组合权重向量. 为此，记

$$B=\left[W_{B_1},W_{B_2},W_{B_3},W_{B_4}\right]=\begin{bmatrix}0.5954&0.0819&0.0974&0.2790\\0.2764&0.2363&0.3331&0.6491\\0.1282&0.6818&0.5695&0.0719\end{bmatrix},$$

并把 $\boldsymbol{W}=\boldsymbol{B}\boldsymbol{W}_A$ 作为第三层对目标层的组合权重向量的自然并合理的选择. 注意，由于 $\boldsymbol{B}$ 的列向量和 $\boldsymbol{W}_A$ 都是归一化向量，所以 $\boldsymbol{W}=\boldsymbol{B}\boldsymbol{W}_A$ 一定是归一化向量. 容易算出

$$\boldsymbol{W}=\boldsymbol{B}\boldsymbol{W}_A=\begin{bmatrix}0.5954&0.0819&0.0974&0.2790\\0.2764&0.2363&0.3331&0.6491\\0.1282&0.6818&0.5695&0.0719\end{bmatrix}\begin{bmatrix}0.2884\\0.5323\\0.0675\\0.1118\end{bmatrix}=\begin{bmatrix}0.2531\\0.3005\\0.4464\end{bmatrix}.$$

最后，还需要作**组合一致性检验**：这首先需要自然并合理地指明第三层对目标层的组合一致性指标 $\mathrm{CI}^{(3)}$、组合随机一致性指标 $\mathrm{RI}^{(3)}$ 和组合一致性比率 $\mathrm{CR}^{(3)}$ 的含义，下述三式便分别明确了它们的意义，并给出了计算结果：

$$\mathrm{CI}^{(3)}=\left[\mathrm{CI}_{B_1}^{(3)},\mathrm{CI}_{B_2}^{(3)},\mathrm{CI}_{B_3}^{(3)},\mathrm{CI}_{B_4}^{(3)}\right]\boldsymbol{W}_A=[0.0083,0.0028,0.0123,0.0325]\begin{bmatrix}0.2884\\0.5323\\0.0675\\0.1118\end{bmatrix}=0.008,$$

$$\mathrm{RI}^{(3)}=\left[\mathrm{RI}_{B_1}^{(3)},\mathrm{RI}_{B_2}^{(3)},\mathrm{RI}_{B_3}^{(3)},\mathrm{RI}_{B_4}^{(3)}\right]\boldsymbol{W}_A=[0.58,0.58,0.58,0.58]\boldsymbol{W}_A=[0.58,0.58,0.58,0.58]\begin{bmatrix}0.2884\\0.5323\\0.0675\\0.1118\end{bmatrix}=0.58,$$

$$\mathrm{CR}^{(3)}=\mathrm{CR}^{(2)}+\frac{\mathrm{CI}^{(3)}}{\mathrm{RI}^{(3)}}=0.008+\frac{0.008}{0.58}=0.0218<0.1.$$

这样，每一个成对比较矩阵都通过了一致性检验，组合权重向量通过了组合一致性检验，从而归一化组合权重向量 $\boldsymbol{W}$ 可以作为第三层各方案对第一层决策目标的

优劣权重向量. 根据 $\boldsymbol{W}$ 提供的信息，依照权重大小，应该建议决策人采用第三个方案 P_3.

习 题 6.3

1. 请通过建立层次分析模型，在泰山、云台山和华山三处选择一个旅游点. 建议重点考虑景色、居住环境、饮食、交通和旅游费用五个方面因素.

2. 请在戴尔、清华同方、惠普、海信四个品牌的个人电脑中选购一种. 建议考虑品牌的信誉、功能、价格三个方面因素.

3. 在基础研究、应用研究和数学教育中选择一个领域申报科研课题. 建议考虑成果的贡献(实用价值、科学意义)、可行性(难度、周期、经费)和人才培养方面的因素.

6.4 MATLAB 软件应用

6.4.1 命令调用

本节仅介绍用 MATLAB 求解线性规划问题的方法. 用 MATLAB 软件求解的线性规划模型的一般形式是

$$\min Z = f^{\mathrm{T}} X,$$
$$\begin{cases} AX \leqslant b, \\ \mathrm{Aep}X = \mathrm{bep}, \\ \mathrm{l}b \leqslant X \leqslant ub, \end{cases}$$

其中，$AX \leqslant b$ 和 $\mathrm{Aep}X = \mathrm{bep}$ 分别代表不等式及等式约束，$\mathrm{l}b \leqslant X \leqslant \mathrm{ub}$ 代表决策变量的取值范围. 对该模型，用 MATLAB 软件求解使用的命令是

```
linprog(f,A,b,Aep,bep,lb,ub,x0),
```

其中 x0 为初值.

6.4.2 求解实例

例 6.4.1 求解下列线性规划问题.

(1) $\min Z = x_1 + x_2$,

$$\begin{cases} x_1 - x_2 \leqslant 1, \\ x_1 \geqslant 0. \end{cases}$$

(2) $\min Z = x_1 + 2x_2 + 3x_3 + 4x_4$,

$$\begin{cases} -x_1 + x_2 - x_3 - 3x_4 = 5, \\ 6x_1 + 7x_2 + 3x_3 - 5x_4 \geqslant 8, \\ 12x_1 - 9x_2 - 9x_3 + 9x_4 \leqslant 20, \\ x_1, x_2 \geqslant 0, x_3 \leqslant 0. \end{cases}$$

解 用MATLAB命令求解此类模型，只需按照上述格式输入命令即可得到结果.

（1）输入命令：

```
f=[1,1]; A=[1,-1]; b=1; lb=[0,-inf]; x0=[1,1];
[x,z]=linprog(f,A,b,[],[],lb,[],x0)
```

得到结果 $\boldsymbol{X} = [0, -1]^{\mathrm{T}}, Z = -1$.

（2）输入命令：

```
f=[1,2,3,4]; A=[-6,-7,-3,5; 12,-9,-9,9];
b=[-8,20]; Aep=[-1,1,-1,-3]; bep=5;
lb=[0,0,-inf,-inf]; ub=[inf,inf,0,inf];
x0=[0,0,0,0];
[x,z]=linprog(f,A,b,Aep,bep,lb,ub,x0)
```

得到结果 $\boldsymbol{X} = [0, 0, -2.916, -0.694]^{\mathrm{T}}, Z = -11.528$.

习 题 6.4

1. 求解下列线性规划问题.

(1) $\max Z = 2x_1 + 3x_2 - 5x_3$,

$$\begin{cases} x_1 + x_2 + x_3 = 7, \\ 2x_1 - 5x_2 + x_3 \geqslant 10, \\ x_1, x_2, x_3 \geqslant 0. \end{cases}$$

(2) $\min Z = 10x_1 + 15x_2 + 12x_3$,

$$\begin{cases} 5x_1 + 3x_2 + x_3 \leqslant 9, \\ -5x_1 + 6x_2 + 15x_3 \leqslant 15, \\ 2x_1 + x_2 + x_3 \geqslant 5, \\ x_1, x_2, x_3 \geqslant 0. \end{cases}$$

2. 某厂生产三种产品Ⅰ,Ⅱ,Ⅲ,每种产品要经过 A, B 两道工序加工. 设该厂有两种规格的设备能完成 A 工序，它们以 A_1, A_2 表示；有三种规格的设备能完成 B 工序，它们以 B_1, B_2, B_3 表示. 产品Ⅰ可在 A，B 任何一种规格的设备上加工. 产品Ⅱ可在任何规格的 A 设备上加工，但完成 B 工序时，只能在 B_1 设备上加工；产品Ⅲ只能在 A_2 和 B_2 设备上加工. 已知在各种机床设备的单件工时、原材料费、产品销售价格、各种设备有效台时以及满负荷操作时机床设备的费用如表6.6所示. 请你通过建立数学模型确定最优的生产计划，使该厂利润最大.

表 6.6

设备	产品			设备有效台数	满负荷时设备费用/元
	Ⅰ	Ⅱ	Ⅲ		
A_1	5	10		6000	300
A_2	7	9	12	10000	321
B_1	6	8		4000	250
B_2	4		11	7000	783
B_3	7			4000	200
原料费/(元/件)	0.25	0.35	0.50		
单价/(元/件)	1.25	2.00	2.80		

延伸阅读　大学生数学建模竞赛简介

现行的数学建模竞赛，有国际上的美国大学生数学建模竞赛、国内的全国大学生数学建模竞赛，以及各地区各学校的数学建模竞赛等. 其中，全国大学生数学建模竞赛由教育部高等教育司和中国工业与应用数学学会主办，是一项面向全国大学生的、不分专业的课外科技活动.

数学建模竞赛一般都是采用半公开的通讯赛形式. 要求三个学生组成一个代表队，在连续 72 小时内，用数学方法结合计算机能力和各种专业知识，研究并解决一个给定的问题，最后以数学建模论文形式提交研究成果. 赛前，竞赛组委会公开向社会征题，并组织专家对征来的题目进行筛选、整理和加工，从中选定两个题目作为当年的竞赛题. 因此题目来源十分广泛，具有一定挑战性. 竞赛中，允许参赛选手任意查阅资料和使用计算机，但不允许与队外任何人交流.

数学建模需要多种知识综合运用，以数学方法作支撑，与计算机技术密切相关，是数学科学与实际应用联系的桥梁，也是数学作为当代高新技术重要组成部分的纽带. 它需要根据客观规律对实际问题进行简化，并在适当的模型假设下建立描述实际问题的数学模型. 数学建模实践活动，强调分析能力、综合能力、量化能力和实际动手能力，强调知识、素质和才智等的有机统一，是学以致用的具体体现.

参加数学建模竞赛的过程，使参加者拥有共同解决实际问题的经历，锻炼了学生的动手能力和合作交流能力，增强了团队精神和脚踏实地的科学研究精神；培养了参加者综合运用所学知识的问题意识、竞争意识和创新意识，提高了他们克服困难的勇气、能力和自信心，对于提高学生的学习兴趣和综合素质大有裨益.这恰恰符合当前正在大力倡导的人才培养思想和教育改革要求.

传统的教育教学模式一般更加注重知识传授，而对运用知识的能力培养和锻炼往往重视不足. 但知识和能力是相辅相成的，缺乏知识的能力是一种低层次的能力，而缺乏能力的知识则是一种僵死的知识. 一个人要想立足社会，并为社会作出较大贡献，知识和能力缺一不可. 数学建模正是把两者有机结合的最好着力点和良好平台. 它在促进数学教育的教学改革和提高人才培养质量方面的显著作用越来越突出，被誉为“在不影响正常教学秩序前提下进行数学教育改革的成功尝试”.

受数学建模竞赛的牵引和促进，大学里包括数学建模教学与研究和数学建模实践活动等在内的数学建模活动越来越丰富. 数学建模教学是由赛前培训逐渐发展起来的一项教学活动，主要是围绕建模实践过程中需要的数学和计算机知识等展开的，大都采用案例式教学，通过分析数学建模案例，帮助学习者掌握数学建模方法. 数学建模实践活动通常可以在教师指导下有计划地进行，也可以用自己所学知识解决一些身边的问题，这是一个逐步培养锻炼数学建模思想和习惯，并不断解决实际问题的过程.

参 考 文 献

北京大学数学系. 2003. 高等代数. 北京：高等教育出版社.

姜启源. 1993. 数学模型. 北京：高等教育出版社.

同济大学应用数学系. 2003. 线性代数. 北京：高等教育出版社.

王莲芬，许树柏. 1990. 层次分析法引论. 北京：中国人民大学出版社.

王秀琴，熊胜利，周伦，等. 1993. 线性代数与群论初步. 开封：河南大学出版社.

萧树铁，姜启源，张立平，等. 1999. 数学实验. 北京：高等教育出版社.

谢国瑞. 1999. 线性代数及应用. 北京：高等教育出版社.

徐萃薇，孙绳武. 1985. 计算方法引论. 北京：高等教育出版社.

《运筹学》教材编写组. 1990. 运筹学. 北京：清华大学出版社.

赵树嫄. 线性代数. 2001. 北京：中国人民大学出版社.

习题参考答案选解

习　题　1.1

1. (1) -12;　(2) $-2(x^3+y^3)$.

2. $x=2$ 或 $x=3$.

习　题　1.2

1. (1) 9;　(2) 20;　(3) $\frac{n(n-1)}{2}$;　(4) $n(n-1)$.

2. (1) $i=5, j=9$;　(2) $i=7, j=1$.

3. $\frac{n(n-1)}{2}-k$.

习　题　1.3

1. 提示：(1) 第一列减去第二列, 结果为：6.1448×10^7;

(2) 第一列、第二列分别提出公倍数 17 和 13, 结果为：0;

(3) 第一行减去第三行, 结果为：0;

(4) 各列加到第一列上, 提出公因子 $2(x+y)$, 结果为：$-2x^3-2y^3$;

(5) 各行加上第一行, 结果为：8;

(6) 利用性质化为上三角行列式结果为：0.

2. 略.

习　题　1.4

1. (1) $-24, 16, -25$; (2) $24, -121, 6$.

2. 提示：(1) 按行列展开定理依次降阶, 结果为：-258;

(2) 范德蒙德行列式, 结果为：432;

(3) $[x+(n-1)a](x-a)^{n-1}$;

(4) 各行分别减去第一行, 再化为上三角行列式, 结果为：x^2y^2;

(5) $c_i-\sum_{i=1}^{n}\frac{c_{i+1}}{a_i}$, 结果为：$(a_1a_2\cdots a_n)\left(a_0-\sum_{i=1}^{n}\frac{1}{a_i}\right)$;

(6) 按第一列展开, 原式 $= a\begin{vmatrix} a & & \\ & \ddots & \\ & & a \end{vmatrix} + (-1)^{n+1}\begin{vmatrix} 0 & & & 1 \\ a & & & \\ & \ddots & \ddots & \\ & & a & 0 \end{vmatrix}$, 结果为: $a^n + (-1)^{2n+1}a^{n-2}$;

(7) 利用三对角行列式的递推公式得: $D_n = 2D_{n-1} - D_{n-2}$, 即

$$D_n - D_{n-1} = D_{n-1} - D_{n-2} = \cdots = D_2 - D_1 = 1,$$

$$D_n = D_{n-1} + 1 = (D_{n-2} + 1) + 1 = \cdots = D_1 + n - 1 = n + 1.$$

3. (1) $x = -1$;

(2) 提示: 左边转置为范德蒙德行列式, 有 $(2-1)(-2-1)(x-1)(-2-2)(x-2)(x+2) = 0$, 即 $x = 1, 2, -2$.

附 加 题 A

1. (1) 9; (2) 0, 0; (3) $i = 4$; (4) $\dfrac{n(n-1)}{2}$.

2. (1) d; (2) b; (3) b; (4) a.

附 加 题 B

1. (1) 结果为: $(a+b+c)(b-a)(c-a)(c-b)$;

(2) 0;

(3) $(b-a)(c-a)(d-a)(c-b)(d-b)(d-c)$;

(4) $n!$;

(5) $(-1)^{\frac{n(n-1)}{2}}(n+1)^{n-1}$;

(6) $(-1)^{\frac{n(n-1)}{2}}\dfrac{n(n+1)}{2}n^{n-2}$;

(7) $\prod_{i=1}^{n} b_i$;

(8) $(1-n)(-2)^{n-2}$.

2. 略.

3. 略.

4. 常数项为 28, 二次项系数为 1.

习 题 2.1

略.

习 题 2.2

1. (1) $\begin{bmatrix} 35 & -3 \\ 6 & 2 \\ 49 & -5 \end{bmatrix}$; (2) $\begin{bmatrix} 12 \\ 4 \\ 5 \end{bmatrix}$; (3) $\begin{bmatrix} 1 & 2 & 3 \\ 0 & 1 & 2 \\ 0 & 0 & 1 \end{bmatrix}$; (4) $\begin{bmatrix} 1 & n \\ 0 & 1 \end{bmatrix}$;

(5) $\begin{bmatrix} \lambda^n & n\lambda^{n-1} & \dfrac{n(n-1)}{2}\lambda^{n-2} \\ 0 & \lambda^n & n\lambda^{n-1} \\ 0 & 0 & \lambda^n \end{bmatrix}$.

2. (1) $3\boldsymbol{AB}-2\boldsymbol{A}=\begin{bmatrix} -2 & 13 & 22 \\ -2 & -17 & 20 \\ 4 & 29 & -2 \end{bmatrix}$, $\boldsymbol{BA}=\begin{bmatrix} 6 & 0 & 2 \\ 1 & -7 & 5 \\ 6 & 4 & -4 \end{bmatrix}$;

(2) $f(\boldsymbol{A})=3\boldsymbol{A}^2+2\boldsymbol{A}+\boldsymbol{E}=\begin{bmatrix} 12 & 5 & 5 \\ 5 & 12 & -5 \\ 5 & -5 & 12 \end{bmatrix}$.

3. $3\boldsymbol{A}-2\boldsymbol{B}=\begin{bmatrix} -23 & 4 & 3 & 13 \\ 8 & -11 & 2 & 27 \\ -1 & 9 & -6 & 2 \end{bmatrix}$; $\boldsymbol{AB}^{\mathrm{T}}=\begin{bmatrix} -16 & -7 & 37 \\ 23 & -7 & 72 \\ 7 & -7 & 50 \end{bmatrix}$;

$\boldsymbol{X}=\dfrac{1}{2}(\boldsymbol{B}-3\boldsymbol{A})=-\dfrac{1}{2}\begin{bmatrix} -16 & 2 & 3 & 14 \\ 7 & -7 & 7 & 24 \\ 1 & 9 & -3 & 10 \end{bmatrix}$.

4. $a=-1, b=-1, c=2, d=-1, e=2, f=-1$.

5. $\begin{cases} 3x_1+x_2-x_3+2x_4=16, \\ -5x_1+x_2+3x_3-4x_4=-1, \\ 2x_1+x_3-x_4=-3, \\ x_1-5x_2+3x_3-3x_4=10. \end{cases}$

6. (1) 例如：$\boldsymbol{A}=\begin{bmatrix} 0 & 1 \\ 0 & 0 \end{bmatrix}, \boldsymbol{A}^2=\boldsymbol{O}$;

(2) 例如：$\boldsymbol{A}=\begin{bmatrix} 1 & 0 & 0 \\ 0 & 1 & 0 \\ 0 & 0 & 0 \end{bmatrix}, \boldsymbol{A}^2=\boldsymbol{A}$;

(3) 例如：$\boldsymbol{A}=\begin{bmatrix} 1 & 0 & 0 \\ 0 & 1 & 0 \\ 0 & 0 & 0 \end{bmatrix}, \boldsymbol{B}=\begin{bmatrix} 0 & 0 & 0 \\ 0 & 0 & 0 \\ 0 & 0 & 1 \end{bmatrix}$;

(4) 例如：$\boldsymbol{A}=\begin{bmatrix} 1 & 0 & 0 \\ 0 & 0 & 0 \\ 0 & 0 & 0 \end{bmatrix}, \boldsymbol{X}=\begin{bmatrix} 0 & 0 & 0 \\ 0 & 1 & 0 \\ 0 & 0 & 0 \end{bmatrix}, \boldsymbol{Y}=\begin{bmatrix} 0 & 0 & 0 \\ 0 & 0 & 0 \\ 0 & 0 & 1 \end{bmatrix}$;

(5) 任意满足 $\boldsymbol{AB}\neq\boldsymbol{BA}$ 的矩阵.

7. 提示：设 $\boldsymbol{X}=(x_{ij})_{3\times3}$ 与之可交换, 求出满足条件 $\boldsymbol{XA}=\boldsymbol{AX}$ 的 $\boldsymbol{X}$ 只能是对角形矩阵.

8. 提示：证明同第 7 题类似.

9. 提示：对任意的上(下)、对角形矩阵直接验证即可.

10–11. 略.

习　题　2.3

略.

习　题　2.4

1. (1) $\begin{bmatrix} -5 & 3 \\ 2 & -1 \end{bmatrix}$;　(2) $\begin{bmatrix} -2 & 1 & 0 \\ -\frac{13}{2} & 3 & -\frac{1}{2} \\ -16 & 7 & -1 \end{bmatrix}$;

(3) $\begin{bmatrix} \frac{1}{4} & \frac{1}{4} & \frac{1}{4} & \frac{1}{4} \\ \frac{1}{4} & \frac{1}{4} & -\frac{1}{4} & -\frac{1}{4} \\ \frac{1}{4} & -\frac{1}{4} & \frac{1}{4} & -\frac{1}{4} \\ \frac{1}{4} & -\frac{1}{4} & -\frac{1}{4} & \frac{1}{4} \end{bmatrix}$;　(4) $\begin{bmatrix} -2 & 2 & -2 & 1 \\ 3 & -3 & 4 & -1 \\ 7 & -8 & 10 & -1 \\ -6 & 7 & -9 & 1 \end{bmatrix}$;

(5) $\begin{bmatrix} 1 & -1 & 0 & 0 & 0 \\ 0 & 1 & -1 & 0 & 0 \\ 0 & 0 & 1 & -1 & 0 \\ 0 & 0 & 0 & 1 & -1 \\ 0 & 0 & 0 & 0 & 1 \end{bmatrix}$;　(6) $\begin{bmatrix} \frac{1}{2} & -\frac{1}{4} & \frac{1}{8} & -\frac{1}{16} & \frac{1}{32} \\ 0 & \frac{1}{2} & -\frac{1}{4} & \frac{1}{8} & -\frac{1}{16} \\ 0 & 0 & \frac{1}{2} & -\frac{1}{4} & \frac{1}{8} \\ 0 & 0 & 0 & \frac{1}{2} & -\frac{1}{4} \\ 0 & 0 & 0 & 0 & \frac{1}{2} \end{bmatrix}$;

(7) $\begin{bmatrix} \frac{1}{a_1} & & & \\ & \frac{1}{a_2} & & \\ & & \ddots & \\ & & & \frac{1}{a_n} \end{bmatrix}$;　(8) $\begin{bmatrix} 0 & 0 & 0 & \cdots & \frac{1}{a_n} \\ \frac{1}{a_1} & 0 & 0 & \cdots & 0 \\ 0 & \frac{1}{a_2} & 0 & \cdots & 0 \\ \vdots & \vdots & \vdots & & \vdots \\ 0 & 0 & 0 & \cdots & \frac{1}{a_{n-1}} \end{bmatrix}$.

2. 提示：$A^{-1}=\begin{bmatrix}1 & 3 & -2\\ -\dfrac{3}{2} & -3 & \dfrac{5}{2}\\ 1 & 1 & -1\end{bmatrix}$, $X=A^{-1}CB^{-1}=\begin{bmatrix}-2 & 1\\ 10 & -4\\ -10 & 4\end{bmatrix}$.

3. 提示：(1) $|A|^m=0$； (2) $E=E-A^m=(E-A)(E+A+A^2+\cdots+A^{m-1})$.

4—6. 提示：仿第 3 题用 $AB=E$ 直接证明.

7. 分别为16, $\dfrac{1}{4}$, $-\dfrac{16}{27}$.

8. -5或4.

9. 提示：(1) $(A-2E,A)\xrightarrow{r}\begin{bmatrix}1 & 0 & 0 & 0 & 1 & -1\\ 0 & 1 & 0 & -1 & 0 & 1\\ 0 & 0 & 1 & 1 & -1 & 0\end{bmatrix}$,

$$X=\begin{bmatrix}0 & 1 & -1\\ -1 & 0 & 1\\ 1 & -1 & 0\end{bmatrix};$$

(2) $A^{\mathrm T}X^{\mathrm T}=B^{\mathrm T}$, $(A^{\mathrm T},B^{\mathrm T})\xrightarrow{r}\begin{bmatrix}1 & 0 & 0 & 2 & -4\\ 0 & 1 & 0 & -1 & 7\\ 0 & 0 & 1 & -1 & 4\end{bmatrix}$,

$$X^{\mathrm T}=\begin{bmatrix}2 & -4\\ -1 & 7\\ -1 & 4\end{bmatrix},\quad X=\begin{bmatrix}2 & -1 & -1\\ -4 & 7 & 4\end{bmatrix}.$$

习　题　2.5

1. $AB=\begin{bmatrix}6 & -5 & 2 & 0 & 0\\ 8 & 2 & 14 & 0 & 0\\ 0 & 3 & 5 & 0 & 0\\ -1 & 3 & 0 & 1 & 2\\ 0 & 1 & 3 & 2 & 1\end{bmatrix}$.

2. 略.

习　题　2.6

1. $\begin{bmatrix}1 & 0 & 0 & 0 & 0\\ 0 & 1 & 0 & 0 & 0\\ 0 & 0 & 0 & 0 & 0\end{bmatrix}$.

2. 提示：(1)—(3)用最高阶子式不为零, (4)化为行阶梯形矩阵.

(1) 2；(2) 3；(3) 3；(4) 2.

习 题 2.7

略.

附 加 题 A

1. (4), (5)错, 其他均正确.

2. (1) 14, $\begin{bmatrix} 9 & 3 & 6 \\ 3 & 1 & 2 \\ 6 & 2 & 4 \end{bmatrix}$; (2) 5; (3) $\boldsymbol{A}^5$; (4) 27; (5) $\boldsymbol{A}^{\mathrm{T}}$; (6) 4.

3. (1) b; (2) d; (3) b; (4) a.

附 加 题 B

1. $3^{n-1}\begin{bmatrix} 1 & \frac{1}{2} & \frac{1}{3} \\ 2 & 1 & \frac{2}{3} \\ 3 & \frac{3}{2} & 1 \end{bmatrix}$.

2. 提示: $\boldsymbol{A}=\frac{1}{2}(\boldsymbol{A}+\boldsymbol{A}^{\mathrm{T}})+\frac{1}{2}(\boldsymbol{A}-\boldsymbol{A}^{\mathrm{T}})$, 令 $\boldsymbol{B}=\frac{1}{2}(\boldsymbol{A}+\boldsymbol{A}^{\mathrm{T}})$, $\boldsymbol{C}=\frac{1}{2}(\boldsymbol{A}-\boldsymbol{A}^{\mathrm{T}})$, 则 $\boldsymbol{B}$ 为对称矩阵, $\boldsymbol{C}$ 为反对称矩阵.

3. 提示: $\boldsymbol{P}^{-1}=\begin{bmatrix} 1 & 0 & 0 \\ 2 & -1 & 0 \\ -4 & 1 & 1 \end{bmatrix}$, $\boldsymbol{A}=\boldsymbol{PBP}^{-1}=\begin{bmatrix} 1 & 0 & 0 \\ 2 & 0 & 0 \\ 6 & -1 & -1 \end{bmatrix}$;

$\boldsymbol{A}^5=\boldsymbol{PB}^5\boldsymbol{P}^{-1}=\begin{bmatrix} 1 & 0 & 0 \\ 2 & 0 & 0 \\ 6 & -1 & -1 \end{bmatrix}$.

4. $|\boldsymbol{A}|=1$.

5. $|\boldsymbol{A}+\boldsymbol{B}|=|\boldsymbol{A}_1+\boldsymbol{B}_1, 2\boldsymbol{A}_2, 2\boldsymbol{A}_3, 2\boldsymbol{A}_4|=8|\boldsymbol{A}_1+\boldsymbol{B}_1, \boldsymbol{A}_2, \boldsymbol{A}_3, \boldsymbol{A}_4|$

$=8(|\boldsymbol{A}_1, \boldsymbol{A}_2, \boldsymbol{A}_3, \boldsymbol{A}_4|+|\boldsymbol{B}_1, \boldsymbol{B}_2, \boldsymbol{B}_3, \boldsymbol{B}_4|)=40$.

6. 略.

7. 证明略, $\boldsymbol{B}^{-1}=(3\boldsymbol{E}+2\boldsymbol{A})$.

8. 略.

9. 略.

10. $\boldsymbol{B}=6(2\boldsymbol{E}-\boldsymbol{A}^*)^{-1}=\begin{bmatrix} 6 & 0 & 0 & 0 \\ 0 & 6 & 0 & 0 \\ 6 & 0 & 6 & 0 \\ 0 & 3 & 0 & -1 \end{bmatrix}$.

11. 提示：设其逆为$\begin{bmatrix} \boldsymbol{X}_{11} & \boldsymbol{X}_{12} \\ \boldsymbol{X}_{21} & \boldsymbol{X}_{22} \end{bmatrix}$,用定义即求出(1)$\begin{bmatrix} \boldsymbol{A}^{-1} & \boldsymbol{O} \\ -\boldsymbol{B}^{-1}\boldsymbol{C}\boldsymbol{A}^{-1} & \boldsymbol{B}^{-1} \end{bmatrix}$；(2)$\begin{bmatrix} \boldsymbol{O} & \boldsymbol{B}^{-1} \\ \boldsymbol{A}^{-1} & \boldsymbol{O} \end{bmatrix}$.

12. 略.

13. $$\boldsymbol{AB} = \begin{bmatrix} \boldsymbol{A}_1\boldsymbol{B}_1 & \boldsymbol{O} \\ \boldsymbol{O} & \boldsymbol{A}_2\boldsymbol{B}_2 \end{bmatrix} = \begin{bmatrix} 3 & 4 & 0 & 0 \\ 2 & 3 & 0 & 0 \\ 0 & 0 & -3 & -4 \\ 0 & 0 & 0 & 1 \end{bmatrix},$$

$$\boldsymbol{A}^{-1} = \begin{bmatrix} \boldsymbol{A}_1^{-1} & \\ & \boldsymbol{A}_2^{-1} \end{bmatrix} = \begin{bmatrix} 1 & -1 & 0 & 0 \\ -2 & 3 & 0 & 0 \\ 0 & 0 & 0 & 1 \\ 0 & 0 & -\frac{1}{3} & -\frac{1}{3} \end{bmatrix},$$

$$\boldsymbol{B}^{-1} = \begin{bmatrix} \boldsymbol{B}_1^{-1} & \\ & \boldsymbol{B}_2^{-1} \end{bmatrix} = \begin{bmatrix} 1 & -1 & 0 & 0 \\ 0 & 1 & 0 & 0 \\ 0 & 0 & -1 & 1 \\ 0 & 0 & 1 & 0 \end{bmatrix}.$$

14–15. 略.

习 题 3.1

1. (1) $\boldsymbol{X} = [1, 2, 3, -1]^{\mathrm{T}}$；

(2) $\boldsymbol{X} = [61, -18, -39, -6]^{\mathrm{T}}$；

(3) $\boldsymbol{X} = \left[\frac{211}{665}, -\frac{13}{133}, \frac{1}{35}, -\frac{1}{133}, \frac{1}{665}\right]^{\mathrm{T}}$；

(4) $\boldsymbol{X} = \left[\frac{4}{3}c, -3c, \frac{4}{3}c, c\right]^{\mathrm{T}}$，其中 c 为自由变量；

(5) $\boldsymbol{X} = [c, -2c, c, 0, 0]^{\mathrm{T}}$，其中 c 为自由变量；

(6) $\boldsymbol{X} = [c+1, c, 0, c, -2c-2]^{\mathrm{T}}$，其中 c 为自由变量.

2. (1) $\lambda \neq -2$ 且 $\lambda \neq 1$ 时有唯一解；

(2) $\lambda = -2$ 时无解；

(3) $\lambda = 1$ 时方程有无穷多解.

习 题 3.2

1. 不能；能.

2. 举例：(1) $\boldsymbol{\alpha}_1 = [1, 0, 0, 0]$，$\boldsymbol{\alpha}_2 = [0, 0, 0, 0]$，$\boldsymbol{\alpha}_3 = [0, 1, 0, 0]$，$\boldsymbol{\alpha}_4 = [0, 0, 0, -1]$，$\boldsymbol{\alpha}_5 = [0, 0, 0, 1]$；

(2) $\boldsymbol{\alpha}_1 = [1, 0, 0, 0, 0]$，$\boldsymbol{\alpha}_2 = [0, 1, 0, 0, 0]$，$\boldsymbol{\alpha}_3 = [0, 0, 1, 0, 0]$，

$\boldsymbol{\alpha}_4 = [0, 0, 0, 1, 0]$，$\boldsymbol{\alpha}_5 = [0, 0, 0, 0, 1]$；

$\boldsymbol{\beta}_1=[-1,0,0,0,0]$，$\boldsymbol{\beta}_2=[0,-1,0,0,0]$，$\boldsymbol{\beta}_3=[0,0,-1,0,0]$，

$\boldsymbol{\beta}_4=[0,0,0,-1,0]$，$\boldsymbol{\beta}_5=[0,0,0,0,-1]$.

(3) $\boldsymbol{\alpha}_1=[1,0,0],\boldsymbol{\alpha}_2=[2,0,0]$；$\boldsymbol{\beta}_1=[-1,1,0],\boldsymbol{\beta}_2=[0,0,0]$.

3. (1)不能；如 $\boldsymbol{\beta}_1=[0,0,1,0,0]$，$\boldsymbol{\beta}_2=[0,0,0,1,0]$，$\boldsymbol{\beta}_3=[0,0,0,0,1]$.

(2)不能；如 $\boldsymbol{\alpha}_1=[1,0,0],\boldsymbol{\alpha}_2=[2,0,0]$；$\boldsymbol{\beta}_1=[1,0,0,1],\boldsymbol{\beta}_2=[2,0,0,1]$.

4. (1) $|\boldsymbol{\alpha}_1,\boldsymbol{\alpha}_2,\boldsymbol{\alpha}_3|=6$, 线性无关；

(2) $R(\boldsymbol{\beta}_1,\boldsymbol{\beta}_2,\boldsymbol{\beta}_3,\boldsymbol{\beta}_4)=3<4$, 线性相关；

(3) $R(\boldsymbol{\gamma}_2,\boldsymbol{\gamma}_1,\boldsymbol{\gamma}_3,\boldsymbol{\gamma}_4)=4$, 线性无关.

5. 提示：设 $k_1(2\boldsymbol{\alpha}+\boldsymbol{\beta})+k_2(\boldsymbol{\beta}+5\boldsymbol{\gamma})+k_3(4\boldsymbol{\gamma}+3\boldsymbol{\alpha})=\mathbf{0}$，由 $\boldsymbol{\alpha},\boldsymbol{\beta},\boldsymbol{\gamma}$ 线性无关可得 $k_1=k_2=k_3=0$.

6. (1) $\boldsymbol{\alpha}_1=\boldsymbol{\alpha}_4-\boldsymbol{\alpha}_2-\boldsymbol{\alpha}_3$; (2) $\boldsymbol{\beta}_3=-3\boldsymbol{\beta}_4+\frac{5}{3}\boldsymbol{\beta}_2+0\cdot\boldsymbol{\beta}_1$.

7. 略.

习　题　3.3

1. 提示：由习题 3.2 第 4 题中答案可知：

(1)极大无关组为 $\boldsymbol{\alpha}_1,\boldsymbol{\alpha}_2,\boldsymbol{\alpha}_3$, 秩为 3；

(2)极大无关组为 $\boldsymbol{\beta}_1,\boldsymbol{\beta}_2,\boldsymbol{\beta}_4$ 或 $\boldsymbol{\beta}_1,\boldsymbol{\beta}_3,\boldsymbol{\beta}_4$, 秩为 3；

(3)极大无关组为 $\boldsymbol{\gamma}_1,\boldsymbol{\gamma}_2,\boldsymbol{\gamma}_3,\boldsymbol{\gamma}_4$, 秩为 4.

2. 可能有 r 阶子式等于零；没有阶数大于 r 的非零子式.

3. $R(\boldsymbol{A})\geqslant R(\boldsymbol{B})$.

4. (1) $k=1$，$R(\boldsymbol{A})=1$;

(2) $k=-2$，$R(\boldsymbol{A})=2$;

(3) $k\neq1$且$k\neq-2$，$R(\boldsymbol{A})=3$.

5. 略.

习　题　3.4

1. 略.

2. (1) $\boldsymbol{\eta}_1=[-1,1,1,0,0],\boldsymbol{\eta}_2=[12,0,-5,2,6]$;

(2) $\boldsymbol{\eta}=[6,12,8,13,3]$;

(3) $\boldsymbol{\eta}_1=[-1,-1,1,2,0],\boldsymbol{\eta}_2=[7,5,-5,0,8]$.

3. (1)一个特解 $\boldsymbol{\alpha}=[-4,-3,0,1]$. 基础解系为：$\boldsymbol{\eta}_1=[1,1,1,0],\boldsymbol{\eta}_2=[-1,1,0,1]$.

方程组的解集合为：$\boldsymbol{x}=k_1\boldsymbol{\eta}_1+k_2\boldsymbol{\eta}_2+\boldsymbol{\alpha}$, 其中 k_1,k_2 为任意常数，或另一个特解

$$\boldsymbol{\eta}^*=[-3,-4,0,0].$$

(2)特解 $\boldsymbol{\eta}^*=[-7,5,0,-6]$. 基础解系为：$\boldsymbol{\eta}=[5,-2,-1,3]$, 方程组的解的集合为：$\boldsymbol{x}=k\boldsymbol{\eta}+\boldsymbol{\eta}^*$,

其中 k 为任意常数.

(3) 基础解系为：$\boldsymbol{\eta}_1=[4,1,0,0,0]$, $\boldsymbol{\eta}_2=[-2,0,1,0,0]$, $\boldsymbol{\eta}_3=[3,0,0,1,0]$, $\boldsymbol{\eta}_4=[-6,0,0,0,1]$. 特解 $\boldsymbol{\alpha}=[3,1,1,1,1]$, 方程组的解的集合为：$\boldsymbol{x}=k_1\boldsymbol{\eta}_1+k_2\boldsymbol{\eta}_2+k_3\boldsymbol{\eta}_3+k_4\boldsymbol{\eta}_4+\boldsymbol{\alpha}$, 其中 k_1,k_2,k_3,k_4 为任意常数.

4. 略.

习 题 3.5

1. 略.

2. $\boldsymbol{X}=\left[-\dfrac{21}{2},-\dfrac{5}{2},\dfrac{3}{2},\dfrac{1}{2}\right]$.

3. (1) 提示：由定义证明；

(2) 提示：对于加法不封闭.

4. 提示：由定义证明, $\boldsymbol{\alpha}_1,\boldsymbol{\alpha}_2$ 就是 V 的一组基, 维数为 2.

习 题 3.6

略.

附 加 题 A

1. (1), (3), (5) 对. (2), (4) 错.

2. (1) $r=n$, $r<n$;

(2) $\begin{vmatrix}3 & k & -1\\0 & 4 & 1\\k & -5 & -1\end{vmatrix}=(k+1)(k+3)$, $k\neq-1$且$k\neq-3$;

(3) 1;

(4) $n-R(\boldsymbol{A})$;

(5) 1;

(6) $k\neq 0$, 且 $k\neq -3$.

3. (1) d; (2) b; (3) c; (4) a.

附 加 题 B

1. (1) 对；(2) 对；(3) 错；(4) 错.

2. (1) $a\neq 1$ 时表法唯一, $\boldsymbol{\beta}=\dfrac{b-a+2}{a-1}\boldsymbol{\alpha}_1+\dfrac{a-2b-3}{a-1}\boldsymbol{\alpha}_2+\dfrac{b+1}{a-1}\boldsymbol{\alpha}_3+0\cdot\boldsymbol{\alpha}_4$;

(2) $a=1$, $b=-1$, 表达式不唯一.

3. 特解为：$\boldsymbol{\eta}^*=[-2,3,0,0,0]$ 或 $\boldsymbol{\alpha}=[5,-7,1,1,1]$.

导出组的基础解系为 $\boldsymbol{\eta}_1=[1,-2,1,0,0]$, $\boldsymbol{\eta}_2=[1,-2,0,1,0]$, $\boldsymbol{\eta}_3=[5,-6,0,0,1]$.

原方程组的通解为 $\boldsymbol{x}=k_1\boldsymbol{\eta}_1+k_1\boldsymbol{\eta}_2+k_3\boldsymbol{\eta}_3+\boldsymbol{\eta}^*$, k_1, k_2, k_3 为任意常数.

4. 提示：化简增广矩阵, 判断有解的条件, $R(\boldsymbol{A})=R(\boldsymbol{B})$.

5. (1) 当 $a=0$ 时, $R(\boldsymbol{\alpha}_1,\boldsymbol{\alpha}_2,\boldsymbol{\alpha}_3,\boldsymbol{\alpha}_4)=1$, 线性相关. $\boldsymbol{\alpha}_1$ 为极大无关组,

$\boldsymbol{\alpha}_2=2\boldsymbol{\alpha}_1$, $\boldsymbol{\alpha}_3=3\boldsymbol{\alpha}_1$, $\boldsymbol{\alpha}_4=4\boldsymbol{\alpha}_1$;

(2) 若$a=-10$, $R(\boldsymbol{\alpha}_1,\boldsymbol{\alpha}_2,\boldsymbol{\alpha}_3,\boldsymbol{\alpha}_4)=3$, $\boldsymbol{\alpha}_1,\boldsymbol{\alpha}_2,\boldsymbol{\alpha}_3$ 为极大无关组, 且 $\boldsymbol{\alpha}_4=-\boldsymbol{\alpha}_1-\boldsymbol{\alpha}_2-\boldsymbol{\alpha}_3$.

6–7. 略.

8. 提示：当 $t_1^s+(-1)^{s+1}t_2^s\neq 0$, 即当 s 为偶数时, $t_1\neq \pm t_2$；s 为奇数, $t_1\neq -t_2$ 时, $\boldsymbol{\beta}_1,\boldsymbol{\beta}_2,\cdots,\boldsymbol{\beta}_s$ 也是 $\boldsymbol{AX}=\boldsymbol{0}$ 的一个基础解系.

9. 略.

10. (1) $\boldsymbol{B}=\begin{bmatrix}0 & 0 & 0\\ 1 & 0 & 3\\ 0 & 1 & -2\end{bmatrix}$;

(2) $|\boldsymbol{A}+\boldsymbol{E}|=|\boldsymbol{P}(\boldsymbol{B}+\boldsymbol{E})\boldsymbol{P}^{-1}|=|\boldsymbol{B}+\boldsymbol{E}|=\begin{vmatrix}1 & 0 & 0\\ 1 & 1 & 3\\ 0 & 1 & -1\end{vmatrix}=-4.$

11. $a=-1, b=-2, c=4$.

12–13. 略.

14. 提示：因方程组(1)有解, 所以, 系数矩阵的秩等于增广矩阵的秩等于 r_1; 方程组(2)无解, 系数矩阵的秩 r_2 小于增广矩阵的秩 r_2+1, 由矩阵秩的性质 $R(\boldsymbol{A}+\boldsymbol{B})\leqslant R(\boldsymbol{A})+R(\boldsymbol{B})$ 知, $R(\boldsymbol{C})\leqslant r_1+1+r_2$.

15. (1) $R(\boldsymbol{A})=2$;

(2) $R(\boldsymbol{A})=2$ 时, $a=2, b=-3$, 特解为 $\boldsymbol{\alpha}=[2,-3,0,0]$, 其导出组的基础解系为 $\boldsymbol{\eta}_1=[-2,1,1,0]$, $\boldsymbol{\eta}_2=[4,-5,0,1]$, 通解为：$\boldsymbol{x}=k_1\boldsymbol{\eta}_1+k_2\boldsymbol{\eta}_2+\boldsymbol{\alpha}$, 其中, k_1,k_2 为任意常数.

16. 提示：利用定义及线性方程组解的性质证明.

17. 略.

18. 设方程组为 $\boldsymbol{AX}=\boldsymbol{b}$, 因 $R(\boldsymbol{A})=3$, 从而 $\boldsymbol{AX}=\boldsymbol{0}$ 的基础解系的个数为 1, 任意一个解即为基础解系, $\boldsymbol{\eta}=2\boldsymbol{\eta}_1-\boldsymbol{\eta}_2-\boldsymbol{\eta}_3=[3,4,5,6]^{\mathrm{T}}$, 特解为：$\boldsymbol{\eta}_1$. 原方程组的通解为：$\boldsymbol{x}=k\boldsymbol{\eta}+\boldsymbol{\eta}_1$, k 为任意常数.

习 题 4.1

1. 略.

2. 长度分别为：$\sqrt{5},\sqrt{14},\sqrt{14}$; 内积为：$(\boldsymbol{\beta}_1,\boldsymbol{\beta}_2)=0$, $(\boldsymbol{\beta}_1,\boldsymbol{\beta}_3)=5$, $(\boldsymbol{\beta}_2,\boldsymbol{\beta}_3)=9$.

3. 提示：对向量组 $\boldsymbol{a}_1=[1,1,1,1]$, $\boldsymbol{a}_2=[1,-2,-3,-4]$, $\boldsymbol{a}_3=[1,2,2,3]$, 求与其等价的单位正交向

量组.

等价的单位正交向量组为

$$\boldsymbol{\beta}_1=\left[\frac{1}{2},\frac{1}{2},\frac{1}{2},\frac{1}{2},\right],\quad \boldsymbol{\beta}_2=\left[\frac{3}{\sqrt{14}},0,-\frac{1}{\sqrt{14}},-\frac{2}{\sqrt{14}}\right],\quad \boldsymbol{\beta}_3=\left[\frac{1}{\sqrt{42}},0,-\frac{5}{\sqrt{42}},\frac{4}{\sqrt{42}}\right].$$

4–5. 略.

6. 提示： $\boldsymbol{A}^{\mathrm{T}}=(\boldsymbol{E}-2\boldsymbol{\alpha\alpha}^{\mathrm{T}})^{\mathrm{T}}=\boldsymbol{E}-2\boldsymbol{\alpha\alpha}^{\mathrm{T}}=\boldsymbol{A}$, 可验证 $\boldsymbol{AA}^{\mathrm{T}}=\boldsymbol{E}$.

7. 提示：先找出一组向量 $\boldsymbol{\alpha}_2$, $\boldsymbol{\alpha}_3$, $\boldsymbol{\alpha}_4$, 使得 $\boldsymbol{\alpha}_1,\boldsymbol{\alpha}_2,\boldsymbol{\alpha}_3,\boldsymbol{\alpha}_4$ 线性无关. 然后再正交单位化.

习　题　4.2

1. (1) 特征值为 $-7, 2$; -7 的特征向量 $\left[\frac{1}{2},1,-1\right]$, 2 的特征向量 $[-2,1,0]$, $[2,0,1]$.

(2) 特征值为 $-2, 1$; -2 的特征向量 $[0,0,1]$, 1 的特征向量 $\left[-\frac{1}{2},1,-\frac{10}{3}\right]$.

(3) 特征值为 2, 11; 2 的特征向量 $[1,-2,0]$, $[1,0,-1]$, 11 的特征向量 $[2,1,2]$.

(4) 特征值为 -1, 1; -1 的特征向量 $[-1,0,1]$, 1 的特征向量 $[0,1,0]$, $[1,0,1]$.

(5) 特征值为 2, -2; 2 的特征向量 $[1,0,1,0]$, $[1,0,0,1]$, -2 的特征向量 $[-1,1,1,1]$.

(6) 特征值为 1, -1, 2; 1 的特征向量 $[1,0,0,0]$, -1 的特征向量 $\left[-\frac{3}{2},1,0,0\right]$, 2 的特征向量 $\left[2,\frac{1}{3},1,0\right]$.

2. 提示：(1) $\boldsymbol{A}^m\boldsymbol{X}=\boldsymbol{A}^{m-1}(\boldsymbol{AX})=\boldsymbol{A}^{m-1}(\lambda\boldsymbol{X})=\lambda\boldsymbol{A}^{m-1}\boldsymbol{X}=\lambda^2\boldsymbol{A}^{m-2}\boldsymbol{X}=\cdots=\lambda^m\boldsymbol{X}$;

(2) $\boldsymbol{AX}=\lambda\boldsymbol{X},\boldsymbol{A}^{-1}\boldsymbol{AX}=\lambda\boldsymbol{A}^{-1}\boldsymbol{X}$, 即有 $\boldsymbol{A}^{-1}\boldsymbol{X}=\lambda^{-1}\boldsymbol{X}$.

3. 提示：
$$\begin{aligned}\boldsymbol{A}(k_1\boldsymbol{X}_1+k_2\boldsymbol{X}_2+\cdots+k_m\boldsymbol{X}_m)&=k_1\lambda_0\boldsymbol{X}_1+k_2\lambda_0\boldsymbol{X}_2+\cdots+k_m\lambda_0\boldsymbol{X}_m\\&=\lambda_0(k_1\boldsymbol{X}_1+k_2\boldsymbol{X}_2+\cdots+k_m\boldsymbol{X}_m).\end{aligned}$$

4. 提示：特征值为 2, 特征向量为任意维非零向量.

5. 略

6. 9.

7. 略

习　题　4.3

1. 提示：由习题 4.2 第 1 题的答案可知, (1), (3), (4), (5) 能对角化, (2), (6) 不能对角化;

2. 提示：矩阵 $\boldsymbol{A}$ 与 $\boldsymbol{B}$ 相似, 则 $\boldsymbol{A}$ 与 $\boldsymbol{B}$ 有相同的特征值和迹, 所以

$$\operatorname{tr}(\boldsymbol{A})=\operatorname{tr}(\boldsymbol{B}),\qquad \det(\boldsymbol{A})=\det(\boldsymbol{B}).$$

3. 提示：因为 $\boldsymbol{A}(\boldsymbol{p}_1,\boldsymbol{p}_2,\boldsymbol{p}_3)=(\lambda_1\boldsymbol{p}_1,\lambda_2\boldsymbol{p}_2,\lambda_3\boldsymbol{p}_3)=(\boldsymbol{p}_1,\boldsymbol{p}_2,\boldsymbol{p}_3)\begin{bmatrix}\lambda_1&0&0\\0&\lambda_2&0\\0&0&\lambda_3\end{bmatrix}$, 所以

$$A=(p_1,p_2,p_3)\begin{bmatrix}\lambda_1 & 0 & 0\\ 0 & \lambda_2 & 0\\ 0 & 0 & \lambda_3\end{bmatrix}(p_1,p_2,p_3)^{-1}.$$

4. 提示：设存在可逆阵 $\boldsymbol{P}$，使 $\boldsymbol{A}=\boldsymbol{P}^{-1}\boldsymbol{BP}$，则 $\boldsymbol{A}^{\mathrm{T}}=\boldsymbol{P}^{\mathrm{T}}\boldsymbol{B}^{\mathrm{T}}(\boldsymbol{P}^{-1})^{\mathrm{T}}=\boldsymbol{P}^{\mathrm{T}}\boldsymbol{B}^{\mathrm{T}}(\boldsymbol{P}^{\mathrm{T}})^{-1}$，令 $\boldsymbol{Q}=\boldsymbol{P}^{\mathrm{T}}$，则 $\boldsymbol{A}^{\mathrm{T}}=\boldsymbol{QB}^{\mathrm{T}}\boldsymbol{Q}^{-1}$，即 $\boldsymbol{B}^{\mathrm{T}}=\boldsymbol{Q}^{-1}\boldsymbol{A}^{\mathrm{T}}\boldsymbol{Q}$;

$$\boldsymbol{A}^m=\boldsymbol{P}^{-1}\boldsymbol{BP}\cdot\boldsymbol{P}^{-1}\boldsymbol{BP}\cdot\cdots\cdot\boldsymbol{P}^{-1}\boldsymbol{BP}=\boldsymbol{P}^{-1}\boldsymbol{B}^m\boldsymbol{P}.$$

5. 提示：若存在可逆阵 $\boldsymbol{P}$，使 $\boldsymbol{A}=\boldsymbol{P}^{-1}\boldsymbol{BP}$，则 $\boldsymbol{A}^{-1}=\boldsymbol{P}^{-1}\boldsymbol{B}^{-1}(\boldsymbol{P}^{-1})^{-1}=\boldsymbol{P}^{-1}\boldsymbol{B}^{-1}\boldsymbol{P}$.

6. 提示：$\boldsymbol{BA}=(\boldsymbol{A}^{-1}\boldsymbol{A})\boldsymbol{BA}=\boldsymbol{A}^{-1}(\boldsymbol{AB})\boldsymbol{A}$.

7. 提示：参照本节相关例题，求矩阵的特征值和对应特征向量，分别对不同特征值所对应的特征向量正交单位化．将所有正交单位化后的特征向量按列组合所构成的矩阵就是所求正交矩阵．答案如下：

(1) 正交矩阵为：$\boldsymbol{P}=\begin{bmatrix}\frac{1}{\sqrt6} & \frac{-1}{\sqrt2} & \frac{1}{\sqrt3}\\ \frac{2}{\sqrt6} & 0 & \frac{-1}{\sqrt3}\\ \frac{1}{\sqrt6} & \frac{1}{\sqrt2} & \frac{1}{\sqrt3}\end{bmatrix}$;

(2) 正交矩阵为：$\boldsymbol{P}=\begin{bmatrix}\frac{1}{\sqrt2} & 0 & -\frac12 & \frac12\\ 0 & \frac{1}{\sqrt2} & -\frac12 & -\frac12\\ \frac{1}{\sqrt2} & 0 & \frac12 & -\frac12\\ 0 & \frac{1}{\sqrt2} & \frac12 & \frac12\end{bmatrix}$.

8. $\boldsymbol{A}=\begin{bmatrix}4 & 1 & 1\\ 1 & 4 & 1\\ 1 & 1 & 4\end{bmatrix}$.

习　题　4.4

1. (1) 所用的正交变换为：$\boldsymbol{X}=\boldsymbol{PY}$，正交矩阵 $\boldsymbol{P}=\begin{bmatrix}\frac13 & \frac{-2}{\sqrt5} & \frac{2}{\sqrt5}\\ \frac23 & \frac{1}{\sqrt5} & 0\\ -\frac23 & 0 & \frac{1}{\sqrt5}\end{bmatrix}$，

标准形为：$f(x_1,x_2,x_3)=10y_1^2+y_2^2+y_3^2$.

(2)所用的正交变换为：$\boldsymbol{X}=\boldsymbol{PY}$，正交矩阵 $\boldsymbol{P}=\begin{bmatrix}\frac{1}{\sqrt{2}} & \frac{1}{\sqrt{6}} & \frac{-\sqrt{3}}{6} & \frac{1}{2}\\ \frac{1}{\sqrt{2}} & \frac{1}{\sqrt{6}} & \frac{\sqrt{3}}{6} & \frac{-1}{2}\\ 0 & \frac{2}{\sqrt{6}} & \frac{\sqrt{3}}{6} & \frac{-1}{2}\\ 0 & 0 & \frac{\sqrt{3}}{2} & \frac{-1}{2}\end{bmatrix}$,

标准形为：$f=3y_1^2+3y_2^2+3y_3^2-5y_4^2$.

(3)所用的正交变换为：$\boldsymbol{X}=\boldsymbol{PY}$，正交矩阵

$$\boldsymbol{P}=\begin{bmatrix}\frac{1}{\sqrt{2}} & \frac{1}{\sqrt{6}} & \frac{-1}{2\sqrt{3}} & \frac{1}{2}\\ \frac{1}{\sqrt{2}} & \frac{-1}{\sqrt{6}} & \frac{1}{2\sqrt{3}} & -\frac{1}{2}\\ 0 & \frac{2}{\sqrt{6}} & \frac{1}{2\sqrt{3}} & -\frac{1}{2}\\ 0 & 0 & \frac{\sqrt{3}}{2} & \frac{1}{2}\end{bmatrix},$$

标准形为：$f=y_1^2+y_2^2+y_3^2-3y_4^2$.

2. (1) $\boldsymbol{C}=\begin{bmatrix}1 & -\frac{1}{2} & \frac{1}{2}\\ 1 & \frac{1}{2} & \frac{1}{2}\\ 0 & 0 & 1\end{bmatrix}$；(2) $\boldsymbol{C}=\begin{bmatrix}1 & 1 & -1\\ -1 & 0 & 2\\ 0 & 0 & 1\end{bmatrix}$.

3. (1) $f=(x_1+x_2-x_3)^2+(x_2+x_3)^2-2x_3^2$.

令 $\begin{cases}y_1=x_1+x_2-x_3,\\ y_2=0+x_2+x_3,\\ y_3=0+0+x_3,\end{cases}$ 则 $\boldsymbol{P}=\begin{bmatrix}1 & 1 & -1\\ 0 & 1 & 1\\ 0 & 0 & 1\end{bmatrix}^{-1}$.

标准形为：$f=y_1^2+y_2^2-2y_3^2$. 线性替换为：$\boldsymbol{X}=\boldsymbol{PY}$.

(2) $f=(x_1+x_2)^2-(x_2-x_3)^2$. 令 $\begin{cases}y_1=x_1+x_2,\\ y_2=x_2-x_3,\\ y_3=x_3,\end{cases}$ 则 $\boldsymbol{P}=\begin{bmatrix}1 & 1 & 0\\ 0 & 1 & -1\\ 0 & 0 & 1\end{bmatrix}^{-1}$. 标准形为：$f=y_1^2-y_2^2$.

线性替换为：$\boldsymbol{X}=\boldsymbol{PY}$.

(3)令 $\begin{cases}x_1=y_1+y_2,\\ x_2=y_1-y_2,\\ x_3=y_3+y_4,\\ x_4=y_3-y_4,\end{cases}$ 则 $\boldsymbol{P}=\begin{bmatrix}1 & 1 & 0 & 0\\ 1 & -1 & 0 & 0\\ 0 & 0 & 1 & 1\\ 0 & 0 & 1 & -1\end{bmatrix}$.

标准形为：$f=2y_1^2-2y_2^2+2y_3^2-2y_4^2$. 线性替换为：$\boldsymbol{X}=\boldsymbol{PY}$.

(4)令 $\begin{cases} x_1 = y_1 - 2y_2 + y_3 - y_4, \\ x_2 = y_2 - \dfrac{3}{2}y_3 + y_4, \\ x_3 = y_3 - y_4, \\ x_4 = y_4, \end{cases}$ 则 $\boldsymbol{P} = \begin{bmatrix} 1 & -2 & 1 & -1 \\ 0 & 1 & -\dfrac{3}{2} & 1 \\ 0 & 0 & 1 & -1 \\ 0 & 0 & 0 & 1 \end{bmatrix}$.

标准形为：$f(y_1, y_2, y_3, y_4) = y_1^2 - 2y_2^2 + \frac{1}{2}y_3^2$. 线性替换为：$\boldsymbol{X} = \boldsymbol{PY}$.

4. 提示：(1)用定理 4.14 可得, 为正定二次型. 求其正惯性指数. 若为 3 则正定.

(2)其二次型矩阵 $\boldsymbol{A} = \begin{bmatrix} 1 & 4 & 12 \\ 4 & 2 & -14 \\ 12 & -14 & 1 \end{bmatrix}$.

一阶顺序主子式大于零, 二阶顺序主子式为 $\begin{vmatrix} 1 & 4 \\ 4 & 2 \end{vmatrix} = 2 - 16 = -14 < 0$.

故此实二次型不是正定二次型.

(3)其二次型矩阵 $\boldsymbol{A} = \begin{bmatrix} 1 & 2 & 0 \\ 2 & 2 & 1 \\ 0 & 1 & -3 \end{bmatrix}$.

一阶顺序主子式大于零, 二阶顺序主子式为 $\begin{vmatrix} 1 & 2 \\ 2 & 2 \end{vmatrix} = 2 - 4 = -2 < 0$.

故此实二次型不是正定二次型.

5. 不一定. 例如二次型 $\begin{bmatrix} 1 & 0 & 0 \\ 0 & 0 & 0 \\ 0 & 0 & 0 \end{bmatrix}$.

6. 提示：对任意非零向量 $\boldsymbol{X}$ 有：$\boldsymbol{X}(\boldsymbol{AA}^{\mathrm{T}})\boldsymbol{X}^{\mathrm{T}} = (\boldsymbol{XA})(\boldsymbol{A}^{\mathrm{T}}\boldsymbol{X}^{\mathrm{T}}) = (\boldsymbol{XA})(\boldsymbol{XA})^{\mathrm{T}} \geqslant 0$, 所以 $\boldsymbol{AA}^{\mathrm{T}}$ 正定. 同理 $\boldsymbol{A}^{\mathrm{T}}\boldsymbol{A}$ 正定.

7. 提示：对任意非零向量 $\boldsymbol{X}$ 有 $\boldsymbol{X}(\boldsymbol{A}\overline{\boldsymbol{A}}^{\mathrm{T}})\overline{\boldsymbol{X}}^{\mathrm{T}} = (\boldsymbol{XA})(\overline{\boldsymbol{A}}^{\mathrm{T}}\overline{\boldsymbol{X}}^{\mathrm{T}}) = (\boldsymbol{XA})(\overline{\boldsymbol{XA}})^{\mathrm{T}} > 0$, 所以 $\boldsymbol{A}\overline{\boldsymbol{A}}^{\mathrm{T}}$ 正定. 同理 $\overline{\boldsymbol{A}}^{\mathrm{T}}\boldsymbol{A}$ 正定.

习　题　4.5

1–2. 略.

3. (1)特征值为：−5.1881, 10.209, 6.1514, −0.17189.

(2)特征值为：1.9811−4.078i, 1.9811 + 4.078i, 1.0379.

(3)特征值为：−8.9713, 0.9713.

(4)特征值为：1.1875−7.0242i, 1.1875 + 7.0242i.

5. 略.

附 加 题 A

1. (1) 错. 如 $A=\begin{bmatrix}2 & -5\\ 10 & -\frac{3}{8}\end{bmatrix}$ 特征值为复数.

(2) 错. 如 $A=\begin{bmatrix}1 & 0\\ 0 & 0\end{bmatrix}$.

(3) 对. 因为另一特征值所对应的特征向量必与 $\boldsymbol{\alpha}_1$, $\boldsymbol{\alpha}_2$ 线性无关.

(4) 错.

(5) 对. 实二次型的矩阵为实对称阵.

(6) 对.

(7) 错.

(8) 对.

2. (1) 2, 任意 n 维非零向量;

(2) −2, −4, −4;

(3) 18;

(4) −2, −1;

(5) $\begin{bmatrix}1 & 0 & 2\\ 0 & 2 & 1\\ 2 & 1 & 3\end{bmatrix}$;

(6) 二次型的矩阵为: $\begin{bmatrix}t & 1 & 1\\ 1 & t & -1\\ 1 & -1 & t\end{bmatrix}$, 由赫尔维茨定理, 有 $\begin{cases}t<0,\\ t^2-1>0,\\ t^3-3t-2<0,\end{cases}$ 即 $t<-1$, 或 $1<t<2$.

3. (1) b; (2) b; (3) a;

附 加 题 B

1. 提示: 仿例 4.1.2 求出规范正交基, 即可得.

2. (1) $A^2=\boldsymbol{\alpha}\boldsymbol{\beta}^{\mathrm{T}}(\boldsymbol{\alpha}\boldsymbol{\beta}^{\mathrm{T}})=\boldsymbol{\alpha}(\boldsymbol{\beta}^{\mathrm{T}}\boldsymbol{\alpha})\boldsymbol{\beta}^{\mathrm{T}}=(\boldsymbol{\beta}^{\mathrm{T}}\boldsymbol{\alpha})\boldsymbol{\alpha}\boldsymbol{\beta}^{\mathrm{T}}=(\boldsymbol{\alpha}^{\mathrm{T}}\boldsymbol{\beta})^{\mathrm{T}}\boldsymbol{\alpha}\boldsymbol{\beta}^{\mathrm{T}}=\mathbf{0}\times\boldsymbol{\alpha}\boldsymbol{\beta}^{\mathrm{T}}=\begin{bmatrix}0 & \cdots & 0\\ \vdots & \ddots & \vdots\\ 0 & \cdots & 0\end{bmatrix}$.

(2) 矩阵 A 的特征值 $\lambda^2=0$, 故 $\lambda=0$. 又因为 $A(\boldsymbol{\alpha}\boldsymbol{\beta}^{\mathrm{T}})=A^2=\begin{bmatrix}0 & \cdots & 0\\ \vdots & \ddots & \vdots\\ 0 & \cdots & 0\end{bmatrix}$, 所以 $A=\boldsymbol{\alpha}\boldsymbol{\beta}^{\mathrm{T}}$. 对应列向量的极大无关组为其 $n-1$ 个特征向量.

3. 略.

4. (1) $A=(\alpha_1,\alpha_2,\alpha_3)\begin{bmatrix}1&0&0\\0&0&0\\0&0&-1\end{bmatrix}(\alpha_1,\alpha_2,\alpha_3)^{-1}=\begin{bmatrix}-\frac{1}{3}&0&\frac{2}{3}\\0&\frac{1}{3}&\frac{2}{3}\\\frac{2}{3}&\frac{2}{3}&0\end{bmatrix}$;

(2) $P^{-1}AP=\begin{bmatrix}0&0&0\\0&-1&0\\0&0&1\end{bmatrix}$.

5. 提示：依据题设可得 $AA^*=|A|E=-E$ 和 $A^*\alpha=\lambda_0\alpha$，于是有 $AA^*\alpha=\lambda_0A\alpha$, 即 $-\alpha=\lambda_0A\alpha$. 再由 $|A|=-1$, 可列方程组解得 $a=2, b=-3, c=2, \lambda_0=-1$.

6. 略.

7. 提示：A 的最小多项式为 $\lambda^2-\lambda$.

8. 提示：(1) $x=13, y=10$;

(2)求 A 的特征向量, 单位特征向量组构成的矩阵即为 Q.

9. 提示：(1) A 的特征值为 0, 3. 属于 0 的特征向量为 α_1,α_2. 属于 3 的特征向量为

$$\alpha_3=[1,1,1]^{\mathrm{T}}.$$

(2)提示：正交矩阵 Q 为 $\alpha_1,\alpha_2,\alpha_3$, 正交单位化后按列所构成的矩阵

$$\begin{bmatrix}-0.40825&-0.70711&0.57735\\0.8165&0&0.57735\\-0.40825&0.70711&0.57735\end{bmatrix}.$$

对角矩阵 $\Lambda=\begin{bmatrix}0&0&0\\0&0&0\\0&0&3\end{bmatrix}$.

(3) $A=\begin{bmatrix}1&1&1\\1&1&1\\1&1&1\end{bmatrix}$, $\left(A-\frac{3}{2}E\right)^6=\begin{bmatrix}11.3906&0&0\\0&11.3906&0\\0&0&11.3906\end{bmatrix}$.

10. 略.

11. $|A+B|=0$.

12. (1) $A=\begin{bmatrix}5&-1&3\\-1&5&-3\\3&-3&c\end{bmatrix}\xrightarrow{r}\begin{bmatrix}1&5&3\\0&12&c-9\\0&0&6-2c\end{bmatrix}$, 因 $R(A)=2$, 故 $c=3$;

(2)方法同例 4.4.1.

13. (1) $\alpha=\mathbf{0}$.

(2) 标准型为：$f=2y_2^2+2y_3^2$, $\boldsymbol{Q}=\begin{bmatrix}\frac{1}{\sqrt{2}} & \frac{1}{\sqrt{2}} & 0\\ -\frac{1}{\sqrt{2}} & \frac{1}{\sqrt{2}} & 0\\ 0 & 0 & 1\end{bmatrix}$.

(3) 方程组 $\begin{cases}x_1+x_2=0,\\ x_3=0\end{cases}$ 的解为：$\boldsymbol{x}=k\boldsymbol{\eta},\boldsymbol{\eta}=[1,-1,0]$, k 为任意常数.

14. 提示：$f=\boldsymbol{X}^{\mathrm{T}}\boldsymbol{AX}=\boldsymbol{X}^{\mathrm{T}}\lambda\boldsymbol{X}=\lambda\boldsymbol{X}^{\mathrm{T}}\boldsymbol{X}=\lambda\|\boldsymbol{X}\|^2=\lambda$.

15–17. 略.

18. 提示：由第 17 题知, 若 $\boldsymbol{A}$ 是正定矩阵, 则 $\boldsymbol{A}$ 与 $\boldsymbol{E}$ 合同, 故存在可逆矩阵 $\boldsymbol{B}$, 使得

$$\boldsymbol{A}=\boldsymbol{B}^{\mathrm{T}}\boldsymbol{EB}=\boldsymbol{B}^{\mathrm{T}}\boldsymbol{B}.$$

19. 略.

习 题 5.1

1–2. 略.

3. 因为 $\boldsymbol{A}$ 的三个特征值的模都小于 1, 所以当 $k\to\infty$ 时, $\boldsymbol{A}^k\to\boldsymbol{O}$, 然而有 $\sum_{j=1}^{3}|a_{1j}|>1$, 且 $\sum_{i=1}^{3}|a_{i1}|>1$, 即定理 5.2 的逆命题不成立.

习 题 5.2

略.

习 题 5.3

1. (1) 和法：主特征向量 $\boldsymbol{W}=\begin{bmatrix}0.3241\\0.3287\\0.3472\end{bmatrix}$, $\boldsymbol{AW}=\begin{bmatrix}2.6481\\2.6389\\3.0602\end{bmatrix}$, 主特征值 $\lambda=8.3376$;

(2) 和法：主特征向量 $\boldsymbol{W}=\begin{bmatrix}0.3056\\0.3889\\0.3056\end{bmatrix}$, $\boldsymbol{AW}=\begin{bmatrix}1\\1.3889\\1\end{bmatrix}$, 主特征值 $\lambda=3.3723$.

2–3. 略.

习 题 5.4

1. 迭代 5 次的解为 $\boldsymbol{X}=[3.124167,1.563528,1.106713]^{\mathrm{T}}$, 由定理 5.6 知该迭代收敛到方程组的准确解 $[3.141414,1.555556,1.121212]^{\mathrm{T}}$.

2. 和法：$\boldsymbol{W}=\begin{bmatrix}0.1528\\0.5833\\0.2639\end{bmatrix}$，$\boldsymbol{AW}=\begin{bmatrix}1.2084\\3.9445\\1.5695\end{bmatrix}$，$\lambda=6.8727$.

幂法：$\boldsymbol{W}=\begin{bmatrix}0.2906\\1\\0.4067\end{bmatrix}$，$\lambda=6.6026$.

习　题　6.1

1. (1) 200, 400, 1000, 95, 100;

(2) 100, 140, 290, 15, 15;

(3) $\boldsymbol{A}=\begin{bmatrix}0.1&0.1&0.01&0.0526&0.05\\0.05&0.25&0.03&0.1053&0.1\\0.2&0.25&0.6&0.5263&0.5\\0.1&0.025&0.03&0.0526&0.1\\0.05&0.025&0.04&0.1053&0.1\end{bmatrix}$.

2. $\boldsymbol{X}=\begin{bmatrix}250\\416.6667\end{bmatrix}$.

3. (1) $\boldsymbol{X}=\begin{bmatrix}249.4386\\200.2021\\321.0015\end{bmatrix}$; (2) $\boldsymbol{X}=\begin{bmatrix}265.2557\\204.5079\\326.7838\end{bmatrix}$.

习　题　6.2

1. 由计算得最优结果为：造 100 套钢架需 90 根原材料.

2. 略.

3. (1) $x_1=3, x_2=0$, 最优值 $Z=14$；(2) $x_1=3, x_2=0$, 最优值 $Z=\frac{9}{4}$.

习　题　6.3

略.

习　题　6.4

1. (1) $x_1=\frac{45}{7}; x_2=\frac{4}{7}; x_3=0$; 最优值 $Z=\frac{102}{7}$.

(2) 无可行解.

2. 解得最优解为

$$x_1=1200,\ x_2=230,\ x_3=0,\ x_4=859,\ x_5=571,\ x_6=0,\ x_7=500,\ x_8=500,\ x_9=324.$$

最优值为 1147 元.